气候变化与高寒生态

主 编◎李 林
副主编◎申红艳　肖宏斌

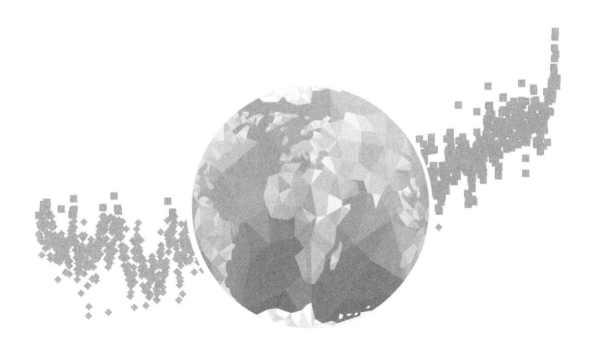

气象出版社
China Meteorological Press

内 容 简 介

本书分别从气候和生态角度侧重分析青藏高原气候变化事实和高寒生态演变特征,内容主要包括对高原气候变化敏感区和高原季风与东亚季风交汇区的区域气候异质性及其成因分析,并基于历史时期、器测以来和卫星遥感资料反演以及观测试验探讨了高原干旱演化过程中的水文特征,同时分析了不同干旱指标在高原东北部的适用性,通过建立定量评估模型,研究了长江上游、黄河上游以及青海湖等高寒水文水资源变化对气候变化的响应,最后针对高寒生态系统碳循环、水分循环进行了探讨。本书有助于科学认识青藏高原敏感区气候变化和高寒生态特征,可供从事高原气候变化的业务科研人员和大专院校相关专业的师生参考。

图书在版编目(CIP)数据

气候变化与高寒生态 / 李林主编. —北京:气象
出版社,2020.5

ISBN 978-7-5029-7208-0

Ⅰ.①气⋯ Ⅱ.①李⋯ Ⅲ.①青藏高原-气候变化-
影响-寒冷地区-生态系-研究 Ⅳ.①P467②P941.4

中国版本图书馆 CIP 数据核字(2020)第 081897 号

气候变化与高寒生态

QIHOU BIANHUA YU GAOHAN SHENGTAI

出版发行:气象出版社				
地　　址:北京市海淀区中关村南大街 46 号		**邮政编码:**100081		
电　　话:010-68407112(总编室)　010-68408042(发行部)				
网　　址:http://www.qxcbs.com		**E - m a i l:**qxcbs@cma.gov.cn		
责任编辑:黄红丽　郑乐乡		**终　审:**吴晓鹏		
责任校对:王丽梅		**责任技编:**赵相宁		
封面设计:博雅锦				
印　　刷:北京中石油彩色印刷有限责任公司				
开　　本:787 mm×1092 mm　1/16		**印　张:**11		
字　　数:305 千字		**彩　插:**7		
版　　次:2020 年 5 月第 1 版		**印　次:**2020 年 5 月第 1 次印刷		
定　　价:70.00 元				

本书如存在文字不清、漏印以及缺页、倒页、脱页等,请与本社发行部联系调换。

编写委员会

主　编：李　林

副主编：申红艳　　肖宏斌

委　员：李红梅　　祁栋林　　陈国茜　　张海宏　　张调凤
　　　　戴　升　　汪青春　　李晓东　　余　迪　　冯晓莉

前　　言

　　青藏高原以其高亢的地势、敏感的气候和丰富的生态以及对全球所产生的显著影响而举世瞩目。高原庞大而又异常凸起的地形,对于大气圈层的动力作用和热力作用是极其突出的,进而直接影响到了整个东亚季风的形成和演变,成为我国乃至东亚地区天气、气候的上游和气候变化的敏感区。同时,青藏高原拥有十分丰富的生物资源,既是我国生物物种生成和演变的中心,更是生态演变的脆弱带。更为重要的是,高原气候变化与生态演变之间存在着十分密切而又复杂的相互关系,两者间的相互作用与相互反馈的重大科学问题始终受到了学术界的普遍关注。然而,囿于高原气候严酷、环境恶劣,高原气候与生态的监测资料十分缺乏,进而导致青藏高原自始至终披着一层神秘的面纱,亟待广大科技工作者在不断探索中加以揭秘。

　　为此,围绕青藏高原气候与环境的科学考察与研究似乎一直作为学术热点而不曾停止过。我国先后组织开展了两次大规模的青藏高原综合考察研究,气象部门也陆续进行了三次青藏高原大气科学考察活动,在探究高原气候变化与生态系统演变规律及其相互作用、科学评估人类活动对生物多样性和生态安全的影响与可持续利用策略以及研究提出区域绿色发展途径等方面,已经取得并将继续取得长足的进展。

　　不容忽视的是,长期以来工作在高原之上的科技工作者,也在为探究高原气候变化与高寒生态系统演变及其相互影响的机理而默默耕耘当中。这本名为《气候变化与高寒生态》的专著,正是此类研究中的一部分。本书第1章以整个青藏高原气候变化为背景,着重分析了高原气候变化的敏感区——柴达木盆地、高原季风与东亚季风的交汇区——高原东北部气候变化的区域异质性及其成因,由李林编写完成;第2章主要分析了古气候时期、器测以来和卫星遥感资料反演以及观测试验基础上的高原干旱及其发生和解除过程的水文特征,同时也探讨了不同干旱指标在高原东北部的适用性,主要由申红艳、李红梅、陈国茜、张调风、余迪共同编写完成;第3章则重点通过建立定量评估模型,研究了长江上游、黄河上游以及青海湖等高寒水文水资源变化对气候变化的响应效应,主要由李林、申红艳、冯晓莉编写完成;第4章主要针对高寒生态系统碳循环、水分循环进行了探讨,主要由肖宏斌、申红艳、祁栋林、张海宏、汪青春、戴升共同编写完成;全书由申红艳负责统稿、校准、审核完成,余迪、冯晓莉参与图文校对审核。

本书出版得到公益性行业专项（GYHY201306029）、科技基础资源调查专项（2017FY100500）、中国气象局气候变化专项（CCSF201929）和中国科学院寒旱区陆面过程与气候变化重点实验室开放课题（LPCC2019009）共同资助。

　　"不识庐山真面目，只缘身在此山中"。作为高原气候变化与生态环境科技工作者，对于高原自身的研究与认识，长期以来总是由于受地域影响和自身水平有限而难免有"以管窥豹"的局限性和"灯下黑"的不知性，因此本书关于高原气候变化与生态环境的认识，肤浅与不足在所难免，也谨此向读者深表歉意。我们更欢迎能得到您的批评和指正，以不断加以改进，使今后的研究更加符合客观实际，更趋接近真理。

作者

二〇一九年七月十五日

目 录

第1章 青藏高原气候变化特征分析

1.1 青藏高原气候变化事实及年际振荡分析

青藏高原以其强烈的隆升、独特的自然环境、丰富的自然资源和对周边地区气候与环境的深刻影响,一直为科学界所关注(肖序常等,2000)。学术界已经认识到,青藏高原既是我国气候变化和生态环境演变的敏感地区和脆弱地带,同时也是我国生物物种产生、演化以及多样性分布的主要地区之一,它特有的生态系统是我国"生态源"的主要组成部分,在维系国家生态安全方面不仅地位突出,而且作用十分明显(李新周等,2009;李潮流等,2006;Li et al.,2010)。李潮流等(2006)综述了近年来通过冰芯、树轮、湖泊沉积等记录对青藏高原不同时段气候变化研究取得的成果,并特别着重于末次间冰期以来青藏高原的气候变化特征,得出了总体上青藏高原各种尺度上的气候变化要早于我国其他地区,变化的幅度也较大。同时,也有一些学者关注到了近年来青藏高原气候变化趋于暖湿化的基本事实(牛涛等,2005;Li et al.,2010)。对于青藏高原气候变化的成因解释,通常以数值模拟的方法得出了近数十年来青藏高原的气候变化很可能是由人类活动加剧引起的温室气体排放增加所造成的,同时温室气体排放增加对青藏高原气候变化的影响可能较全球其他地区更为明显,而大气气溶胶增加造成青藏高原冬季增温不明显甚至出现变冷趋势,地面积雪也随之增多的结论(段安民等,2006;李新周等,2009)。对于高原未来气候变化趋势,刘晓东等(2009)研究得出,从2030—2049年相对于1980—1999年气候平均状态的变化来看,青藏高原多数地区年平均地面气温的增加幅度在1.4~2.2 ℃,海拔较高的地区增温通常尤为明显,西藏西部的冬季增温幅度将可以达到2.4 ℃以上;但降水量的变化相对不显著,青藏高原多数地区和全年大部分时间降水可能增加,但未来30~50 a青藏高原地区降水量增加幅度一般不会大于5%。尽管当前对于青藏高原气候变化的研究取得了一些进展和成果,但由于气象资料时限的限制,未能反映出21世纪以来青藏高原气候变化的特征,同时针对高原气候变化年际振荡的物理机理研究尚显不足,同时对于未来气候变化趋势的预测,亦主要基于IPCC第三、四次气候变化评估报告所确定的情景模式,与第五次气候变化评估报告所确定温室气体排放新情景——典型浓度路径(RCPs)有明显差异。为此,本章试图从弥补以上研究的不足出发,对于青藏高原气候变化的事实及其年际振荡的影响机理进行探究,并利用(CMIP5)模拟结果对高原未来20~40 a气候变化趋势进行预估。

1.1.1 气候变暖的趋缓性

青藏高原气候变暖的客观事实具有如下特征:(1)尽管青藏高原气温变化总体仍呈上升趋势,但除平均最低气温外,平均气温和平均最高气温在2006年以来的近6~7 a趋于缓和,并有所停滞,特别是平均最高气温甚至出现了下降趋势(图1.1)。进一步分析发现,这一现象在冬季表现得尤为显著,即在冬季平均最低气温、平均气温以及平均最高气温,均在 2006 年以来出现了下降态势。由于此前气候变暖首先是由冬季温度的显著升高引起的,由此可知,断定青藏高原气候变暖将可能进入一个"冷低谷"时期还为时尚早,但这与 1998 年以来全球温度进入了持平状态的结论(王绍武等,2010;Lean,2009)是基本一致的,就出现的时间而言,青藏高原比全球推后了 8 a 左右,在一定程度上表明了青藏高原气候变化在全球变暖中的显著性。(2)M-K 法突变检验表明,青藏高原平均最低气温、平均气温和平均最高气温先后于 1987、1989 和 1993 年出现了从冷到暖的突变,表明了年平均最低气温增加的超前性,由于最低气温往往出现在凌晨,此时地表辐射以长波辐射为主,净辐射表现为负值,从而恰好说明了"温室效应"在青藏高原气候变暖中的突出作用。值得一提的是,近年来温室气体仍在继续增加的背景下,在"温室效应"应当最为显著的冬季,包括平均最低气温在内的气温要素均出现了下降趋势,很难完全将近数十年来青藏高原气温年际振荡的成因完全归结于温室气体的增加,这有待在下文中进一步探讨。(3)利用波谱分析得出的小波方差变化表明,青藏高原年平均气温、平均最低气温和平均最高气温均具有 17 a 和 28 a 的显著周期,而两者的小波系数仍呈上升趋势,表明青藏高原气候变暖的趋势尚未根本转变。

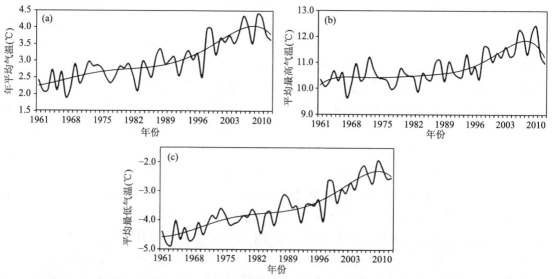

图 1.1 1961—2012 年青藏高原年平均气温(a)、平均最高气温(b)和
平均最低气温(c)的变化曲线

由 1961—2012 年青藏高原年平均最高气温、平均最低气温和平均气温气候倾向率空间变化图(图 1.2)可以看出,青藏高原气候变暖具有如下空间变化特征:(1)高原总体上呈现出统一的变暖趋势,同时平均最低气温的增加速率要显著高于平均最高气温和平均气温;(2)气候变暖的速率具有从东南部向西北部逐步增大的特点,这在平均最低气温和平均气温气候倾向率的空间变化中表现得更为突出。这一分布特性与青藏高原降水量分布和植被的空间格局是一致的,说明在降水量多、下垫面植被状况好的区域,地表更有利于吸收太阳辐射而不利于近地层快速增温,而在降水少、下垫面植被状况差特别是在藏北高原、柴达木盆地等地,大部分为荒漠、戈壁、沙漠,地表反照率较大而容易使近地层快速加热。已有研究(陈晓光,2009;李林等,2010)的研究结论也与这一观点基本一致。

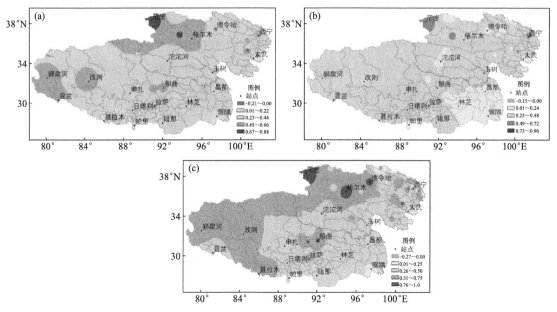

图 1.2　1961—2012 年青藏高原年平均气温(a)、平均最高气温(b)和平均
最低气温(c)气候倾向率空间分布(℃/(10 a))(附彩图)

1.1.2　气候变湿的显著性

图 1.3 给出了 1961—2012 年青藏高原年降水量以及降水日数的变化趋势。由此可以看出,青藏高原降水量呈现明显增多趋势,并具有如下特征:(1)年、春季和夏季降水量增多趋势十分显著,气候倾向率分别为 14.2、1.2 和 3.0 mm/10 a,均达到了 99.9%信度的置信水平;与此同时,年降水日数呈减少趋势,其中以春季降水日数的减少较为显著,减少速率为 0.2 d/10 a,

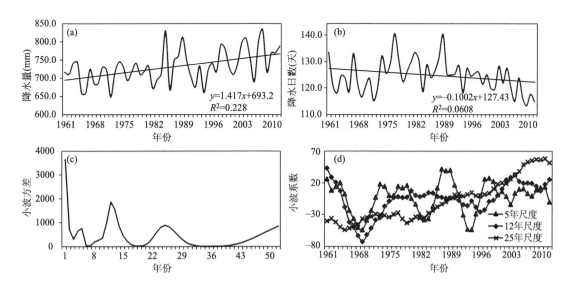

图 1.3　1961—2012 年青藏高原年降水量(a)、降水日数(b)、降水量小波方差(c)
和小波系数(d)变化曲线

达到95％信度的置信水平。年降水日数特别是春季降水日数减少而降水量增加的变化事实，说明青藏高原降水特性在发生变化，即降水强度增强，特别是春季降水强度的增强，表明了汛期的来临有所提前。(2)M-K法突变检验表明，青藏高原年降水量于1996年前后出现由少到多的突变，而年降水日数没有明显突变的迹象。结合前文气温突变的分析可见，1961—2012年青藏高原气温与降水量的相互匹配总体上是"冷干"和"暖湿"组合的，降水变化要滞后于气温的变化，说明气候变暖可能会逐步加快水汽循环，进而导致降水量的增多。这一认识与姚檀栋等(2000)利用敦德冰芯解释出的青藏高原百年尺度上气候变化的组合类型是一致的。(3)波谱分析(图1.3d)表明，青藏高原年降水量变化具有5 a、12 a和25 a的显著周期，从各显著周期的小波系数的变化来看，5 a周期逐步趋于不显著，而12 a和25 a周期逐渐显著且处于增大阶段，这不仅解释了青藏高原目前降水量增多的趋势，更为重要的是高原降水量的短期振荡趋于缓和而长期变化日益明显，无疑有助于把握降水变化的规律。

从1961—2012年青藏高原年降水量和年降水日数气候倾向率空间分布图(图1.4)来看：(1)青藏高原除西藏西部、青海黄河源区和东部农业区的少数地区降水量减少外，多数地区降水呈增多趋势，特别是西藏东南部的林芝、察隅，北部的那曲、安多和柴达木盆地中东部的德令哈、都兰等地降水增加明显，体现出了青藏高原气候变湿的普遍性。(2)尽管近一半以上的地区降水日数在减少，但在柴达木盆地的中东部、环青海湖流域、西藏北部和东南部降水日数呈增加趋势，这与降水量显著增多的区域基本上是一致的，说明在青藏高原降水日数的增多对于降水量的明显增加有着十分显著的作用。

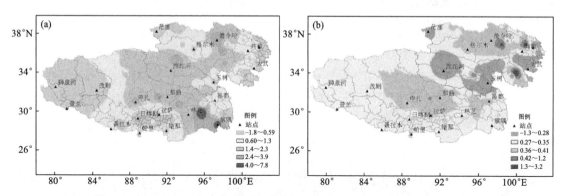

图1.4　1961—2012年青藏高原年降水量(a)、降水日数(b)气候倾向率空间
分布(mm/(10 a)，d/(10 a))(附彩图)

1.1.3　气候变化年际振荡特征及成因

大气中的CO_2、CH_4、N_2O等温室气体可以透过太阳短波辐射，但可阻挡地表长波辐射，从而使大气增温。世界气象组织发布的2010年《温室气体公报》指出，自1750年以来，在温室气体增加对全球变暖的作用中，CO_2占64％，CH_4占18％，N_2O占6％，其他温室气体占12％。地处青藏高原腹地瓦里关的中国大气本底观象台是全球大气观测成员网之一，其观测结果很好地代表了青藏高原大气温室气体浓度及其变化情况(《青海省气候变化评估报告》编写委员会，2011)。由图1.5可以看出，中国大气本底观象台监测到的1991—2011年CO_2、CH_4浓度均呈显著上升趋势，其中CO_2年平均浓度由1991年的355.73 mL/m³上升到了2011年的392.25 mL/m³，年增长率达1.83 mL/m³；CH_4年平均浓度由1991年的1782.72 μL/m³

上升到了 2011 年的 1862.88 μL/m³，年增长率达 4.01 μL/m³。值得关注的是，2006 年青藏高原气候变暖趋于缓和以来的 5 a 中 CO_2、CH_4 年平均浓度年增长率分别高达 2.02 mL/m³ 和 6.04 μL/m³，其增幅明显高于近 20 a 平均增幅，说明青藏高原温室气体的排放正在加速，但青藏高原气候变暖的趋势却趋于缓和。而有关数值模拟表明(Lean et al.，2012)ENSO 事件的减少及太阳辐射降低所带来的降冷效应在相当程度上抵消了人类活动造成的变暖。分析 ENSO 和青藏高原太阳辐射的变化，两者均呈现出了由强到弱的变化(李维京等，2012，李栋梁等，2007)，表明了数值模拟结果的可靠性。

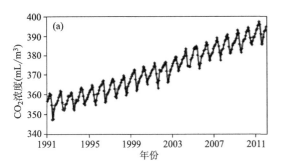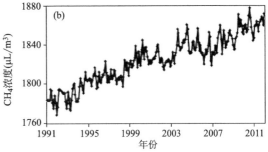

图 1.5　1991—2011 年中国大气本底观象台监测的 CO_2(a)、CH_4(b)年平均浓度变化

气溶胶通过影响云微物理过程，散射和吸收地球短波辐射以及大气长波辐射，影响地球的辐射平衡，其中黑碳气溶胶在从可见光到近红外的波长范围内对太阳辐射有强烈的吸收作用，从而影响区域和全球气候变化。这主要是由于近地层黑碳气溶胶吸收了短波辐射，使对流层变暖，但却使地表吸收的太阳辐射减少，地表气温因此下降。从 2000—2011 年中国大气本底观象台监测到的黑碳气溶胶浓度变化(图 1.6)来看，青藏高原大气中黑碳气溶胶呈显著增加趋势，其年平均浓度由 2000 年的 265.58 ng/m³，上升到 2011 年的 374.91 ng/m³，平均每年增长约 9.94 ng/m³。同时，青藏高原黑碳气溶胶浓度变化具有显著的季节性变化特性，春季黑碳气溶胶浓度相对于夏、秋、冬季节来说，不仅浓度明显偏高，而且逐年增加的变化趋势更加明显，这与周凌晞等(2007)的研究结论是相吻合的。李新周等(2009)通过数值试验对比发现，当综合考虑气溶胶和温室气体含量共同增加时，青藏高原地表增暖相对偏弱，冬季增温不明显甚至出现变冷趋势。以上分析表明，由于近年来高原黑碳气溶胶的迅速增加，不仅对于高原显著增温起到了一定的缓和作用，更为重要的是，由于春季气溶胶的明显增加，有利于水汽凝结，对于春季降水量的增加起到了推波助澜的作用。

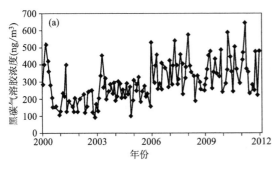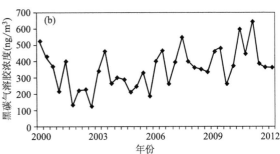

图 1.6　2000—2011 年中国大气本底观象台监测的黑碳气溶胶年(a)、春季(b)平均浓度变化

青藏高原加热场作为高原热力作用的特征量,对于高原及我国天气气候的变化有着显著影响。本研究采用文献(杨辉和李崇银,2008)定义的青藏高原地面加热场强度距平指数即:

$$\Delta(B-H)_p = A + B(T_s - T_a)_日 + C(T_s - T_a)_玉 - \overline{M} \tag{1.1}$$

式中,$\Delta(B-H)_p$ 为青藏高原地面加热场强度距平指数,单位 W/m²,$(T_s - T_a)_日$ 和 $(T_s - T_a)_玉$ 为日喀则以及玉树月平均地面(0 cm)温度与百叶箱温度的差值,单位为℃;A,B,C 是系数,$\overline{M}$ 为两个台站地面加热场强度的算术平均值。夏季高原是热源,而冬季高原变为冷源,该指数数值越大(小),则高原加热场越强(弱)。1961—2012 年青藏高原加热场指数呈显著增强趋势,其中以春季尤为明显,其气候倾向率达到 3.85 W/(m²·10 a),达到了 99.9%信度的置信水平(图 1.7)。进一步分析其与青藏高原降水量的相关关系可以得出,青藏高原春季加热场指数与高原年、春、夏季降水量的相关系数分别为 0.361、0.280、0.325,分别达到了 99%、95%和 98%信度的置信水平。表明高原春季加热场趋强,有利于高原热量作用的加强,从而使高原雨季提前和降水量增加,反之则相反。显然,近年来青藏高原年、春、夏季降水量的增加,正是由于高原春季加热场的显著增强所引起的。

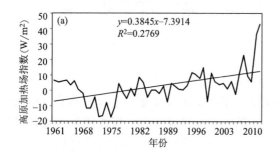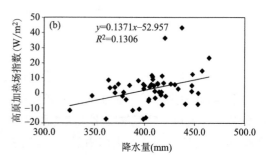

图 1.7　1961—2012 年青藏高原春季加热场变化曲线(a)及其
与高原年降水量的相关图(b)

青藏高原特有的气候特征显然与高原季风气候的形成和变化有着十分密切的相关关系。从一方面讲,高原的气温变化与季风强弱变化具有一致的对应关系,季风强盛期气温较高,季风弱小期气温较低。本研究借鉴文献(《青海省气候变化评估报告》编写委员会等,2011)中给出的青藏高原季风指数进行统计分析,即:

$$PMI = (\Delta Z_1 + \Delta Z_2 + \Delta Z_3 + \Delta Z_4) - \Delta Z_5 \tag{1.2}$$

式中,PMI 为高原季风指数,ΔZ_1、ΔZ_2、ΔZ_3、ΔZ_4 和 ΔZ_5 分别为噶尔、茫崖、班玛、江孜和那曲 600 hPa 高度距平。由此统计得出 1961 年以来高原季风指数的年际变化,经历了三个主要的变化阶段:1967 年以前为季风强盛期,1968—1983 年为相对弱期,1984 年以后又转为季风强盛期(Li et al.,2006)。汤懋苍等(1998)在研究高原季风与高原温度变化之间的相互关系时认为,高原季风强(弱)对应于高原暖(冷),而高原季风年代际变化与气温突变之间的位相之差大概存在 2~3 a 的差距。显然,这与上文分析得出青藏高原气温从 1987 年以后进入明显增温时期的研究结论是相吻合的,另外相关分析还表明,高原夏季风指数与高原年、春季、冬季平均气温之间的相关系数分别为 0.378、0.408、0.325,均达到了 99%信度的置信水平,进一步说明了两者间存在着显著正相关关系。由图 1.8 给出的高原夏季风爆发时间变化来看,1961—2012 年高原夏季风的爆发时间表现出明显的提前趋势,其气候倾向率为 12.1 d/(10 a),达到 99%信度的置信水平。另一方面讲,夏季风爆发的时间与夏季风指数相关系数可达

－0.321,夏季高原季风指数与年、夏季降水量的相关系数分别为 0.299 和 0.358,三者分别达到 98%、95% 和 99% 信度的置信水平。说明通常而言,高原夏季风爆发的越早,往往使得夏季风越加强盛,而夏季风强则对应于高原降水量多;反之则高原夏季风弱,高原降水量少。青藏高原年、夏季降水量的增多,正是高原夏季风的爆发时间不断提前,高原夏季风日趋强盛使然。

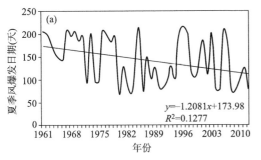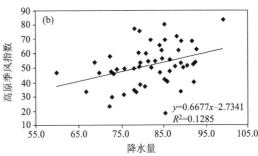

图 1.8　1961—2012 年青藏高原夏季风爆发时间曲线(a)及
夏季风与夏季降水量的相关图(b)

北极涛动(AO)作为半球尺度的气候系统,冬季最活跃,其对北半球气候变化特别是冬季气候变化有着十分重要的影响,是气候变化的强信号之一。有关 AO 对我国冬季降水的影响研究通过分析近百年冬季 AO 对我国气候的影响,得出了当 AO 增强时我国大部分地区降水偏多,而当 AO 减弱时我国大部分地区降水偏少的结论(孙卫国等,2008,杨辉等,2008,帅嘉冰等,2010)。由图 1.9 可见,由国家气候中心监测并发布的秋、冬季 AO 指数与青藏高原秋、冬季降水量的相关系数高分别达 0.430、0.544,均通过 99.9% 信度的显著性水平检验,而秋、冬季东亚大槽强度与秋、冬季青藏高原降水量有着较好的负对应关系。表明当秋、冬季 AO 偏强时,东亚大槽强度减弱,西伯利亚高压偏弱,高原冬季风偏弱,从而使来自印度洋、孟加拉湾的西南暖湿气流相对偏强,有利于高原秋、冬季降水量的增加;当 AO 偏弱时,东亚大槽偏强,西伯利亚高压偏强,高原冬季风偏强,则西南暖湿气流相对偏弱,高原降水量偏少。因此,近年来高原秋、冬季降水量趋势的无明显变化,则主要是由于秋、冬季 AO 的相对稳定少动引起的。

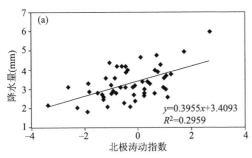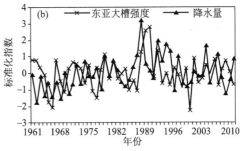

图 1.9　1961—2012 年冬季 AO 指数与青藏高原冬季降水量相关图(a)及
冬季东亚大槽强度与青藏高原冬季降水量标准化曲线(b)

以上分析表明,在温室气体、气溶胶持续增加的背景下,受 ENSO 事件和太阳辐射减少的影响,青藏高原气温增幅趋于缓和。而作为高原季风、西风带和东亚季风共同影响且以高原季风为主导气候因子的青藏高原,高原季风的年代际、年际变化对于高原气候的变化有着决定性的影响。不仅高原季风的强盛(弱)期对应于高原的暖(冷)期,而且更为重要的是,高原夏季风爆发的时间早(晚)、高原夏季风偏强(弱),高原春、夏季和年降水量多(少);高原冬季风偏弱(强),有(不)利于西南水汽输送,高原秋、冬季降水量偏多(少)。对于高原季风而言,春季高原加热场和秋、冬季 AO 在不同季节分别对其起到了重要的启动作用,即春季高原加热场趋强(弱),高原夏季风爆发的早(晚)、夏季风则偏强(弱);秋、冬季 AO 偏强(弱),东亚大槽弱(强),西伯利亚高压则弱(强),从而高原冬季风弱(强)。

1.1.4 未来 20～40 a 气候变化预评估

本节选择即耦合模式第五阶段对比计划(CMIP5)输出的新一代情景对未来 20～40 a 青藏高原气候变化趋势进行预估,而新一代情景称为"典型浓度目标"(RCPs),以单位面积辐射强迫表示未来 100 a 稳定浓度的变化情景。4 种情景排放分别称为 RCP2.6、RCP4.5、RCP6 及 RCP8.5,其中后面三种情景大体同 2000 年方案中的 SRES B1、A1B 和 A2 相对应。由图 1.10 给出的青藏高原未来 40 a 平均气温(a)、降水量(b)变化趋势来看,2011—2050 年,青藏高原仍呈气温升高、降水增加的暖湿化变化趋势。

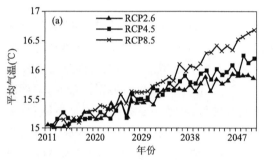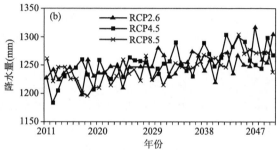

图 1.10 2011—2050 年青藏高原气候变化趋势预估

表 1.1 给出了未来 20 a(2011—2030 年)、40 a(2011—2050 年)青藏高原 RCP8.5、RCP4.5 及 RCP2.6 情景下年平均气温、降水量的变化趋势及其与标准年(1971—2010 年)的距平(距平百分率),可以看出:(1)未来 20、40 a 不同情景下青藏高原呈气温升高、降水增加的气候暖湿化变化趋势,但通常情况下气温和降水量的增幅不超过 2.5 ℃和 6.5%,这与以往刘晓东等(2010)模拟的结果是基本一致的;(2)就不同情景而言,降水量变化的差异并不明显,而气温增高的差异较为显著,增幅在 0.78～2.42 ℃,RCP8.5 情景下气温的增幅要显著大于 RCP4.5 及 RCP2.6 情景下的增幅;(3)未来 40 a 当中,同一情景下 2031—2050 年降水量的增幅要大于 2011—2030 年,而气温的增幅则刚好相反,前 20 a 增暖幅度总体上要大于后 20 a。

表 1.1 未来 20、40 a 不同气候变化情景下青藏高原气候变化趋势

排放情景	$\Delta T(℃)$			ΔR		
	2011—2030 年	2031—2050 年	2011—2050 年	2011—2030 年	2031—2050 年	2011—2050 年
RCP2.6	1.20	0.78	1.46	4.82%	5.13%	4.98%
RCP4.5	1.20	1.01	1.58	3.62%	5.92%	4.77%
RCP8.5	1.28	1.37	2.42	3.94%	6.52%	5.23%

　　综上分析表明,1961—2012 年来青藏高原气温总体呈上升趋势,并于 20 世纪 80 年代中后期出现突变,但自 2006 年以来有趋于缓和的迹象,较全球增温停滞期(1998 年)滞后了 8 a 左右,气温变化具有 17 a 和 28 a 的显著周期,其小波系数仍呈上升趋势,气候变暖的趋势尚未根本转变;受降水量和植被空间分布的影响,青藏高原气候增暖的幅度具有从东南向西北递增的趋势。青藏高原降水量呈现出显著的增多趋势,而年降水日数特别是春季降水日数明显减少,降水强度增强,汛期的来临有所提前,年降水量于 20 世纪 90 年代中后期出现突变,与气温的相互匹配呈"冷干"和"暖湿"组合,降水变化要滞后于气温的变化,降水量的 5 a 周期趋于不显著,而 12 a 和 25 a 周期逐渐显著且处于增大阶段;除西藏西部、青海黄河源区和东部农业区的少数地区降水量减少外,高原多数地区降水呈增多趋势,特别是西藏东南部的林芝、察隅,北部的那曲、安多和柴达木盆地中东部的德令哈、都兰等地降水增加明显,而这些地区也是降水日数增多区域,显然降水日数的增多对于降水量的明显增加作用显著。受温室气体、气溶胶持续增加、高原季风趋强以及 ENSO 事件和太阳辐射减少的影响,青藏高原气温增幅在总体升高的趋势下有所缓和;由于春季高原加热场趋强,高原夏季风爆发的时间提前,高原夏季风偏强,使得高原春、夏季和年降水量增多,同时秋、冬季 AO 相对稳定,东亚大槽强度变化不大,西伯利亚高压强弱不明显,高原冬季风平稳,导致高原秋、冬季降水量无显著变化趋势。未来 20～40 a 不同气候变化情景下青藏高原气候变化仍有可能继续保持气温升高、降水增加趋势,但通常情况下气温和降水量的增幅不超过 2.5 ℃和 6.5%,且降水量的增幅后 20 a 要大于前 20 a,而气温的增幅前 20 a 总体上要大于后 20 a。

1.2　青藏高原东北部气候变化异质性特征

　　青藏高原东北部(图 1.11)通常称为河湟地区,即黄河、湟水谷地,地处青藏高原和黄土高原过渡地带。境内山脉绵亘,沟壑纵横,气候温和,农牧业开发历史悠久,是青藏高原特别是青海省物质文明的发祥地和经济社会发展的摇篮,也是黄河流域人类活动最早的地区之一。其不仅以青海省 7.5% 的国土面积,集聚了 75% 的人口,创造了近 2/3 的生产总值,成为整个青藏高原人口密度和经济总量最大的区域,对于青藏高原经济发展和社会稳定有着举足轻重的作用(《河湟地区生态环境保护与可持续发展》编辑委员会,2012),同时也正是由于地处我国两大高原交汇地带,其气候及其变化具有了一定的异质性,既兼备东亚季风气候之某些特点,又不同于完全之高原大陆性气候,因而鉴于其气候变化的复杂性及其对经济社会产生影响的显著性,使该地区气候变化问题得到了学术界的广泛关注。侯光良等(2008,2010)和姚瑶等(2013)利用地质遗址、代用资料等通过恢复和重建气候序列,研究了青藏高原东北部地质时期特别是全新世以来气候变化及其对人类活动的影响,得到了史前人类向青藏高原东北缘扩张的历程均与气候演变有密切关系的重要认识;王建兵等(2007)通过研究 1961 年以来青藏高原东北部气温、降水量的变化及其对草场植被的影响,认为该地区 20 世纪 80 年代以来气候暖干化趋势明显,并在人类活动的共同影响下导致了植被退化;姚瑶等(2013,2014)应用 SPI、Z 指数等不同气象干旱指标研究了 1961 年以来青海东部农业区干旱时空变化规律,得出了该地区春旱范围呈增大趋势且强度也略有加重,夏旱变化范围略减小而强度加剧的结论;廖清飞等(2014)利用 MODIS 植被指数产品定量估算认为 2000—2009 年青海东部农业区生长季(4～9月)植被覆盖度呈不显著增加趋势,降水量的变化及退耕还林措施是植被覆盖度变化的重要影响因素。总体来看,以往有关青藏高原东北部气候变化的研究,主要涵盖了古气候演变、器测时期以来气候及干旱等极端天气气候事件变化以及气候变化与生态演变之间相互作用的关系等,侧重于气候变化的事实及其影响研究,而基本未涉及青藏高原气候变化的区域差异性分析及其归因解释。为此,本研究在分析 1961—2016 年青藏高原东北部气候变化的事实及其在整个青藏高原气候变化中的异质性的基础上,从大气环流演变、植被覆盖变化对其气候变化的成因进行了探讨。

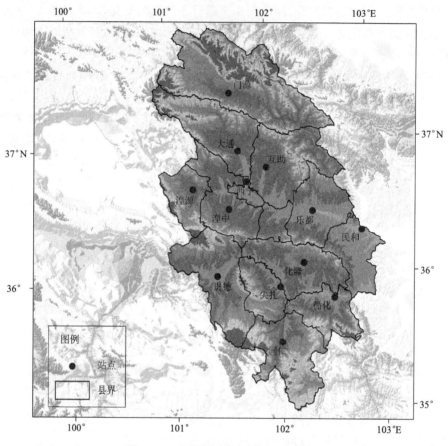

图 1.11　青藏高原东北部地理分布图

1.2.1　气候变暖的阶梯性

图 1.12 给出了 1961—2016 年青藏高原东北部平均气温、平均最低气温及平均最高气温变化趋势,由此可见:(1)青藏高原东北部气候变暖趋势十分显著,其年平均气温、平均最低和平均最高气温气候倾向率分别为 0.39 ℃/10 a、0.49 ℃/10 a 和 0.40 ℃/10 a,明显高于整个青藏高原及西北地区年平均气温每 10 a 升高 0.36 ℃、0.29 ℃的增温速率(中国气象局气候变化中心,2016);(2)不仅年平均最低气温升幅高于年平均气温和平均最高气温升幅,而且就四季平均气温升幅而言,冬季气候增暖尤为显著,气候倾向率高达 0.51 ℃/10 a,表明作为庞大青藏高原"裸露"于大气层中的一部分,"温室效应"在夜间及冬季地表净辐射以长波辐射为主时的显著性;(3)除年平均最低气温持续上升外,年平均气温、平均最高气温的上升呈现出明显的阶梯性增高态势,即出现了 1961—1986 年、1987—1997 年、1998—2014 年 3 次阶段性增暖,

这在年平均气温的升高趋势中表现得尤为明显,3 次阶梯性增暖累积高达 1.43 ℃,另外值得一提的是 2015、2016 年年平均气温为 1961—2016 年最高的两年,由此是否会出现一个新的增暖阶段,尚有待进一步观察;(4)M-K 法突变检验表明,青藏高原东北部平均气温、平均最低气温及平均最高气温均在 1994 年前后发生了由冷到暖的突变,表明了该地区气候增暖变化趋势的一致性,同时较整个青藏高原年平均气温于 1987 年出现突变(Li et al.,2010)明显滞后;(5)从各气象台站平均气温、平均最低气温及平均最高气温气候倾向率的空间变化来看,总体上呈北高南低的空间分布特征,表明青藏高原东北部气候变暖趋势北部要明显于南部。

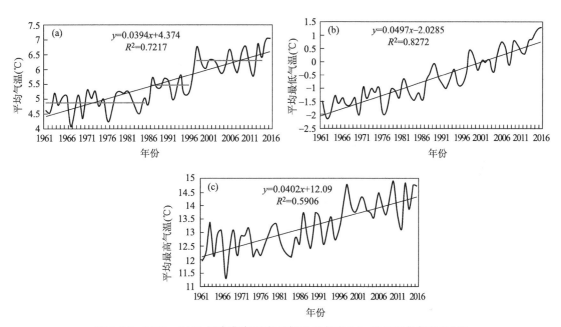

图 1.12　1961—2016 年青藏高原东北部平均气温(a)、平均最低气温(b)和
平均最高气温(c)变化曲线

1.2.2　降水变化的不显著性

由图 1.13 给出的 1961—2016 年青藏高原东北部年降水量变化趋势来看,该地区降水量变化具有如下特征:(1)年降水量及四季降水量均没有明显变化趋势,这与青藏高原年降水量增加显著的事实并不一致,但颇接近于西北地区降水量变化相对稳定、没有明显趋势的特征(中国气象局气候变化中心,2016);(2)从年降水量累计距平变化来看,青藏高原东部经历了 1961—2001 年的减少阶段和 2002—2016 年的增加阶段两个时期,但增加趋势并未明显超过减少趋势,从而使得降水量总体变化趋势并不明显,同时 M-K 法检验表明年降水量并未出现突变;(3)波谱分析表明,青藏高原东北部年降水量具有 3 a、5 a 的准周期,从小波系数变化来看,3 a 周期总体表现强势,而 5 a 周期在 20 世纪 80 年代中期至 90 年代中期表现得不甚明显,且两者在进入 21 世纪 10 年代以来波动均趋于缓和,表明年降水量的周期性变化区域不显著,同时 3 a 周期呈上升态势而 5 a 周期呈下降趋势,两者反向波动也因此导致年降水量变化趋势的不明显性;(4)由于年降水日数呈微弱减少趋势,加之降水量变化趋势不明显,导致降水强度呈增加趋势(图略),气候倾向率达 1.23 mm/(d·10 a),达到 90% 信度的置信水平,进而使得该地区干旱、暴雨等极端降水事件增多。

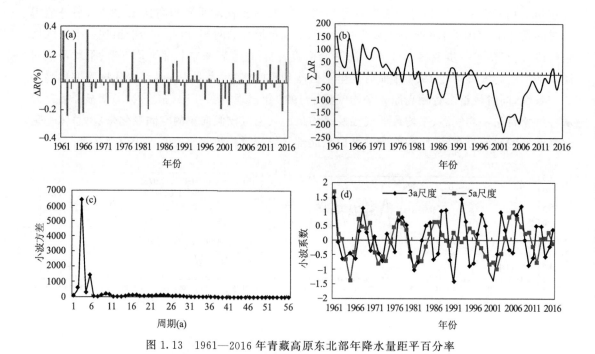

图 1.13　1961—2016 年青藏高原东北部年降水量距平百分率
变化(a)、累计距平(b)、小波方差(c)和小波系数(d)

1.2.3　青藏高原东北部气候变化成因探讨

如上所述,青藏高原东北部地处青藏高原与黄土高原交汇地带,其气候之所以兼具两者之共性,则主要受到南海季风、高原季风和东亚季风的共同影响,三者在不同季节此消彼长的作用及其年代际的振荡,决定了该地区在全球变化背景下的区域气候变化总体态势。

青藏高原东北部位于东亚季风区边缘地带,气候变化受季风进退和强度异常的年际变化影响较为显著,尤其是夏季该地区的降水和雨带位置的变化是与夏季风活动密切相关的。东亚季风系统既包含南海－西太平洋的热带季风,又包括大陆－日本的副热带季风,而影响该地区水汽输送的主要是南海季风。何敏等(1997)将南海季风指数定义为 100°～130°E、0°～10°N 范围内,850 hPa 和 200 hPa 平均纬向风距平差。该指数表示了南海南部高低层的纬向风切变,当夏季南海季风指数大于零时,表示在南海地区低层西南气流较常年偏强,影响我国的热带夏季风偏强;反之,当指数小于零时,夏季风偏弱。同时,南海季风爆发时间与其强度密切相关,通常情况下季风爆发时间早,则其强度强;爆发时间晚,则强度弱。由图 1.14a 给出的南海季风爆发时间变化来看,1961—2016 年南海季风爆发时间没有明显变化趋势,但年际波动显著,这一变化特点与青藏高原东北部降水量变化是相似的。进一步的相关分析得出,南海季风爆发时间与青藏高原东北部夏季降水量相关系数为 −0.316,达到 95% 信度的置信水平,表明南海季风爆发时间偏早,强度偏强,则对应于青藏高原东北部夏季降水量偏多;反之则亦然。两者反位相对应年份为 34 a,拟合率达 61%。显然,这一结论与周长艳等(2005)有关夏季青藏高原东侧水汽主要来源于南海和孟加拉湾的认识是基本一致的。

西伯利亚高压又称蒙古高压或亚洲高压,是东亚季风的主要成员之一,对全球大气环流特别是东亚季风有重要影响,西伯利亚高压与辐射冷却及中上层大气的辐合都有密切联系,同时

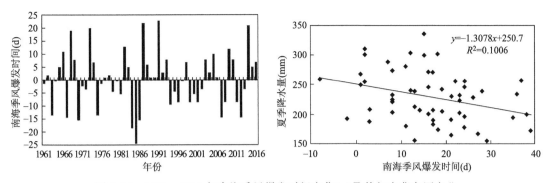

图 1.14　1961—2016 年南海季风爆发时间变化(a)及其与青藏高原东北
部夏季降水量的相关图(b)

作为东亚冬季风的主要表征其强弱对东亚夏季风的爆发时间及其强度作用显著。利用美国 NCEP/NCAR 数据资料集的月平均海平面气压场再分析资料计算得到西伯利亚高压强度,并统计了冬季西伯利亚高压强度与青藏高原东北部冬季气温的相关关系(图 1.15)。可以看出,两者呈显著负相关关系,相关系数为—0.37,置信水平为 99%,表明冬季西伯利亚高压强度越强,有利于冷空气经偏西路径影响青藏高原东北部,从而在平流冷却和辐射冷却的共同作用下,导致该地区冬季气温偏低。显然这与侯亚红等(2007)有关冬季西伯利亚高压强度与我国冬季气温有很好的相关性,表现在年际时间尺度上,当冬季西伯利亚高压面积、强度异常增大时,我国冬季气温异常主要表现为西南地区温度偏高,其他地区温度偏低的认识是相吻合的。不仅如此,相关分析还表明 4 月西伯利亚高压与青藏高原东北部年降水量、降水日数的关系十分密切,相关系数分别为—0.41,—0.37,均达到了 99%信度的置信水平,说明若 4 月西伯利亚高压依然保持强劲态势,则冷空气南下频繁,不利于南海季风的提前爆发,水汽不易向青藏高原东北部输送,进而可造成该地区降水日数、降水量均偏少。

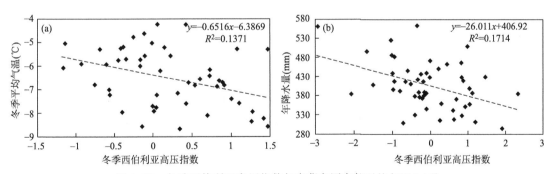

图 1.15　冬季西伯利亚高压指数与青藏高原东部平均气温(a)及
冬季西伯利亚高压指数与年降水量(b)相关图

青藏高原独特的气候特征无疑与高原季风气候的形成和演变有着更为密切的相关关系,不仅高原的气温变化与季风强弱变化一致,季风强期气温偏高,季风弱期气温偏低,而且高原夏季风爆发早晚、强度强弱对于高原夏季降水量有着显著影响。

利用公式(1.2)可计算出 1961 年以来逐年逐日 PMI 指数,进而可得出高原夏季风强度、爆发时间以及持续时间。相关分析得出,青藏高原东北部气温与高原季风之间并不存在显著相关关系,这一事实有别于整个高原气温明显受到高原季风影响的总体状况,表明作为青藏高原的边缘地带,其温度变化除受"温室效应"影响外,更多地受到了东亚季风特别是西伯利亚高压的控制。然而,高原夏季风结束时间和持续时间与青藏高原东北部秋、冬季降水量关系密切,相关系数分别为0.42、0.30,分别达到99%、95%信度的置信水平(图1.16)。表明高原夏季风结束得偏晚、持续时间偏长,有利用将孟加拉湾及印度洋水汽源源不断地输送到高原东北部,有效弥补南海季风南撤后带来的水汽空缺,进而可造成该地区秋、冬季降水量偏多。周长艳等(2005)通过分析青藏高原东侧及其周边地区9月的水汽输送形势发现,来自副高南侧的水汽输送,在高原东南侧转向成为西南风水汽输送,汇合孟加拉湾北部的偏南风水汽输送一起向北从南边界进入高原东侧及邻近地区的结论,也基本支持本研究这一认识。

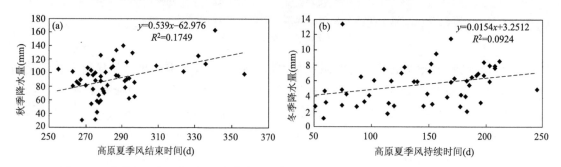

图1.16　青藏高原东北部秋、冬季降水量与高原夏季风结束时间(a)、持续时间(b)相关图

　　植被覆盖及其变化的空间异质性是中国区域陆表热力作用时空分布及异常变化的重要原因(《第三次气候变化国家评估报告》编辑委员会,2015),自然植被覆盖的变化不仅是气候变化特别是降水量变化所带来的生态效应,同时植被覆盖的增加(减少)可以减少(增加)地表对太阳短波辐射的反射率,使得近地层增温效应趋于缓和(加剧)。由图1.17a给出的2000—2016年青藏高原东北部NDVI值变化曲线来看,该地区植被覆盖呈明显恢复态势,NDVI值气候倾向率达0.02/10 a。这一变化态势与上文分析得出该地区2002—2016年降水量表现出明显增加的趋势是一致的,相关分析表明两者相关系数为0.47,达到95%信度的置信水平,表明该地区暖湿化的气候变化背景有利于植被覆盖趋于恢复。这一结论,可由文献(《第三次气候变化国家评估报告》编辑委员会,2015)认为在西北干旱区过去20 a草原生态系统的植被覆盖、物种多样性和初级生产量等均有不同程度的增加,在很大程度上受到同期降水量增加的影响的结论以及引言所述廖清飞等(2014)的相关研究成果得到进一步的证实。不仅如此,通过分析得出青藏高原东北部13个气象台站年平均最高气温气候倾向率与各站点所代表的县域ND-VI值气候倾向率相关系数为−0.45,达到90%信度的置信水平(图1.17b),同时与增暖趋势北部高而南部相对较低的气候变暖空间差异恰好相反的是,NDVI值空间变化趋势则表现为南部增大明显而北部增大相对不显著,表明该地区植被覆盖的恢复,增加了对太阳短波辐射的有效吸收,减少了反射辐射,对于进低层大气的加热作用起到了缓和作用,并具有一定的空间差异性。

　　另外,根据王可丽等(2005)有关西风带与季风对中国西北地区的水汽输送研究,就多年平均状况而言,高原以北地区主要受西风带影响,以南地区主要受西南季风影响。统计分析也证实仅是地处最北端的门源冬季降水量对秋季西风环流有较为显著的滞后负相关关系,而整个青藏高原东北部降水量与西风环流并不存在明显相关关系,说明西风带对青藏高原东北部降水影响不显著。因此综合起来看,在全球变化的大背景下,青藏高原东北部作为青藏高原和黄

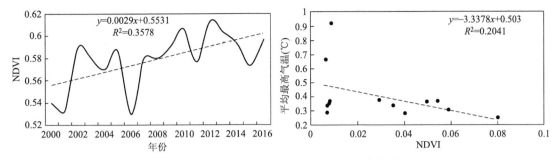

图 1.17   2000—2016 年青藏高原东北部 NDVI 变化曲线(a)及
NDVI 值气候倾向率与平均最高气温倾向率相关图(b)

土高原的交汇地带,其气候变化的异质性实质上主要表现为对上述两大区域气候变化的兼容性,其气候变化的年际波动则主要受到东亚冬季风、南海季风和高原季风的进退及其相互作用的影响,同时作为气候系统重要组成的生态系统植被覆盖与该区域气候变化同样存在十分密切的反馈机制。

由此可见,青藏高原东北部气候变暖趋势十分显著,其年平均气温气候倾向率为 0.39 ℃/10 a,不仅明显高于整个青藏高原及西北地区年平均气温增温速率,而且呈现出 3 次明显的阶梯性增高态势,累积增暖高达 1.43 ℃;年平均气温 1994 年前后发生了由冷到暖的突变,较整个青藏高原年平均气温于 1987 年出现突变明显滞后;同时气候变化具有明显的空间差异,总体上北部气候变暖趋势要明显于南部。近 56 a 来青藏高原东北部年降水量及四季降水量均没有明显变化趋势,虽然经历了 1961—2001 年的减少阶段和 2002—2016 年的增加阶段两个时期,但并未出现突变;年降水量具有 3 a、5 a 的准周期,进入 21 世纪 10 年代以来这种周期性变化趋于不明显性;年降水日数微弱减少和降水强度增加的趋势,导致该地区干旱、暴雨等极端降水增多。作为地处青藏高原与黄土高原交汇地带的青藏高原东北部,在全球变化背景下其气候变化的异质性主要表现在对两大高原气候变化的兼容性上;该区域气候变化的年际波动主要受到东亚冬季风、高原季风和南海季风的年际振荡及其相互作用的影响,而西风环流的作用并不明显;该地区植被覆盖的恢复既是 2002 年以来降水量增加产生的生态效应,同时也通过吸收太阳短波辐射对于气候变暖趋势起到一定的缓和作用。

1.3   柴达木盆地气候变化特征及成因

柴达木盆地地处青藏高原东北部,是我国内陆大型山间断陷盆地,为阿尔金山、祁连山和昆仑山所环绕的不规则菱形区域,其地形地貌的形成与青藏高原的隆起息息相关(《柴达木生态保护与循环经济》编辑委员会,2013)。因此,柴达木盆地区域气候变化不仅受到全球变化、太阳辐射特别是夏季太阳辐射作为驱动力的影响十分显著(袁林旺等,2004,王杰民等,2012),同时也是青藏高原持续隆升,使得季风环流不断演变的产物(尹成明等,2007,蒲阳等,2010,王建等,2002)。而从利用湖底沉淀物、树木年轮等代用资料所反映出的地质、历史时期的气候变化来看(袁林旺等,2000,李林等,2005,周爱锋等,2007),盆地气候冷暖干湿演替较为频繁,但总体上以冷干、暖湿组合为主。器测时期以来的气象观测事实研究表明,柴达木盆地是整个青藏高原气候变化的敏感区,其气候变化呈现出暖湿化趋势,同时亦存在着一定的空间差异性(戴升等,2013,李林等,2010,陈碧珊等,2010)。然而,从当前区域气候变化研究的进展来看,对于柴达木盆地气候变化的研究尚存在以下不足:一是以往的研究所采用的资料相对陈旧,不能客观地反映该区域气候变化的最新事实;二是对于其气候变化的空间差异性及其可能的原因分析尚显不足;三是对柴达木盆地在整个青藏高原气候变化区域显著性的成因尚未进行较为系统的探讨。基于以上认识,本研究利用1961—2013年柴达木盆地德令哈等10个气象台站资料,分析了其气候变化的客观事实,关注了气候变化空间差异性,探讨了其气候变化与高原季风、西风环流等大气环流因子以及植被覆盖的关系,揭示了柴达木区域气候变化显著性的气候成因,可供柴达木盆地开展适应气候变化工作时参考。

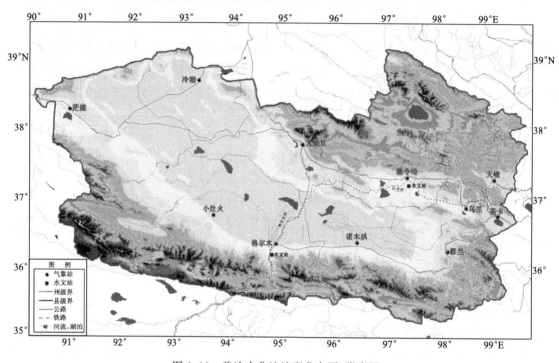

图 1.18　柴达木盆地地理分布图(附彩图)

1.3.1　气候变化的区域显著性

柴达木盆地气候变暖的客观事实具有如下特征:(1)柴达木盆地气候变暖趋势十分显著,其年平均气温、平均最低气温和平均最高气温增幅分别达 0.48 ℃/10 a、0.68 ℃/10 a 和 0.37 ℃/10 a,其增幅不仅在整个青藏高原区域气候变化中(李林等,2010)显现得十分显著,而且对比第二次气候变化国家评估报告(《第二次气候变化国家评估报告》编写委员会,2011)和 IPCC 第五次评估报告结果可以看出,亦要明显高于全国乃至全球变暖的幅度;(2)M-K 法突变检验表明,柴达木盆地年平均气温、平均最低气温和平均最高气温增幅分别在 1987 年、1980 年和 1994 年前后发生由冷到暖的突变,可见平均最低气温不仅增幅要高于平均气温和平均最高气温,而且其变暖也明显超前,对气候的整体增暖既具有启动作用又存在指示意义;(3)1999 年以来的15 a 间柴达木盆地年平均气温、年平均最高气温变化明显趋于平缓,但从柴达木盆地气候变化的时间序列来看,1987 年气候变暖以来柴达木盆地年平均气温、平均最高气温同样在经历1988—1997 年 10 a 间的停滞期后出现了 1998 年的显著增暖,加之 1999 年后年平均最低气温仍呈显著升高趋势,尽管由此推断柴达木盆地气候变化正在酝酿新一轮增暖的依据尚不甚充分,但至少可以认为柴达木盆地气候变暖既未加速亦未停止。关于柴达木盆地气候变化的这一认识,可从以下全球变暖的有关研究结论中得到验证:如 Kerr 等(2009)依据 HadCM3 模式模拟实验结果证实,在气候变暖的过程中由于气候系统内部过程也能产生类似于 1999 年以来的温度变化,但未发现长于 15 a 的变暖停滞状况,并认为变暖可能在未来几年内恢复,又如 Foster 等(2011)通过剔除气候序列中自然因子的影响分析了 1979—2010 年的温度记录,指出变暖的趋势并未停止,32 a 来温度几乎是直线上升的,变暖既未加速也未变缓。

由 1961—2013 年柴达木盆地年平均气温、平均最低气温和平均最高气温气候倾向率空间分布(图 1.19,图 1.20)可以看出,柴达木盆地气候变暖具有如下空间变化特征:(1)盆地整体上呈一致性的增暖趋势,且平均最低气温的增幅要明显高于平均气温和平均最高气温;(2)气候增暖的幅度具有从东南向西北递增的趋势,即气候变暖具有明显的经向分布特征,这在平均最低气温气候倾向率的空间分布中表现得尤为显著。这一分布特征与柴达木盆地降水量和植被的空间分布恰好相反,即在降水量 200 mm 以上、下垫面植被状况相对较好的乌兰等盆区东南边缘,地表更易吸收太阳辐射,但对于近地层的增温则较慢,而在降水量不足 50 mm、下垫面植被状况差多为荒漠、沙漠的茫崖一带,地表反照率大而易使近地层增温迅速,陈晓光等(2009)和李林等(2010)的研究结论也支持了这一观点。

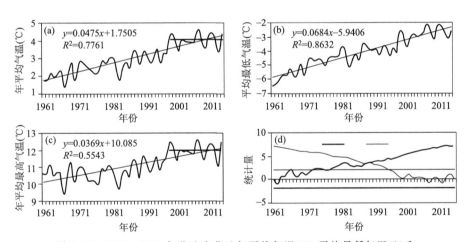

图 1.19　1961—2013 年柴达木盆地年平均气温(a)、平均最低气温(b)和
平均最高气温(c)的变化曲线及年平均气温 M-K 突变检验曲线(d)

柴达木盆地气候变湿趋势十分明显,并具有如下特征(图 1.21):(1)柴达木盆地年及四季降水量、降水日数均呈增多趋势,其中年、夏季降水量气候倾向率分别为 7.6 mm/10 a、5.4 mm/10 a,年、夏季降水日数气候倾向率(图 1.21b)分别为 1.2 d/10 a、0.9 d/10 a,分别达到 99% 和 95% 信度的置信水平,同时两者一致性增多的趋势也说明了降水量的增多主要是由于降水日数的增加引起的;(2)M-K 法突变检验表明,柴达木盆地年降水量和年降水日数均在 2001 年出现了由少向多的突变,气候变湿较之于气候变暖要滞后,可见柴达木盆地作为青藏高原的重要组成部分,其气候冷暖干湿变化与姚檀栋等(2000)利用古里雅冰芯 $\delta^{18}O$ 记录所得出的百年际青藏高原气候类型是暖湿和冷干相伴的,降水的变化滞后于温度变化的结论是相统一的;(3)从波谱分析的结果来看,柴达木盆地年降水量和年降水日数均具有 3 a、19 a 周期,小波系数时间变化表明 3 a 短周期趋于不显著而 19 a 长周期逐渐显著,19 a 长周期变化趋势

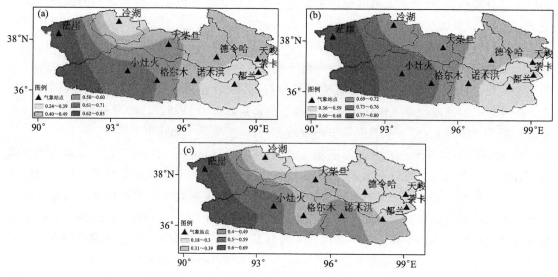

图 1.20　1961—2013 年柴达木盆地年平均气温(a)、
平均最低气温(b)和平均最高气温(c)(附彩图)

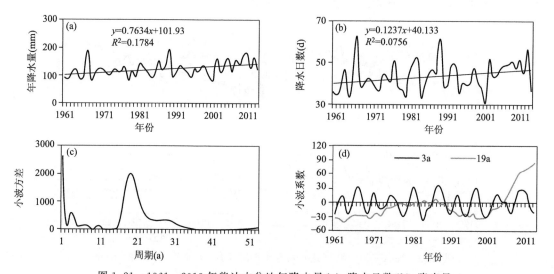

图 1.21　1961—2013 年柴达木盆地年降水量(a)、降水日数(b)、降水量
小波方差(c)和小波系数(d)变化曲线

还反映出年降水量和年降水日数目前仍呈一致增多趋势,说明当前柴达木盆地年降水量和年降水日数变化中 19 a 周期起到了主导作用。

　　从 1961—2013 年柴达木盆地年降水量和年降水日数气候倾向率空间分布图(图 1.22)来看:(1)柴达木盆地年降水量和年降水日数呈一致性增多趋势,增幅由西向东逐渐增大,同样具有经向地带性,这在年降水量气候倾向率空间变化的分布中显现得尤为明显。其中,德令哈、都兰、天峻等东部台站降水量和降水日数增幅明显,3 站年降水量气候倾向率分别为 22.4 mm/10 a、16.9 mm/10 a 和 13.5 mm/10 a,年降水日数气候倾向率分别达到 4.0 d/10 a、1.4 d/10 a 和 1.3 d/10 a;(2)从柴达木盆地年降水量和降水日数增多趋势的显著性水平来看,两者同样具有自西向东逐渐显著的空间变化特征,茫崖等西部地区降水量和降水日数增幅不明显也不显著,大柴旦等中部地区降水量和降水日数增幅逐渐增大,显著性水平可以达到 95% 的信度,而在天峻等东部边缘不仅增幅大而且显著性水平也高,可以达到 99.9% 信度的置信水平。

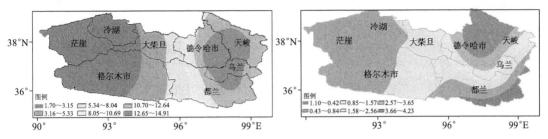

图 1.22　1961—2013 年柴达木盆地年降水量(a)、降水日数(b)
气候倾向率空间分布(mm/10 a,d/10 a)(附彩图)

1.3.2　柴达木盆地气候变化区域显著性成因

王可丽等(2005)通过分析西风带与季风对我国西北地区水汽输送的作用认为,高原切变线以北,主要是来自西风带的水汽输送,高原切变线向东北方向为西风带与西南季风的共同影响区。对应于柴达木盆地,西部主要受强劲西风环流的控制,而中东部则由于西风环流的减弱受到高原季风"余泽"的影响,盆地植被覆盖的空间分布则通过影响太阳辐射的吸收和反射对于气候变暖的空间分布有着明显作用,因此柴达木盆地气候变化应该是在全球变化背景下,西风环流、高原季风等气候系统因子年际振荡以及下垫面植被演变等综合作用的结果。

太阳辐射的变化作为引起气候变化的主要自然原因之一,被一些科学家认为是小冰期较冷时段发生的主要原因,而目前太阳辐射的变化不可能是现代全球变暖的主要原因。Lean 等(2009)通过考虑人类活动、太阳辐射、气溶胶以及 ENSO 等 4 个因素对 1999—2008 年全球温度变化进行了成功模拟,说明这期间 ENSO 和太阳辐射带来的降冷效应在相当大程度上抵消了人类活动造成的变暖趋势。从图 1.23 给出的 1961—2013 年地处柴达木盆地腹地的格尔木气象台监测到太阳总辐射变化情况来看,柴达木盆地所接收到的太阳总辐射不仅呈明显减少趋势,更为重要的是,在 1998—2013 年期间柴达木盆地太阳总辐射维持在一个整体偏低的阶段,恰好对应于 1999 年以来气候变暖总体上既未加速也未停滞的时期,同时太阳总辐射的减少较之于气候变暖的趋缓要提前,从而在观测事实上说明了太阳辐射减少确实在很大程度上减缓了柴达木盆地气候变暖的趋势。

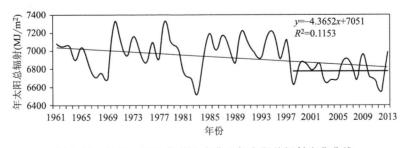

图 1.23　1961—2013 年柴达木盆地年太阳总辐射变化曲线

植被覆盖可直接造成陆面物理特性的变化,改变地表和大气之间的能量和物质交换,影响地表的能量平衡,从而影响到区域气候变化。由统计分析得出的 1982—2010 年柴达木盆地

NDVI 值变化情况(图 1.24a)来看,该地区植被状况总体趋于好转,但其空间分布特征的经向地带性十分明显,气候倾向率自盆地东南向西北递减,在茫崖、冷湖等地甚至出现了 NDVI 值减小、植被退化的现象,这与气温特别是平均最高气温气候倾向率的空间分布恰好具有很好的负对应关系,即植被退化的区域气候变暖十分显著,而植被趋于恢复的区域气候变暖相对不明显。另外,相关分析表明,1982—2010 年柴达木盆地 10 个气象台站平均最高气温与各台站 NDVI 值之间的相关系数为 -0.58,达到 90% 信度的显著性水平(图 1.24b)。以上分析表明,以温带荒漠植被为主的柴达木盆地,由于植被空间布局和植被覆盖变化的空间分布均具有明显的经向地带性分布规律,使得该地区气候变暖不仅十分显著,同时气候变暖趋势也具有了明显的经向地带性特征,盆地东南部植被的恢复对区域气候变暖起到了一定的缓和作用。

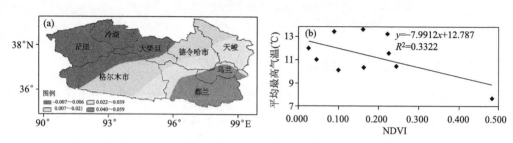

图 1.24 1982—2010 年柴达木盆地年 NDVI 气候倾向率空间分布(a)及其与平均最高气温的相关(b)(附彩图)

柴达木盆地地处青藏高原东北部,其独特的气候特征不可避免地与高原季风的形成和演变有着密切的联系。本研究采用李栋梁等(2007)确定的青藏高原季风指数进行统计分析,表明 1961 年以来高原季风指数的年际变化经历了三个阶段:1967 年以前为强盛期,1968—1983 年为季风弱期,1984 年以后又转为季风强期。而滞后于高原季风 1984 年以来的强盛期,柴达木盆地气温从 1987 年以后进入显著增温阶段,同时相关分析表明,高原夏季风指数与柴达木盆地年平均气温、年平均最低气温和年平均最高气温之间的相关系数分别为 0.354、0.392、0.281,分别达到了 99%、99% 和 95% 信度的置信水平,说明柴达木盆地气候暖冷变化与高原季风强弱变化一致,高原季风强盛期气温高,高原季风衰弱期气温低。由图 1.25a 给出的 1961—2013 年高原夏季风爆发时间变化来看,高原夏季风爆发的时间呈显著提前趋势,气候倾向率为 9.9 d/10 a,达到 95% 信度的置信水平。同时,夏季风爆发时间与柴达木盆地年、夏季降水量和夏季降水日数的相关系数分别为 -0.321、-0.403 和 -0.331,三者分别达到 95%、99% 和 95% 信度的置信水平。说明 1961—2013 年柴达木盆地年、夏季降水量和降水日数的增多,正是高原夏季风爆发时间提前、夏季风日趋强劲的结果。

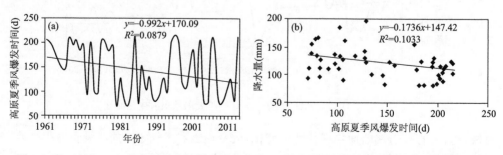

图 1.25 1961—2013 年高原夏季风爆发时间曲线(a)及其与柴达木盆地年际降水量的相关(b)

柴达木盆地作为我国西北干旱区的一部分,主要受到西风带的控制,西风环流是影响该地区气候变化的重要因素。李万莉等(2008)研究认为,我国西北地区的水汽输送主要集中在夏季,西风气流是西北地区水汽输送的主要载体。田俊等(2010)还认识到高原夏季风对区域西风带活动具有显著的影响,近数十年来两者总体变化趋势相反,前者增强,后者减弱。从1961—2013 年夏季西风指数变化趋势(图 1.26a)来看,其变化与高原季风趋强恰好相反,呈减小趋势。分析其与柴达木盆地降水量的关系表明,夏季西风指数与柴达木盆地年、夏季降水量和年、夏季降水日数的相关系数分别为 -0.442、-0.485、-0.473 和 -0.497,均达到 99% 信度的显著性水平。由此可见,由于高原季风的增强,削弱了西风环流对柴达木盆地的影响,有利于强劲的高原季风将印度洋水汽输送到柴达木盆地中东部并形成有效降水,从而使该地区降水量表现出增多趋势,说明对于地处西北地区和青藏高原交汇地带的柴达木盆地,其降水量变化是高原季风和西风环流相互影响、共同作用的结果。

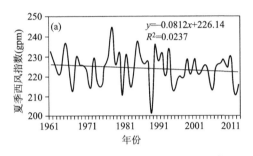
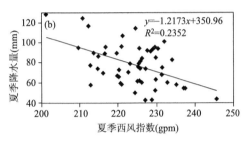

图 1.26　1961—2013 年夏季西风指数曲线(a)及其与柴达木盆地夏季降水量的相关(b)

值得强调的是,柴达木盆地气候变化的这一空间分布特征与区域气候系统内部过程是密切相关的。柴达木盆地作为内陆盆地终年受高空西风环流所控制,但其强度自西向东逐渐减弱,盆地中东部则受到高原季风的影响,同时盆地植被多以温带荒漠为主,且纬向地带性特征不明显而经向地带性较为凸现(《柴达木生态保护与循环经济》编辑委员会,2013),而西风环流减弱和高原季风增强使得气候变湿同样具有了经向地带性特征,导致植被覆盖的经向地带性分布特征更为显著,从而影响到地表对太阳短波辐射的吸收与反射状况的空间差异,决定了气候变暖趋势的经向地带性。可见,在柴达木盆地区域气候变化中,气候系统内部诸因子间的相互作用和反馈是十分显著的。

通过本节分析,作为青藏高原气候变化敏感区的柴达木盆地,其气候变暖十分显著,气温增幅明显高于整个青藏高原乃至全国和全球平均增幅,进入 1999 年以来,气候变暖趋势尽管趋于缓和,但既未加速亦未停止,气候滞后于变暖有着明显的整体变湿趋势,同时气候暖湿化具有显著的经向地带性分布特征,不同的是气候变湿显著的区域恰好是气候变暖相对不明显的区域,而气候变湿不显著的区域则对应于气候变暖十分明显的区域。与此同时,在全球变化的背景下,由于高原季风趋于强劲,加之地表植被稀疏,柴达木盆地气温总体呈显著增暖趋势,但受太阳辐射减少的抵消作用,1999 年以来的盆地气候出现了既未加速也未停止的现象。同时高原季风的增强也使得影响柴达木盆地的西风环流减弱,有利于印度洋水汽向盆地中东部输送使得降水量明显增多,而降水量的空间变化导致植被覆盖出现了明显的经向地带性变化规律,气候变暖的趋势随之有了经向地带性特征。

1.4　青海气候变化区域差异性研究

青海高原是我国生物物种形成、演化的中心之一,也是气候变化的"敏感区"和生态环境变化的"脆弱区"。研究表明,青海气候及生态环境的变化不仅直接影响着当地的资源开发利用和经济建设,而且对全国乃至全球气候变化及生态平衡均起着极其重要的作用。近些年来,在全球气候变暖的背景下,青海气候发生了显著变化,出现了气温升高、干燥度增大的气候变化趋势。同时,在气候变化和人类活动的共同影响下,青海草场退化、土地沙化、冻土退化、冰川萎缩、湖泊水位下降和河流流量减少等生态环境退化现象,对当地乃至下游经济社会的可持续发展带来了影响,引起了全社会和学术界的普遍关注。虽然有关青海特别是三江源地区气候变化及其影响的研究比较多,对青海不同区域的气候变化趋势及其影响、成因等也有了一定的科学认识(汪青春等,2007,李林等,2006,时兴合,2005),但是目前尚未见到对于青海不同生态功能区气候变化差异的对比分析及其可能成因的研究,本节重点研究了青海不同区域的气候变化及其可能成因。

1.4.1　气温变化的区域差异性

青海不同区域均呈显著增暖趋势,1961—2006年柴达木盆地、环青海湖地区、东部农业区及三江源地区年平均气温气候倾向率分别为0.44、0.34、0.24和0.32 ℃/10 a(图1.27),柴达木盆地增暖最为明显,其增幅明显高于全省乃至全国。分析不同区域年平均最高、最低气温的变化趋势可以得出,柴达木盆地年平均最高、最低气温的气候倾向率分别为0.31、0.70 ℃/10 a,增幅亦最为明显,其中平均最低温度尤为显著,增幅是全省其他区域的近2倍。

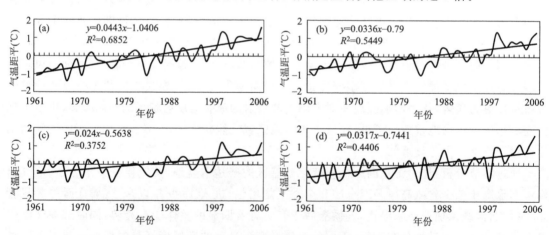

图1.27　1961—2006年青海不同区域年平均气温距平曲线
(a)柴达木盆地;(b)环青海湖地区;(c)东部农业区;(d)三江源地区

由图1.28以1961—1970年为基准给出了青海不同区域年平均气温、年平均最高和年平均最低气温年代距平变化情况,可见其年代际变化特点十分显著,尤以柴达木盆地最为明显,东部农业区年代距平变化最小,这与气候倾向率的区域性差异是一致的。平均最高气温的年代际变化在20世纪70年代和80年代不甚明显,特别是柴达木盆地,其平均最高气温在20世纪70年代甚至较20世纪60年代下降了0.5 ℃,而进入21世纪以后则增呈现出显著增暖趋势。平均最低气温的年代际增暖同样十分显著,21 世纪以来的均值较之于 20 世纪 60 年代,柴达木盆地、环青海湖地区、东部农业区及三江源地区分别升高了 3.1、1.8、1.7 和 1.3 ℃,明显高于年平均气温和年平均最高气温的增幅。

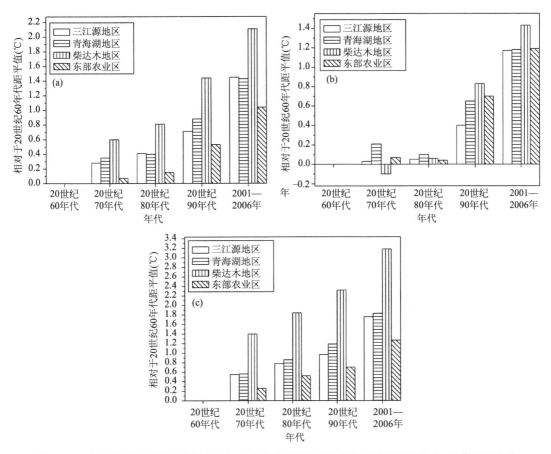

图 1.28　青海不同区域年平均气温(a)、年平均最高气温(b)和年平均最低气温(c)年代距平变化

突变检验研究表明,青海地区温度在 1987 年发生了由低到高的突变。以往类似的研究侧重于年、季尺度上平均气温在气候突变前后的差异。为凸现月尺度上平均气温在气候突变前后的温差分布情况,图 1.29 给出了青海不同区域 1987 年前后逐月平均气温,平均最高、最低温度差值。由图可见:(1)柴达木盆地在 1987 年前后逐月温差明显高于其他区域,表明该地区气候变暖在月尺度上的普遍显著性;(2)4、5 月气候突变前后温差普遍偏小,特别是三江源地区 4 月、环青海湖地区和东部农业区 5 月气候突变前后气温差值较小,甚至出现负值,显现出青海在 4、5 月季节转换时期气候变暖的不显著性,甚至出现了某些变冷迹象;(3)2 月和 11 月气候突变前后温差普遍偏大,特别是柴达木盆地 2 月和三江源地区 11 月平均气温,平均最高、最低气温气候突变前后的差值均为一年中最高的,表明了青海在秋后冬末时期气候变暖的显著性。

1.4.2　降水变化的区域差异性

青海年降水量变化的空间差异较为明显,其中柴达木盆地年降水量呈现出增多趋势,其气

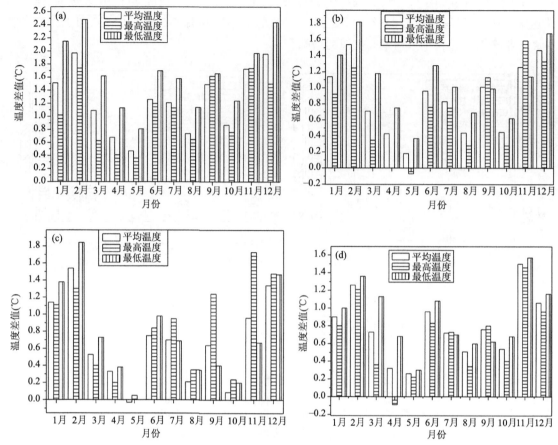

图 1.29　1961—2006 年青海不同区域气候突变前后年平均气温、平均最高、平均最低温度差值
(a)柴达木盆地；(b)环青海湖地区；(c)东部农业区；(d)三江源地区

候倾向率达 6.67 mm/10 a,通过了 0.02 的显著性检验;东部农业区年降水量则呈现出减少趋势,气候倾向率为−5.23 mm/10 a;环青海湖地区与三江源地区年降水量变化表现出微弱的增加趋势。图 1.30 表明在青海普遍变暖的前提下,除东部农业区以外的大部分地区出现了降水增多趋势。

　　图 1.31 为 1961—2006 年青海省不同区域年降水量的年代际变化情况。较之于 1961—1970 年的平均值,柴达木盆地 20 世纪 70—90 年代及 21 世纪以来均为正距平,表明降水均呈持续增多趋势,特别是 21 世纪以来的 6 a,年降水量较 20 世纪 60 年代增加了近 25 mm,增多趋势十分显著;与其相反,东部农业区则表现出持续减少的趋势,特别是 21 世纪以来,减少了近 30 mm;三江源和环青海湖地区年降水量的年代际变化特点十分显著,20 世纪 80 年代和 21 世纪以来的 6 a 为多雨阶段,20 世纪 90 年代为少雨阶段,而在 20 世纪 70 年代,三江源地区为正距平,环青海湖地区却为负距平,平均年降水量较 20 世纪 60 年代偏少近 10 mm。

　　为深入分析气候突变前后降水量的变化特征,图 1.32 给出了 1987 年前后青海省不同区域 1—12 月降水量差值,可见:(1)总体上,上半年月降水量差值为正值,下半年为负值,这表明 1987 年后上半年降水量呈增加趋势,下半年降水量呈减少趋势;(2)除柴达木盆地降水量增多最多的月份出现在 7 月以外,环青海湖地区、东部农业区和三江源地区降水量增多最多的月份均出现在 6 月,三江源地区、柴达木盆地和东部农业区、环青海湖地区降水量减少最多的月份

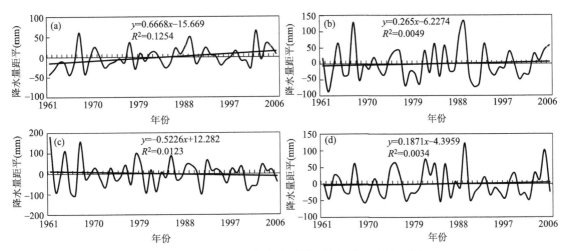

图 1.30 1961—2006 年青海不同区域年降水量距平曲线

(a)柴达木盆地;(b)环青海湖地区;(c)东部农业区;(d)三江源地区

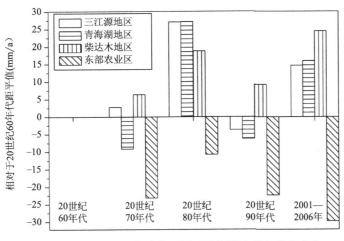

图 1.31 1961—2006 年青海不同区域年降水量年代际变化

分别出现在 7、8、9 月;(3)柴达木盆地气候突变前后降水增多的月份最多,为 9 个月,而增多幅度最大的月份出现在 7 月,亦为青海降水最大增幅,达 7.0 mm;(4)东部农业区气候突变前后降水减少的月份最多,为 5 个月,且其减幅最多的 8 月同样为青海减少最多,达 10.2 mm。

1.4.3 区域差异性归因分析

IPCC 第四次评估报告(IPCC,2007)指出:气候系统的变暖是毋庸置疑的,过去 100 a (1906—2005 年)全球地表平均温度升高 0.74 ℃,陆地大部分地区降水正在发生显著变化。过去 50 a 观测到的大部分全球平均温度的升高,很可能由人类活动引起,而 2005 年全球大气二氧化碳浓度 379 mL/m^3,为 65 万年来最高。丁一汇等(2006)认为,近百年来中国年平均气温升高了 0.5~0.8 ℃,略高于同期全球增温平均值,近 50 a 变暖尤其明显;年均降水量变化趋势不显著,但区域降水变化波动较大。根据瓦里关中国大气本底观象台监测,青海上空 CO_2、CH_4 等温室气体浓度呈明显上升趋势,并与青海气温呈显著正相关关系,其中 1995—

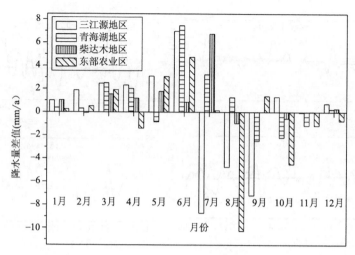

图 1.32　1961—2006 年青海不同区域气候突变前后年降水量差值

2006 年 CO_2 浓度由 360.52 mL/m³ 上升到 382.59 mL/m³，11 a 间上升了 22 mL/m³；1992—2006 年 CH_4 浓度由 1787.34 μL/m³ 上升到 1832.66 μL/m³，15 a 间上升了约 45 μL/m³。

　　陆气相互作用在区域气候的变化中具有重要作用，对于青藏高原，各种下垫面特征改变所引起的地面热源变化可能是造成高原气候变化的一个重要原因（汤懋苍，1998）。就青海而言，一方面不同区域下垫面具有较大差异，特别是柴达木盆地地表以荒漠、戈壁和沙漠为主，其地表热容量明显较草地、农田低，有利于该区域地表的快速加热；而在另一方面，由于人类活动和气候变化的共同作用，青海部分地区出现了草场退化、土地沙化、冻土退化等生态退化现象，这在一定程度上改变了原来的下垫面状况，影响了地气辐射平衡，对青海气温的升高起到了加速作用。

　　姚檀栋等（1995）利用古里雅冰芯 $\delta^{18}O$ 记录所示的近 400 a 来的气候变化得出：百年际气候类型是暖湿和冷干相伴的，降水的变化滞后于温度的变化。可见随着青海气温的不断增加，极有可能导致降水量随之增多的变化趋势。事实上这也是全球升温导致海洋蒸发和陆地上的蒸散加强，促使地气水分循环加快，导致了降水量的增加（施雅风等，2002）。俞亚勋等（2003）利用美国 NCEP/NCAR 公布的 1958—2000 年再分析格点资料，分析了西北地区水汽年代际变化趋势：20 世纪 60 年代至 70 年代西北地区大部分地区的水汽呈减少趋势，20 世纪 80 年代显著增加，这为降水量的增加提供了条件。李栋梁等（2003）计算了 20 世纪 80 年代中期前、后两个时段 1 月 500 hPa 高度及流场距平，认为 20 世纪 80 年代中期与前期比较，西北地区西风偏弱，南风偏强，有利于源自印度洋及西太平洋的南方水汽向北输送，而偏弱的西风输送的水汽也在增强，有利于水汽凝结降水，造成降水量增加。分析地处降水量增多趋势显著的柴达木盆地的格尔木降水增多最多月份 7 月 500 hPa 高空 07 时和 19 时每日两次高空探测获得的相对湿度和比湿得出，1961—2006 年 500 hPa 高空 7 月 07 时相对湿度和比湿均以 0.21/10 a 和 0.01/10 a 的速率增加，7 月 19 时相对湿度和比湿气候倾向率为 1.74/10 a 和 0.10/10 a，均达到了 0.01 的显著性水平，说明该地区空气当中水汽含量呈增加趋势。相反，地处东部农业区的西宁 1961—2006 年 500 hPa 高空 7 月 07、19 时相对湿度和比湿均呈减少趋势，从而从水气输送的角度揭示了东部农业区降水减少的成因。

　　1961—2006 年青海不同区域总云量均呈减少趋势，低云量除东部农业区外多以增加趋势为主,其中柴达木盆地、环青海湖地区、东部农业区及三江源地区年平均总云量气候倾向率分别为-0.038、-0.066、-0.134 和-0.084 成/10 a,东部农业区和三江源地区达到了 0.001 的显著性水平;4 个不同区域年平均低云量的气候倾向率则分别为 0.166、0.001、-0.063 和 0.027 成/10 a,东部农业区年平均低云量的减少趋势和柴达木盆地年平均低云量的增加趋势均通过了 0.001 显著性水平的检验。总云量的减少在一定程度上削弱了云层对太阳辐射的反射和吸收作用,有利于太阳短波辐射直接作用于地表,从而促使地面温度的升高;低云是造成阵性降水的主要云型,而在青海阵性降水占年降水量的比重相对较高,因此低云量的增加(减少)可以直接导致年降水量的增加(减少),这恰好解释了 1961—2006 年柴达木盆地降水量的增加和东部农业区降水量的减少趋势。进一步分析不同区域各月平均低云量的变化,发现其变化趋势与相对应的月降水量变化趋势也均具有较好的一致性。

综合以上研究表明,1961—2006 年青海不同区域年平均气温均呈现出显著增暖趋势,其中以柴达木盆地增暖尤为明显;柴达木盆地年降水量呈现出增多趋势,东部农业区年降水量则呈现出减少趋势,环青海湖地区与三江源地区年降水量变化表现出微弱的增加趋势。全球变暖及高原上空 CO_2、CH_4 等温室气体浓度的显著增加,总云量和低云量的变化,高空水汽输送的增强以及下垫面状况差异等因素是造成青海气候显著变化并具有明显区域性特征的可能成因。

第 2 章　高原地区干旱指标适用性及干旱特征研究

2.1　气象干旱监测指标在高原地区的适用性

干旱是全球最常见、最广泛的自然灾害,其发生频率高、持续时间长、影响范围广,对农业生产、生态环境和社会经济发展影响深远。中国是全球旱灾最频发国家之一,旱灾损失占自然灾害的 15% 以上,干旱面积更是高达自然灾害受灾总面积的 57% 左右,旱灾发生频次约占总灾害频次的三分之一(张强等,2015,2016)。近年来,受全球气候变化的影响,重大干旱事件正呈现明显增加趋势,旱灾的风险在不断增大,旱灾对社会经济和农业生产的影响持续加重(张强等,2011,2014)。

青海地处青藏高原,是全球气候变化的敏感区,由于深居内陆腹地,暖湿气团不易入侵,导致降水量少,为北半球同纬度降水量最少的地区,且时空分布不均,属我国干旱半干旱气候区,该区生态环境脆弱,生存条件艰苦,极大限制了人类的生存空间,干旱等气象灾害的发生给该地区的气候环境带来巨大影响。在青海高原,基本每年都有不同程度的干旱发生,尤其是春旱和夏旱对农牧业生产造成的影响日趋严重,加之大多数地区灌溉条件较差,因此干旱是影响春耕生产、农作物生长发育以及牧草返青和后期生长的主要气象灾害。加强对干旱的合理监测,提前预测、预警干旱发生的范围和程度等,可以有效减轻旱灾带来的影响,对防灾减灾具有十分现实的意义。

要准确地监测某一区域的干旱状况,必须有适合当地的干旱监测指标。近年来众多学者对不同干旱监测指数的适用性及不同区域的干旱变化特征进行了研究(谢五三等,2014;王素萍等,2015;袁文平和周广胜,2004;王春林等,2012;杨世刚等 2011;马柱国等,2006;邹旭恺等,2010;赵海燕等,2011;杨丽慧等,2012;马海娇等,2013),由于西北地区地处干旱半干旱区,是旱灾的频发区,因此对干旱监测指标的研究相对较多(张存杰等,1998;杨金虎等,2006;郭铌和管晓丹,2007;王劲松等,2007;翟禄新等,2011;柳媛普等,2011;孙智辉等,2011;韩海涛等,2009),但目前针对青海高原气象干旱监测指标适用性的研究较少,而青海高原由于海拔较高,气候寒冷,年降水量较少且集中在夏秋季,而年蒸发量较大,干旱的形成和发生发展机制与大多数地区不尽相同,因此很有必要对日常业务中常用的几种干旱监测指标进行适用性评价,选取一种或几种适用于青海高原的干旱监测指标,为今后准确及时地开展干旱监测业务和服务奠定基础。

青海高原是典型的大陆性高原气候,各地气候条件差异较大,尤其是柴达木盆地降水极少,是常年干旱区,基本没有监测意义,因此研究区域主要包括除柴达木盆地以外青海高原的所有区域(图 2.1)。

气象资料来源于青海省 39 个气象台站逐月平均气温、最高气温、最低气温、降水量、日照

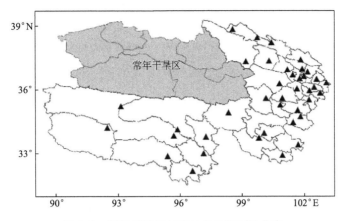

图 2.1　研究区域和气象站点(黑三角)分布

时数、平均风速、相对湿度等观测数据,所有数据均已通过质量控制。

2.1.1　干旱指标说明

干旱指标选取中国气象局制定的《干旱监测和影响评价业务规定》中的标准化降水指数(SPI)、降水量距平百分率(Pa)和改进后的综合气象干旱指数(MCI),这三个干旱监测指标是目前气象业务服务常用的三种指标,另外选取了在西北地区具有较好适用性的 K 指数。见表 2.1。

表 2.1　四种干旱监测指标性能及其优点

监测指标	性能	优点
SPI	根据某时段降水累计频率分布来划分干旱等级	不同时段不同地区都适宜
Pa	根据某时段降水量较常年值偏多或偏少划分干旱等级	计算简单,可以直观反映旱涝情况
K	根据某时段降水量和蒸发量的相对变率确定干旱等级	综合考虑了降水和蒸发对干旱的影响
MCI	根据 60 d 内的有效降水和蒸发,季度尺度(90 d)和近半年尺度(150 d)降水量确定干旱等级	主要考虑了 1～5 个月的水分亏盈状况,克服了 CI 指数季节以上旱情偏轻以及空间和时间存在不连续等缺陷

SPI:标准化降水指数是先求出降水量的 Γ 分布概率,然后进行正态标准化而得。由于标准化降水指标是根据降水累计频率分布来划分干旱等级,它反映了不同时间和地区的降水气候特点,其干旱等级划分标准具有气候意义,不同时段不同地区都适宜(张强等,2006)。

Pa:降水距平百分率是表征某时段降水量较常年值偏多或偏少的指数之一,为某时段降水量与同期气候平均降水量之差再除以同期气候平均降水量(张强等,2006),该指数可以通过降水量的多少来反映干旱的程度。

K:K 指数是根据某时段内降水量和蒸发量的相对变率来确定旱涝状况。该指数在我国西北地区和黄河流域具有较好的干旱监测能力,其计算公式和等级划分标准可参见文献(王劲松等,2007,2013;Wang et al.,2015)。

MCI:MCI 指数是改进后的 CI 指数,主要考虑了 1～5 个月的水分亏盈状况,有效克服了 CI 指数在干旱监测中存在季节以上旱情反映偏轻以及空间和时间存在不连续等缺陷。目前,该指数已应用于国家气候中心干旱监测和预警业务。由于 MCI 指数是逐日监测结果,为便于与其他指数比较,根据某时段干旱等级的确定方法(中国气象局国家气候中心,2008),得到各站逐月、四季的 MCI 值。

本研究干旱灾情资料主要来源于《中国气象灾害大典·青海卷》《中国西部农业气象灾害》、相关参考文献(陈海莉等,2008)和网络资料,经各种灾情资料间相互比较,最终确定1990、1991、1995、1999、2000 和 2006 年出现严重大旱。

通过青海省气象灾害管理系统,经筛选、甄别,共选取 114 个干旱事件(表略),其中包括干旱发生范围较大的 2000 年春季干旱和 2006 年的夏季干旱,干旱等级按照灾情描述和受旱面积共同确定(表 2.2)。

表 2.2　研究区域的典型干旱事件概况

区域		开始日期 (年-月-日)	结束日期 (年-月-日)	受灾面积 (hm²)	旱情等级
2000 年春季	海晏县	1999-10-01	2000-07-01	2506.67	1
	循化撒拉族自治县	1999-10-01	2000-06-01	5440.00	1
	同德县	1999-11-01	2000-07-31	5406.90	1
	湟源县	1999-11-01	2000-07-31	15246.67	2
	河南蒙古族自治县	2000-01-01	2000-07-01	33702.20	3
	泽库县	2000-01-01	2000-07-01	53000.00	4
	市辖区	2000-03-01	2000-07-31	1600.00	1
	贵德县	2000-03-01	2000-07-31	4135.40	1
	乐都县	2000-03-01	2000-07-31	26000.00	3
	大通回族土族自治县	2000-03-01	2000-07-01	31140.00	3
	民和回族土族自治县	2000-03-01	2000-06-23	34866.67	3
	湟中县	2000-03-01	2000-07-31	52866.67	4
	化隆回族自治县	2000-04-01	2000-07-01	28000.00	3
	互助土族自治县	2000-04-05	2000-07-01	38700.00	4
2006 年夏季	玉树市	2006-01-01	2006-09-11	9404.64	4
	杂多县	2006-01-01	2006-09-11	20680.63	4
	称多县	2006-01-01	2006-09-11	8274.767	4
	治多县	2006-01-01	2006-09-11	48007.65	4
	囊谦县	2006-01-01	2006-09-11	7624.85	4
	曲麻莱县	2006-01-01	2006-09-11	28007.46	4
	民和回族土族自治县	2006-06-01	2006-07-17	13333.30	2
	乐都县	2006-06-06	2006-08-18	22666.70	3
	湟中县	2006-07-01	2006-08-07	1867.00	1
	化隆回族自治县	2006-07-01	2006-08-03	2348.00	1
	互助土族自治县	2006-07-26	2006-08-07	29600.00	3
	湟源县	2006-08-11	2006-08-20	617.78	1

利用干旱等级判断干旱指标的监测效果,判断时给定了一个定量的适用性评分标准,具体标准如表 2.3 所列。

表 2.3　各种干旱指数的监测效果评分标准

	监测结果	监测效果	评分/分
	漏监测	差	0
	偏差 3 个等级	较差	1
监测到旱情	偏差 2 个等级	一般	2
	偏差 1 个等级	较好	3
	等级符合	好	4

2.1.2　气象干旱监测指标年际变化特征

在研究区域内,将发生干旱的气象台站数量与总气象台站数量比值,定义为气象干旱发生的频率。实际干旱共记录了 24 个区域,因此将实际干旱发生的区域与 24 个区域的比值定义为实际干旱发生频率。

图 2.2a 为 1981—2015 年不同干旱指数监测的所有等级干旱发生频率的总和,黑色虚线为 1986—2013 年实际干旱发生频率。从图中可以看出,SPI 指数和 K 指数监测结果基本一致,且与实际干旱发生频率变化趋势基本一致,能很好地反映干旱的年代际变化特征,尤其是对重大干旱年份具有很强的监测能力。Pa 和 MCI 指数监测结果变化幅度较小,干旱发生频率明显低于 SPI 和 K 指数。

图 2.2b～e 为不同干旱指数监测的轻度干旱、中度干旱、重度干旱和特旱发生频率,可以看出,SPI 指数对各级干旱均有很好的监测效果,K 指数能监测出各级干旱的年际变化特征,但对干旱级别的监测效果差于 SPI 指数。Pa 指数和 MCI 指数监测结果年际间波动很大,和实际干旱发生情况基本不相符。

由图 2.3 可以看出,SPI 指数和 K 指数能很好地监测出 1991 年、1994 年、1995 年、1999 年、2000 年和 2006 年春季和夏季的严重干旱,对春季和夏季的干旱监测能力较强。而 SPI 指数和 K 指数对秋季和冬季的干旱监测效果不理想,由图 2.3c 大致可以看出 SPI 指数和 K 指数对秋季干旱的监测有提前的趋势,但这一结论有待今后做更进一步的研究。SPI 指数和 K 指数对冬季的干旱监测效果不明显。Pa 指数和 SPI 指数、K 指数年代际变化趋势较为一致,基本能监测出春季和夏季旱情,但在监测级别上略微偏小,MCI 指数在青海地区基本不适用。由于 SPI 是通过概率密度函数求解累积概率,再将累积概率标准化,计算过程中没有涉及与降水量的时空分布特性有关的参数,降低了指标值计算的时空变异,对不同时空的旱涝状况都有良好的反映,因此能很好地监测出干旱的年代际变化特征。在青海高原由于气候干旱,大气降水很大一部分用来蒸发,能储存到地下供后期利用的水分很少,近期降水和蒸发在干旱发展过程中起主要作用,因此,考虑了近期降水和蒸发的 K 指数也表现出很好的监测能力。Pa 指数是以当前降水量距平百分率作为标准,仅考虑了当前的降水量,加之青海降水量年际间变异较大,因此对干旱的监测能力不强,而 MCI 指数不仅考虑前期 1～3 个月降水情况,还考虑了前 5 个月降水状况,由于前期的降水尤其是在春夏两季对后期影响较小,因此导致该指标在青海地区基本不适用。

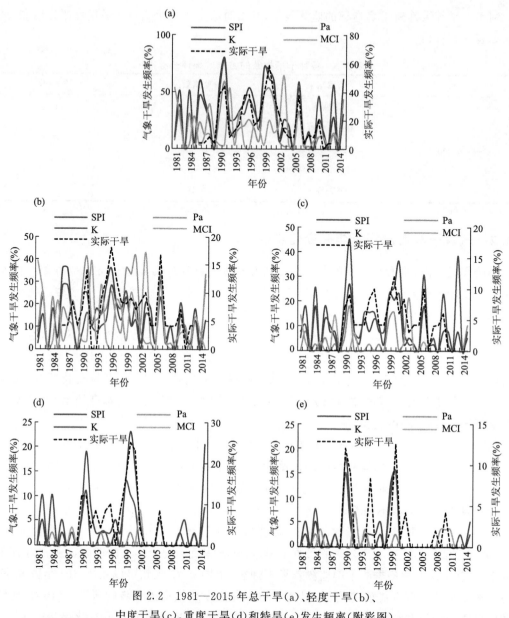

图 2.2　1981—2015 年总干旱(a)、轻度干旱(b)、
中度干旱(c)、重度干旱(d)和特旱(e)发生频率(附彩图)

2.1.3　不同类型干旱指标的监测能力

由于秋季和冬季干旱灾情资料缺失较多,因此,本研究主要分析春季和夏季不同干旱监测指标对主要干旱过程的监测能力。由表 2.4 可以看出,SPI 指数对春季和夏季干旱的监测能力最强,评分均在 3.0 以上,K 指数的监测能力较强,尤其是对夏季的监测能力很强。Pa 和MCI 指数在春季和夏季的监测能力均较弱。

2000 年春季湟中、互助和泽库发生了特旱,而乐都、大通、民和、化隆和河南等地发生了重度干旱,由图 2.4 各指数监测结果可以看出,SPI 指数能很好地监测出干旱发生的范围和程度,K 指数监测结果扩大了干旱的发生范围,尤其是对特旱的监测范围扩大明显。Pa 指数监测结果与干旱实况相差较大,而 MCI 指数缩小了干旱的发生区域和干旱程度。

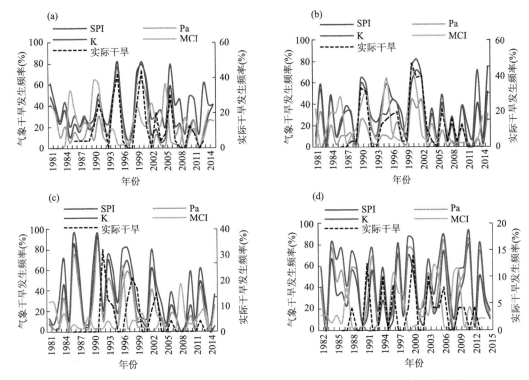

图 2.3　1981—2015 年春旱(a)、夏旱(b)、秋旱(c)和冬旱(d)发生频率(附彩图)

表 2.4　不同干旱指标对研究区域春旱和夏旱的监测能力评分

干旱类型	监测能力评分(分)			
	SPI	Pa	K	MCI
春季	3.1	2.3	2.6	1.5
夏季	3.8	0.8	3.4	0.9

　　2006 年夏季玉树、杂多、称多、治多、囊谦一带发生了特旱,而东部农业区的乐都、互助等地发生了重旱。由图 2.5 可以看出,SPI 指数监测结果与实况最吻合,K 指数对玉树、杂多一带的旱情监测准确,但对东部农业区的监测结果程度偏重。Pa 指数监测结果在玉树一带偏轻,而在东部农业区偏重。MCI 指数监测结果和干旱实况相差较大。

2.1.4　对干旱发展过程的刻画能力评估

　　根据气象干旱的发生、发展机制,认为气象干旱的解除可以有跳跃性,当有大的降水过程出现时,气象干旱可以迅速解除,但干旱的发生发展应是一个循序渐进的过程。在干旱发展阶段,将相邻两月干旱等级相差两级及以上时定义为一次不合理跳跃(表 2.5)。选取 1999 年 10月至 2000 年 7 月典型干旱过程,分别以湟源、海晏和同德三地区代表东部农业区、环青海湖地区和三江源区,分析 SPI 指数、Pa 指数、K 指数和 MCI 指数逐月的变化趋势(图 2.6)。SPI 指数和 K 指数监测的干旱发生、发展过程变化较为平稳,对干旱发展过程的刻画较为合理,且不合理跳跃次数较少,而 Pa 指数主要是依靠当前的降水量来计算,因此对降水量的变化比较敏

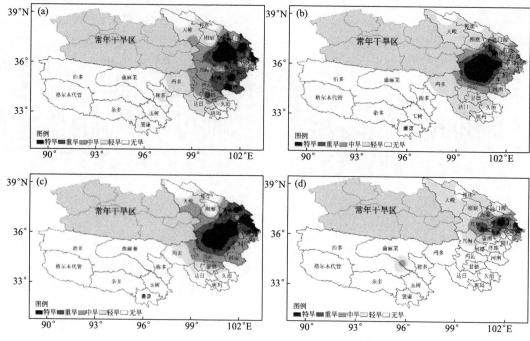

图 2.4　2000 年青海 SPI 指数(a)、Pa 指数(b)、K 指数(c)和 MCI 指数(d)对
春旱的监测结果(附彩图)

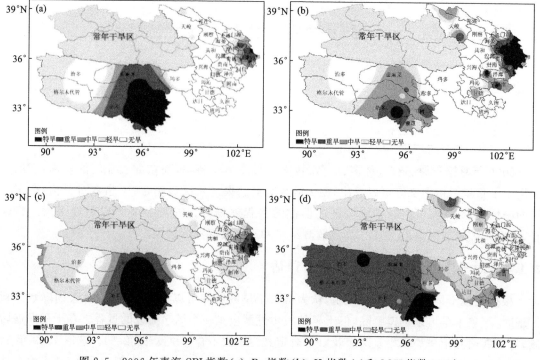

图 2.5　2006 年青海 SPI 指数(a)、Pa 指数(b)、K 指数(c)和 MCI 指数(d)对
夏旱的监测结果(附彩图)

感,在监测时段内波动幅度较大,而 MCI 指数虽然不合理跳跃次数较少,但两次的跳跃幅度较
大,明显不符合干旱发生、发展的过程。

表 2.5　不同干旱监测指数不合理跳跃次数表

区域	SPI	Pa	K	MCI
海晏	1	1	2	0
同德	0	3	1	1
湟源	2	1	1	1
合计	3	5	4	2

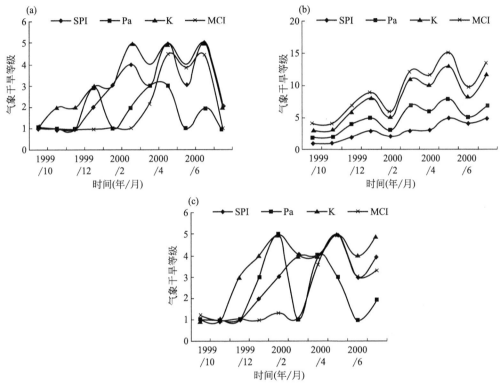

图 2.6　各干旱指数对湟源(a)、海晏(b)和同德(c)典型干旱过程诊断分析

根据 1986—2013 年青海省实际干旱发生特征,对比分析 1981—2015 年和四季 SPI 指数、Pa 指数、K 指数和 MCI 指数监测结果,并对代表性地区的典型干旱过程进行了刻画,主要得出以下结论。

(1)SPI 指数和 K 指数对年代际干旱监测结果基本一致,且与实际干旱变化趋势基本一致,能很好地反映青海高原过去 35 a 干旱变化特征,但 SPI 指数对不同等级干旱的监测效果要优于 K 指数。Pa 指数、MCI 指数的监测结果和实际干旱的发生频率有较大的偏差,因此这两个指数在青海高原基本不适宜。

(2)SPI 指数和 K 指数能很好地监测出过去 35 a 出现的春旱和夏旱,尤其是对重大干旱具有很强的监测能力,但对秋季和冬季的监测效果不理想。Pa 指数和 MCI 指数对四季干旱的监测结果均有较大偏差。

(3)各种干旱监测指数对 2000 年春季和 2006 年夏季干旱范围和程度的监测结果表明,SPI 能很好地监测出干旱的发生区域和干旱的程度,K 指数和 Pa 指数监测的干旱程度有偏差,而 MCI 指数对干旱范围和程度均有很大的偏差。

(4)通过对比各干旱监测指数对 1999 年 10 月至 2000 年 7 月干旱发生、发展过程的刻画能力,SPI 指数和 K 指数的监测结果符合干旱发生、发展过程,对干旱发生、发展过程的刻画较为合理,而 Pa 指数和 MCI 指数基本不能反映干旱的发生发展过程,而 Pa 指数和 MCI 指数的变化趋势基本不符合干旱发生发展的机制。

(5)综合以上的分析,可以确定,在青海高原 SPI 指数对春季和夏季干旱监测能力最强,具有很好的适用性,K 指数监测效果稍次于 SPI 指数,Pa 指数和 MCI 指数监测能力最弱,在青海高原基本不适用。

(6)114 个干旱个例主要包括春季干旱和夏季干旱,秋季和冬季干旱记录较少,主要是由于青海地区春旱和夏旱对农牧业影响明显,而其余季节尤其是农作物收割后的秋季和冬季干旱影响较小,造成的灾害损失不明显,因此相关灾情资料缺失较多。由于秋季和冬季的实际干旱记录较少,因此影响了各气象干旱指标在这两个季节的适用性分析,尤其是 SPI 指数和 K 指数的适用性,有待今后收集更多的灾情资料来进行验证分析。

2.2 高寒草地遥感干旱指数适用性研究

青海省地处青藏高原东北部,气候严寒干燥,干旱是其最主要的气象灾害之一,对农牧业生产和生态环境的健康持续发展造成十分不利的影响(王江山,2004)。例如,2000 年春夏时期青海省北部旱象严重,部分地区出现人畜饮水困难甚至牲畜死亡、牧草提前干枯和青稞枯死现象,导致部分地区作物绝收、牧草减产在 50% 以上(温克刚等,2007)。据统计,尽管近 50 a 青海省干旱呈减少趋势,但干旱强度趋强,且大范围的干旱大多发生在夏季,对农牧业生产危害的程度加重(李林等,2012;汪青春等,2015)。由于卫星遥感能实时提供区域大面积干旱信息,在干旱实时监测和灾情评估方面具有不可替代的优势,因而国内许多学者利用卫星遥感资料结合地面观测反演土壤湿度(陈维英等,1994;郭铌等,1997;沙莎等,2014),并利用混合像元分解(王丽娟等,2016)、数据挖掘(张婧娴等,2017)和多源数据融合(杜灵通等,2014;胡蝶等,2015;李耀辉等,2017)等技术以提高遥感干旱监测精度。但由于各种遥感干旱指数的区域适用性和时间适用性差异很大,如何针对各地特点选用合适的遥感干旱指数仍是当前研究重点(李菁等,2014;沙莎等,2017)。在青海干旱遥感监测技术适用性研究方面,不少学者在不同地区使用了不同遥感干旱指数,如在东部农业区,冯蜀青等(2006)使用了温度植被干旱指数,周秉荣等(2007)使用了表观热惯量法,陈国茜等(2014)则使用了垂直干旱指数;在祁连山地区,王仝等(2017)研究发现温度植被干旱指数比较适合监测祁连山南坡植被生长季的干旱情况;也有学者将整个青海省作为一个研究范围,使用表观热惯量法(周秉荣,2007)、植被状况指数(郭铌等,2007)和温度植被干旱指数(王君等,2014)等监测全省干旱情况。但上述研究均为区域适用性研究,没有探讨遥感干旱指数的时间适用性问题,青海高寒草地夏季干旱监测仍缺乏有效的遥感监测技术。本研究以青海南部典型高寒草地区曲麻莱县为研究区域,以 MODIS 为主要数据源,结合地面观测数据,探讨垂直干旱指数、归一化植被水分指数和植被状况指数在草地不同生育期的时间适用性,优选最佳土壤水分估算模型并再现 2015 年夏旱事件,为全省的遥感干旱指数适用性研究和夏季干旱的业务监测技术提供参考。

曲麻莱县位于青海省玉树藏族自治州的东北部(图 2.7),是全省主要牧业基地之一,草地类型为高寒草地。地处青海南部高原江河源头,西起唐古拉,东至扎陵湖,横跨通天河(长江)、黄河两大水系,因境内有"曲麻河"(楚玛尔河)而得名。境内西北部为宽谷大滩,地域辽阔,大小湖泊星罗棋布,东南重山叠岭,县域内平均海拔 4500 m 以上。具有典型的高原大陆性气候特征,气候寒冷干燥、多风少雨,冬季漫长而夏季短暂,年均气温低于 0 ℃,雨热同期,年均降水量 400 mm 左右,主要集中在植被生长季的 6—8 月。

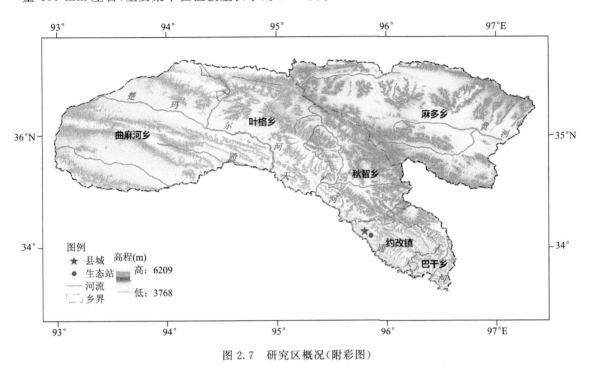

图 2.7　研究区概况(附彩图)

2.2.1　指数说明

采用美国 NASA 中心提供的 2001—2016 年 MOD09A1 反射率产品,影像空间分辨率为 500 m。MOD09A1 提供了 1~7 波段的 8 d 合成反射率值和质量评价数据,投影为正弦曲线投影。其主要预处理过程包括:(1)先利用美国 NASA 中心提供的 LDOPE 软件解码质量信息,MRT(modis reprojection tool)软件提取反射率数据,拼接图像,将文件格式由 hdf 格式转换成 tif 格式,将投影方式由正弦曲线投影方式转换为 WGS84/Albers 系统(双标准纬线:25°N、47°N,中心点经纬度 96°E、36°N);(2)再编写 IDL 程序提取质量最好和较好的、晴空下无云的、非雪盖的像元,完成数据质量的自动判识。在此基础上,再通过人工判识的方法,对每个反射率数据进行质量检查,剔除失真数据。

土壤水分数据采用青海省气象局所建的生态环境地面监测站点(简称"生态站")每旬观测的 0~20 cm 土壤含水率。该数据由气象工作人员按照生态观测规范人工取土烘干得到,数据时段为 2003—2016 年土壤 0~10 cm 完全解冻后至封冻前。

根据前人研究结果和应用情况,在研究区中低植被覆盖度情况下,可使用垂直干旱指数、归一化植被水分指数和植被状况指数等遥感干旱指数监测干旱(郭铌等,2015)。研究中先使用地面站点的 2003—2010 年土壤水分数据(0~20 cm 土壤含水率)与各遥感干旱指数做相关分析,初选相关性较高的遥感干旱指数和适用时段;再结合典型干旱案例,最终确定最优遥感

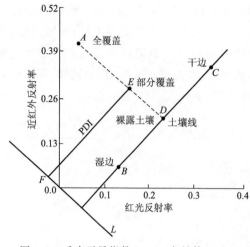

图 2.8　垂直干旱指数(PDI)(李喆等,2010)

干旱指数和适用时段。

(1)垂直干旱指数(PDI)

在 NIR-Red 光谱特征空间中,各地物的分布接近于一个三角形,由近于原点发射的直线称为土壤线,离土壤线越远则植被覆盖度越高,离原点越远则越干旱。垂直干旱指数 PDI 表示某点与土壤线的垂线到该垂线过原点的平行线之间的垂直距离,用于表征区域干旱状况,即 PDI 值越大表示越干旱,PDI 值越小越湿润(图 2.8)。该法由 GHULAM 等(2007)提出,简单有效,比较适合于裸地或稀疏植被地表的干旱监测(陈国茜等,2014),其公式为:

$$PDI = \frac{1}{\sqrt{M^2+1}}(R + M \times NIR)\qquad(2.1)$$

式中,PDI 为某时期垂直干旱指数;M 为土壤线斜率,采用(R,NIR_{min})法(Xu,2013)计算得到;R 为红光波段的反射率;NIR 为近红外波段的反射率。

(2)归一化植被水分指数(NDWI)

通常情况下,植被受到干旱胁迫时,供水不足。而归一化植被水分指数则可以有效地提取植被冠层的水分含量,及时地响应植被冠层受水分胁迫情况,在干旱实时监测中具有重要意义(刘小磊等,2007;张文江等,2008)其公式为:

$$NDWI = \frac{NIR - SWIR}{NIR + SWIR}\qquad(2.2)$$

式中,$NDWI$ 为某时期的归一化植被水分指数;NIR 为某时期的近红外波段反射率值;$SWIR$ 为某时期的短波红外波段反射率值。

(3)植被状况指数(VCI)

植被状况指数是反映植被受环境胁迫程度或者环境干旱情况的指标。该指数确定了监测目标的 NDVI 在历史序列中地位,将有利和不利的气候状况隐含在其中,利用比值增强了 NDVI 信号在时间上的相对变化,并消除了因地理位置、气候背景和生态类型不同而产生的 NDVI 区域差异。研究和应用表明,该指数在半干旱、半湿润地区应用效果较好(管晓丹等,2008),其公式为:

$$VCI = 100 \times \frac{NDVI_i - NDVI_{min}}{NDVI_{max} - NDVI_{min}}\qquad(2.3)$$

式中,VCI 为某时期的植被状况指数,$NDVI_i$ 为某时期的 $NDVI$ 值;$NDVI_{max}$ 为同期多年 $NDVI$ 最大值;$NDVI_{min}$ 为同期多年 $NDVI$ 最小值。

2.2.2　遥感干旱指数初选

依据研究区牧草生长发育特点:在 5—6 月返青生长缓慢,7—8 月进入快速生长阶段进而产生最高产量,9 月开始缓慢生长直至完全枯黄,划分牧草生育阶段为生育前期(即营养生长期,5—6 月)、生育后期(即生殖生长期,7—9 月)以初步分析各遥感干旱指数的适用性。表

2.6 列出曲麻莱县各遥感干旱指数在不同时段与 0～20 cm 土壤含水率的相关性。可以看出，在整个生育期(5—9 月)，0～20 cm 土壤含水率与 PDI、NDWI 和 VCI 相关关系均通过 $\alpha=$ 0.05 及以上的显著性水平检验，其中与 VCI 的相关系数(0.422)最大；在不同生育期，0～20 cm 土壤含水率与 VCI 的相关系数均为最大。

综上所述，曲麻莱县土壤水分监测可以考虑 2 种模型，模型 1：单一 VCI 模型，即整个生育期使用 VCI 指数；模型 2：VCI 分段模型，即在生育前期与生育后期分别使用不同 VCI 模型。

表 2.6　曲麻莱县各遥感干旱指数在不同时段与 0～20 cm 土壤含水率的相关性

生育期	PDI	NDWI	VCI
全生育期	−0.213*	0.279**	0.422**
生育前期	−0.143	0.251	0.495*
生育后期	−0.264*	0.297*	0.451**

注：*、**分别表示在 0.05、0.01 显著性水平(双侧)上显著相关。

2.2.3　土壤含水率估算模型

将 2 种遥感干旱指数与 0～20 cm 土壤含水率进行回归分析，得到 MODIS 数据源下不同生育期的 0～20 cm 土壤含水率估算模型(表 2.7)。可以看出，各模型相关系数均大于 0.45，且通过 $\alpha=0.05$ 的显著性检验。通过平均误差的计算发现，模型 1、模型 2 平均相对误差分别为 16.0%、16.4%，平均均方根误差均小于 5.0%。

表 2.7　曲麻莱县基于遥感干旱指数的 0～20 cm 土壤含水率估算模型及显著性检验

模型	生育期阶段	线性回归方程	相关系数 R	样本数 N	P
模型 1	全生育期	$Y=0.067VCI+15.446$	0.486	98	<0.01
模型 2	生育前期	$Y=0.0556VCI+15.552$	0.495	37	<0.05
	生育后期	$Y=0.067VCI+15.650$	0.451	62	<0.01

2.2.4　土壤水分估算与检验

利用 2 个土壤水分估算模型在 2015 年和 2016 年夏旱中进行应用验证。图 2.9 为 2015 年、2016 年 5—9 月曲麻莱县 0～20 cm 土壤含水率的估测值及实测值。可以看出，2 个模型在 2015 年夏旱的表现为，第 177 天(6 月底 7 月初)开始土壤失墒加速，旱情初现并快速发展，至第 201 天(7 月下旬)达到最低值，旱情维持至第 209 天(7 月底 8 月初)，而后土壤墒情缓慢恢复，至第 249 天(9 月上旬)恢复到 15% 左右，旱情缓解。在 2016 年夏旱的表现为：土壤墒情从第 137 天(5 月中下旬)开始缓慢减少，至第 217 天(8 月上旬)达到最低值，而后开始逐步恢复。综上所述，2 个模型所反映的旱情显现、发展、持续和缓解过程与实际干旱过程相一致，且 2 个模型对干旱过程的响应基本一致。

为进一步验证模型的准确性，对比分析 2 种模型估算值与实测值的相对误差(表 2.8)：2 个模型的估算结果 50% 以上相对误差均低于 30%，75% 以上相对误差均低于 50%。

由于 2 种模型拟合效果和应用检验效果接近，从模型易用性角度出发，建议在牧草生育期土壤墒情遥感监测中使用单一 VCI 模型。

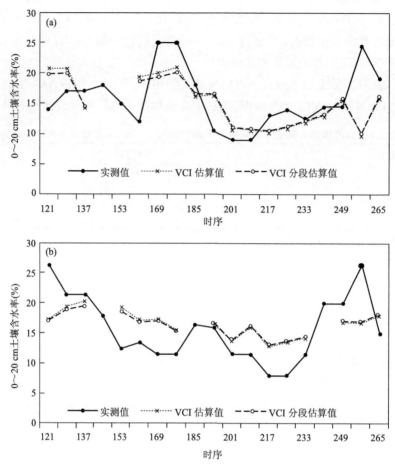

图 2.9　2015—2016 年 5—9 月曲麻莱县 0～20 cm 土壤含水率的
实测值及 2 种模型的估测值

(a)2015 年；(b)2016 年

表 2.8　2 种模型反演曲麻莱县 2015—2016 年牧草生育期 0～20 cm 土壤含水率不同相对误差的百分比

模型	2015 年相对误差				2016 年相对误差			
	＜10％	＜20％	＜30％	＜50％	＜10％	＜20％	＜30％	＜50％
模型 1	17.65％	52.94％	76.47％	82.35％	18.75％	31.25％	50.00％	75.00％
模型 2	23.53％	58.82％	76.47％	82.35％	12.50％	25.00％	50.00％	87.50％

　　利用模型 1 反演曲麻莱县 2015 年夏季土壤水分变化，依据青海省地方标准《气象灾害标准》(DB63/T372—2001)(青海省地方标准,2001)提供的 0～20 cm 土壤含水率划分阈值进行土壤干旱等级划分(简称"方法 1",见表 2.9)；同时采用《高寒草地土壤墒情遥感监测规范》(DB63/T 1681—2018)提供的百分位法,分别以 5％、15％和 30％作为重旱、中旱、轻旱和无旱 4 个土壤干旱等级出现的概率阈值,得到各土壤干旱等级对应的 0～20 cm 土壤含水率划分阈值进行土壤干旱等级划分(百分位法,简称"方法 2",见表 2.10),评价土壤干旱状况。采用 2015 年各期 NDVI 与历年(2001—2010 年)同期平均的距平百分率作为牧草长势好坏的判断

标准,见表 2.10。

表 2.9 干旱等级划分阈值

干旱等级	方法 1	方法 2
重旱	$0 \leqslant W \leqslant 5$	$0 \leqslant W \leqslant 13$
中旱	$5 < W \leqslant 12$	$13 < W \leqslant 15$
轻旱	$12 < W \leqslant 15$	$15 < W \leqslant 18$
无旱	$15 < W \leqslant 100$	$18 < W \leqslant 100$

注:W 为 0~20cm 土壤重量含水率,单位为百分率(%)。

表 2.10 牧草长势评估方法

	牧草长势较差	牧草长势一般	牧草长势较好
距平百分率(Pa,%)	$Pa < -10\%$	$-10\% \leqslant Pa \leqslant 10\%$	$Pa > 10\%$

图 2.10 为 2015 年 7—9 月曲麻莱县利用方法 1、方法 2 划分的土壤干旱等级和牧草长势的遥感监测。可以看出,7 月上旬,曲麻莱县各地土壤墒情较好,牧草长势好于或持平于历年;7 月中下旬曲麻莱县中部的秋智乡和东部的麻多乡南部等部分地区出现轻旱至中旱,这些地

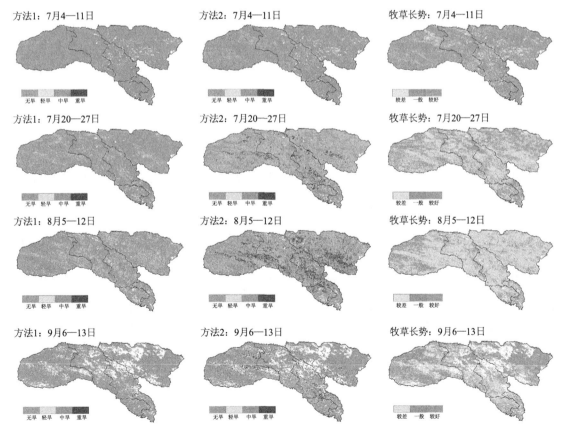

图 2.10 2015 年 7—9 月曲麻莱县用方法 1(左)、方法 2(中)
划分的土壤干旱等级和牧草长势(右)遥感监测(附彩图)

区牧草长势差于历年;8月旱情持续发展,受旱地区范围扩大、旱情加重,研究区除西部的曲麻河乡西部、南部的约改镇和巴干乡中南部地区未发生干旱外,其余大部分地区均发生干旱,牧草长势差于历年;9月上中旬,各地旱情逐步缓解,东北部地区旱情解除、牧草长势有所恢复。从2种土壤旱情评价方法来看,方法1划分的干旱等级和分布范围均小于实际情况,而方法2划分的干旱等级和分布范围与实际情况相符,干旱分布区域与牧草长势较差的分布区域基本一致,空间演变趋势相同。由于牧草生长旺盛期受持续干旱影响,曲麻莱县8月牧草产量仅为270 kg/hm^2,较2003—2014年平均值减产81.6%。

2.2.5 小结与讨论

根据前人研究结果和应用情况,结合曲麻莱县实际,初步选择可能适合的遥感干旱指数,与实测土壤水分数据做相关分析以筛选相关性较高的遥感干旱指数和适用时段;同时结合典型干旱案例,确定最优遥感干旱指数和适用时段。这种遥感干旱指数适用性研究思路可行。植被状况指数VCI比较适合曲麻莱县的夏季干旱监测,模型拟合精度达到83%,2015—2016年土壤水分估算50%以上相对误差低于30%,75%以上相对误差低于50%,且模型反演的干旱空间分布区域与牧草长势的空间分布区域相一致。在评价研究区土壤干旱状况时,依据青海省地方标准《气象灾害标准》(DB63/T 372—2001)得到的干旱等级和分布范围均小于实际情况,而依据百分位法划分的干旱等级和分布范围与实际情况相符,干旱分布区域的情况与牧草长势较差的分布区域基本吻合,具有相同的空间演变趋势。

由于干旱对牧草生长发育和产量的影响是逐步累积的过程,而研究中所使用遥感干旱指数模型仅仅反映了当前土壤干旱状况,并没有考虑前期干旱的累积影响,因而,在持续干旱情况下遥感干旱监测结果可能轻于实际干旱情况,存在着精度下降问题。发展基于过程的遥感干旱动态监测技术将有助于解决这个问题,进一步提高遥感干旱实时监测精度。

2.3 高寒农(牧)作物生长季干旱动态格局

IPCC第5次评估报告(AR5)第一组评估报告指出,全球气候系统变暖的事实是毋庸置疑的,在北半球,1983—2012年可能是最近1400年来气温最高的30年,21世纪的第一个10 a是最暖的10 a(沈永平和王国亚,2013;王绍武等,2013;Kosaka和Xie,2013;Rohde et al.,2013)。全球气候变暖会引起蒸散发的增加和降水格局的变化,导致某些地区旱涝的加剧(Sheffield和Wood,2008),进而增加农(牧)业生产的风险。近年来一些研究表明,中国西北地区总体气候存在暖干倾向(宋连春等,2003;万信等,2007;邹旭恺和张强,2008;黄蕊等,2013;张勃,2013),部分地区的干旱对农(牧)业生产造成严重的影响(王位泰等,2008;张调风等,2012;李硕和沈彦俊,2013;周瑶等,2013)。同时,有研究表明,温度上升对干旱形成的影响不容忽视(Hu和Willson,2000),如不考虑变暖在农业干旱评估中的作用,可能会低估实际干旱的影响程度(章大全等,2010),因此温度在全球变暖背景下的干旱评估中尤为突出。为解决这一问题,已有许多专家和学者基于水分平衡角度用气象干旱指数研究干旱的形成与发展,目前应用较为典型的干旱指数主要有Palmer干旱指数(PDSI)、作物水分指数(CWDI)、标准化降水指数(SPI)、综合气象干旱指数(CI)(Svoboda et al.,2002;卫捷和马柱国,2003;张强等,2006;侯英雨等,2007)。但另有学者从资料要求、时间尺度、适用区域等方面经过研究证明其均具有一定的局限性(张永等,2007;邹旭凯等,2010;王芝兰等,2013)。最近,Vicente-Serrano 等(2010)在 SPI 的基础上,融合 PDSI 和 SPI 优点,引入潜在蒸散构建了标准化降水蒸散指数(SPEI),该指数一提出被用于干旱评估、水文干旱等研究,并在东北地区、西南地区、中国、东半球不同时间尺度中应用检验中得到了很好的验证,表明适用于气候变暖背景下多尺度的干旱监测与评估(李伟光等,2012;石崇和刘晓东,2012;熊光洁等,2013;许玲燕等,2013),但还未应用在西北地区不同空间单元的干旱监测中。

青海省深居内陆腹地,暖湿气团难以进入,造成降水量少,在北半球同纬度地区中,其为降水量最少的地区,气候呈变暖趋势,随之引发的干旱灾害对农牧业、生态环境等敏感领域的影响尤为显著。鉴于此,本研究引入 SPEI 指数,从干旱面积率、干旱频数及干旱范围等方面系统分析 1961—2012 年青海省农(牧)业生长季气候变化对干旱风险的影响。为了便于研究,根据地理位置和地貌特征,将青海省分为青南牧区、柴达木盆地、环湖区和东部农业区 4 个生态功能区(图 2.11)进行评价,以期对农(牧)业生产提供指导意义。

本研究资料来源于国家标准气象站点的月值数据集和中国干旱灾害数据集(http://cdc.cma.gov.cn)。为保证数据的可靠性,对研究期多年逐月数据进行严格的质量控制和筛选,对部分缺测数据由其临近的气象站点按差值订正法予以插补。为了提高插值精度,本研究插值时利用了包括周边地区的所有 61 个站点数据,而讨论区域 1961—2012 年平均值仅以内部 47 个站点数据为准(图 2.11)。由于青海省地域和气候的特殊性,农牧业错综交叉分布在全省,不同作物的生长的季节变化因地区而不同,因此,综合分析各地农业和牧草的生长季的变化,干旱分析分 3 个时段开展:生育前期是农业区大田作物播种、出苗、分蘖的季节,也是牧区牧草返青的季节,大致对应于生长季的 3—5 月,以 3-SPEI-May 表征;需水关键期对应于 6—8 月,以 3-SPEI-Aug 表征;全生育期对应于 4—10 月,以 7-SPEI-Oct 表征。

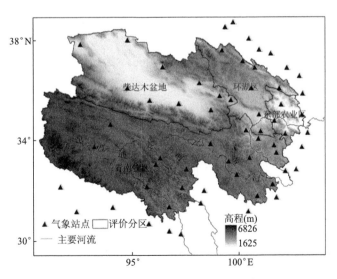

图 2.11　气象站分布和评价分区示意图

SPEI 指数的计算方法:Vicente-Serrano 等(2010)提出的 SPEI 指数计算方法如下。

引入一:计算水分距平 D_i,即逐月降水与蒸散差值:

$$D_i = P_i - PET_i \tag{2.4}$$

式中，P_i 为月降水量，PET_i 为月潜在蒸散发，Vicente-Serrano 推荐 PET_i 的计算方法是 Thornthwaite 方法（Thornthwaite，1948），该方法的优点是考虑了温度变化和格点空间位置，能较客观地得出地表潜在蒸散。

引入二：对 D_i 数据序列进行正态标准化，计算每个数值对应的 SPEI 指数。为了消除原始数据中负值的噪音，对 SPEI 指数采用了 Person Ⅲ、Lognormal、Log-logistic 及广义极值等概率分布函数进行拟合，对比发现，基于三参数的 Log-logistic 概率分布对 D 拟合的效果最好，其概率密度函数为：

$$f(x) = \frac{\beta}{\alpha}\left(\frac{x-\lambda}{\alpha}\right)^{\beta-1}\left(1+\left(\frac{x-y}{\alpha}\right)^{\beta}\right)^{-2} \tag{2.5}$$

式中，参数 α，β，γ 分别为尺度、形状及初始状态参数，可由线性矩法估计获得：

$$\alpha = \frac{(w_0 - 2w_1)\beta}{\tau(1+1/\beta)\tau(1-1/\beta)} \tag{2.6}$$

$$\beta = \frac{2w_1 - w_2}{6w_1 - w_0 - 6w_2} \tag{2.7}$$

$$\gamma = w_0 - \alpha\tau(1+1/\beta)\tau(1-1/\beta) \tag{2.8}$$

式中，$\tau(\beta)$ 为 Gamma 函数。w_0、w_1、w_2 为原始数据序列 D_i 的概率加权矩。计算方法如下：

$$w_s = \frac{1}{N}\sum_{i=1}^{N}(1-F_i)^s D_i \tag{2.9}$$

$$F_i = \frac{i - 0.35}{N} \tag{2.10}$$

式中，N 为参与计算的月份数。基于以上得到 D 的概率分布函数：

$$F(x) = \left[1+\left(\frac{\alpha}{x-y}\right)^{\beta}\right]^{-1} \tag{2.11}$$

引入三：对累计概率密度函数进行标准化：

$$P = 1 - F(x) \tag{2.12}$$

当累积概率 $P \leqslant 0.5$ 时：

$$w = \sqrt{-2\ln(P)} \tag{2.13}$$

$$SPEI = w - \frac{C_0 + C_1W + C_2W^2}{1 + d_1W + d_2W^2 + d_3W^3} \tag{2.14}$$

当累积概率 $P > 0.5$ 时：

$$P = 1 - P \tag{2.15}$$

$$SPEI = -\left(w - \frac{C_0 + C_1W + C_2W^2}{1 + d_1W + d_2W^2 + d_3W^3}\right) \tag{2.16}$$

式中，$C_0 = 2.515517$，$C_1 = 0.8028531$，$C_2 = 0.0103282$，$d_1 = 1.432788$，$d_2 = 0.1892692$，$d_3 = 0.0013083$。SPEI $= 0$ 对应 D 序列 Log-logistic 概率分布 50% 的累积概率。

借鉴石崇和刘晓东（2012）对 SPEI 的干旱等级分类，并结合青海省的地形、农作物种植结构等方面的特殊性，利用上式计算出逐月 SPEI 指数，并对其进行等级划分后进行干旱评估（表 2.11）。

表 2.11　标准化降水蒸散指数(SPEI)的干旱等级划分

等级	类型	CI
1	无旱	$-0.5 < CI$
2	轻旱	$-0.8 \leqslant CI < -0.5$
3	中旱	$-1.5 \leqslant CI < -0.8$
4	重旱	$-2 \leqslant CI \leqslant -1.5$
5	特旱	$CI < -2$

干旱面积率和干旱范围:计算采用了格点化和面积加权的计算方法,在一定程度上有助于增加区域平均时间序列的可靠性(邹旭凯等,2010)。

$$\theta_d = \frac{S_d}{S_t} \times 100\%$$ (2.17)

式中,θ_d 为干旱面积率,S_d 为干旱面积(km^2),S_t 为总面积(km^2)。

以每年发生中度以上干旱的站点数占总站数的 1/3 以上定义为干旱年。

干旱风险指数计算:基于 SPEI 累积频率构建风险增加指数 R:

$$R = P_2 / P_1$$ (2.18)

式中,P_2 为变暖后 SPEI 值小于某给定值的累积频率,P_1 为变暖前 SPEI 值小于某给定值的累积频率,R 小于 1 表示风险呈减小趋势,等于 1 表示风险无变化,大于 1 表示风险增加。

2.3.1　生长季干旱面积率的变化特征

由图 2.12 可以看出,生长季干旱在时间分布特征方面主要表现为生育前期较为严重;在年代际变化上,自 2000 年以来发生干旱最为严重。生育前期,干旱面积率在 1980 年前较大,80 年代最低,年代平均干旱面积率达 14.34%,之后表现出显著的增加趋势,多年平均干旱面积率达 37.64%。干旱面积率大于 50% 的有 7 a(1966、1969、1971、1979、1999、2000、2004),其中 1999 年最为严重,干旱面积率达 87.23%,其次为 1969 年,达 72.23%(图 2.12a)。

需水关键期,干旱面积率在 1980 年后明显高于前期,其中 20 世纪 80 年代有所降低,而近年来个别年份干旱程度增加较大,干旱发生比较集中,干旱面积率大于 50% 有 7 a,其中 1991 年、2000 年、2001 年、2002 年、2006 年干旱最严重,干旱面积率均大于 65%,出现了罕见的连年大范围干旱(图 2.12b)。全生育期,干旱面积率逐年变化与前期干旱有相似特征,而典型干旱年的分布与后期较为一致(图 2.12c),说明在干旱强度上后期的影响大于前期。上述结果表明,生育前期干旱在青海农牧业生产中较为突出,这可能与部分地区春旱频率相对较高有关,如东部农业区常有"十年九春旱"之称,春旱往往成为影响农作物(主要是春小麦)分蘖—拔节,牧草返青或进入青草期的主要限制因素,这与青海省干旱发生的实际情况基本符合(李林等,2012)。

青海省降水量空间变化上分为东北部、西北部、南部(张晓等,2012),加之受到地形的影响,其干旱发生在空间分布上也表现出一定的复杂性,各阶段最大频数是最小频数的 2~3 倍。柴达木盆地干旱变幅较小而频数高,这与其降水长期甚少密切有关,使这一带干旱加剧;青南牧区南部变幅大频数小,这些区域海拔高,降水变率大,受两者双重影响所致。生育前期干旱主要发生在玉树南部、柴达木盆地西部、祁连山区南部和东部农业区东部(图 2.13a),需水关

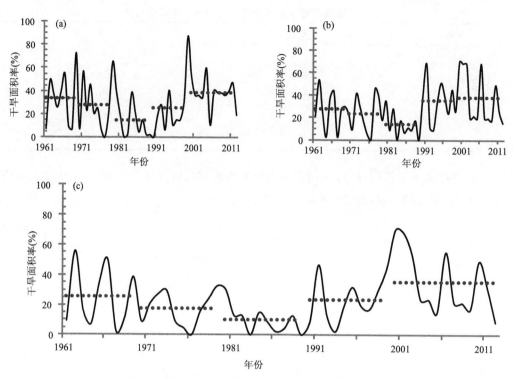

图 2.12　1961—2012 年各生育阶段干旱面积率变化

注：曲线表示年代变化；直线表示年代平均值

（a）生育前期；（b）需水关键期；（c）全生育期

键期干旱主要发生在柴达木盆地、东部农业区（图 2.13b），而全生育期干旱发生频数则整体上由西向东逐渐增加（图 2.13c）。全生育期干旱与生育期内阶段性干旱格局的差异主要是由于生育期内两阶段干旱强度的不同及在累积效应中的相互补偿效应（秦鹏程等，2012）。

从生长季 3-SPEI-May、3-SPEI-Aug、7-SPEI-Oct 指数变化趋势的空间分布看出，大部分站点 3 个指数呈减小趋势，表明各生育阶段均呈现出干旱化趋势，这与张永等（2007）基于地表湿润指数研究结果基本一致，说明生长季干旱趋势与区域干湿状况变化趋势背景一致。在这种大背景下，不同的生育阶段显著性及空间格局也有明显差异。青南牧区大部、柴达木盆地西部、西宁、湟源生育前期 M-K 统计量为正值，这些区域有变湿润倾向，但通过 0.05 显著性检验的只有玛多和沱沱河，其他地区呈干旱化趋势，但达到 0.05 显著性水平的只有柴达木盆地南部部分地区、互助、祁连托勒地区（图 2.13a）。需水关键期 3-SPEI-Aug 指数呈减小趋势的区域明显大于前期，环湖区、德令哈、乌兰、五道梁、东部农业区部分地区呈现出局部的湿润化趋势，只有西宁、德令哈达到了 0.05 显著性水平，其他地区均是干旱化趋势，达到显著性水平的有柴达木盆地大部、互助、玉树地区（图 2.13b）。全生育期呈增加趋势的区域主要零星分布在青海东部地区，但只有西宁通过了 0.05 的显著性检验，其余地区呈干旱化趋势，柴达木盆地、东部农业区部分地区通过了 0.05 显著性检验（图 2.13c）。

各阶段的这种差异表明生育前期干旱化趋势小于需水关键期和全生育期，结合前面干旱面积率变化说明青海生长季干旱有以生育前期干旱为主向后期为主转变的趋势，而对这一趋势转变贡献最大的东部农业区区域；同时也说明气候变暖背景下生长季内发生的阶段性干旱强度有所增强。6—8 月处于作物和牧草生长期需水量最多阶段,同时这段时期往往也是其需水关键期,该阶段发生的干旱对作物和牧草的产量造成至关重要的影响。因此,农业生产中必须给予最允分的重视和对待。

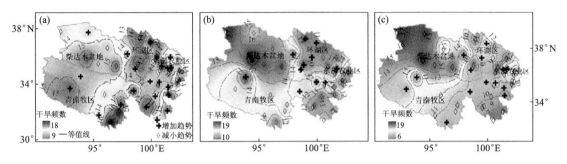

图 2.13　各生育阶段干旱频数分布及干旱指数变化趋势(附彩图)
(a)生育前期;(b)需水关键期;(c)全生育期

由图 2.14 不同时期干旱年分布可以看出,干旱年发生特点以生育前期干旱为主,且干旱强度较强,容易致使全生育期干旱的形成,无论是生育前期、需水关键期乃至全生育期自 2000 年以来干旱年均有增加,大范围干旱接连发生,同时需水关键期干旱发生范围在 20 世纪 90 年代以后较以前有所增加,而强度变化随之变大,1961—2016 年干旱年在 2006 年高达 28 a,2000 年和 2001 年分别为 27 a。

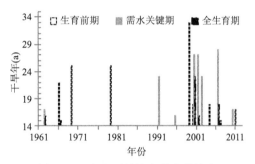

图 2.14　发生干旱站点数占总站点数 1/3 以上的干旱年分布

2.3.2　气候变化对干旱风险的影响

青海省位于我国海拔最高地区,在全球气候变化背景下变暖尤为显著,全省气温在 1987 年和 1998 年发生了变暖突变,相关研究表明(申红艳等,2012),1987 年变化影响不大,而 1998 年发生变暖突变较明显,突变前后平均气温相差约 1.36 ℃(图 2.15),对生态环境和农业都产生很大影响。SPEI 指数的累积频率可以客观表征区域干旱风险。从图 2.16 可以看出,除环青海湖区外,各区域在气候变暖后全生育期中度以上干旱累积频率均有所增加,柴达木

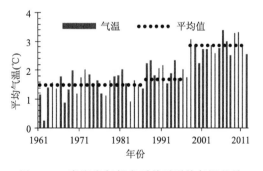

图 2.15　青海省气候变暖前后平均气温差异

盆地和东部农业区增大较明显,表明气候变暖增加了区域干旱风险,而东部农业区是青海的粮食主产区,用 SPEI 监测出干旱风险增加这一信号,对实际防灾减灾具有重要意义。表 2.12 表明各区域不同生育阶段风险增加指数 R 变化,极端干旱风险无变化(表中未列出);中度以上干旱风险增加较显著的地区是柴达木盆地,全生育期干旱风险达基准时段的 6 倍以上;其次是东部农业区,风险增加指数在 4 倍以上,环青海湖区风险增加指数在 2 倍以上;而青南牧区

中度以上干旱风险增加指数均小于1,表明该地区在暖期干旱风险有减小趋势。全省干旱风险增加指数表明,在区域平均增暖1.36℃情况下,青海省作物和牧草生长季中度以上干旱风险平均增加了2倍。表明气候变暖在带来可能收益的同时由于气候变率的增大及水热匹配的不均匀而增加农业生产的不稳定性。

表 2.12   各区域相对于基准时段风险增加指数

地区	中度以上干旱($SPEI<-0.8$)		
	生育前期	需水关键期	全生育期
东部农业区	5.4	1.93	4.33
环青海湖区	0.89	2.33	2.33
柴达木盆地	6.67	6.60	6.67
青南牧区	0.63	1.00	0.00
全省	2.33	6.67	2.33

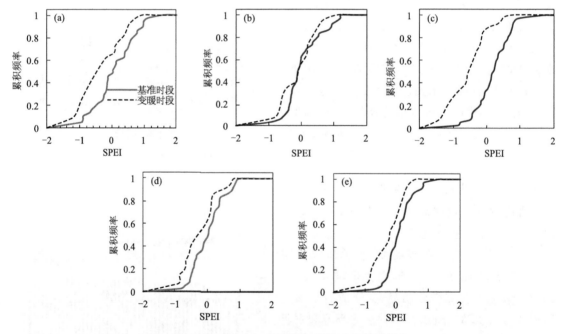

图 2.16   各区域 7-SPEI-Oct 指数累积频率变化曲线
(a)东部农业区;(b)环青海湖区;(c)柴达木盆地;(d)青南牧区;(e)全省

2.3.3   结论与讨论

利用最新提出的 SPEI 干旱指数,结合青海种植结构的特色,探讨了气候变暖背景下农牧业生长季干旱演变的特征,并评估了气候变暖对干旱风险的影响,是对农业干旱灾害的致灾因子危险性评价,得出以下结论。

(1)青海生长季干旱发生具有明显阶段性特征。干旱年发生以生育前期干旱为主,且干旱强度较强,容易致使全生育期干旱的形成。生育前期干旱面积率自 2000 年以来表现出显著的增加趋势,80 年代最低。需水关键期干旱面积率在 1980 年后明显高于前期,21 世纪初个别年份超过生育前期,出现了罕见的连年大范围干旱。全生育期,干旱面积率逐年变化与前期干旱有相似特征,而典型干旱年的分布与后期较为一致,说明在干旱强度上后期的影响大于前期。

(2)整体而言,青海省农牧业生长季生育前期干旱主要发生在玉树南部、柴达木盆地西部、祁连山区南部和东部农业区东部,需水关键期主要发生在柴达木盆地、东部农业区,而全生育期干旱发生频数则整体上由西向东逐渐增加。全省干湿状况有向干旱化发展趋势,其中需水关键期干旱化趋势大于生育前期和全生育期干旱化趋势,干旱特点有以生育前期干旱为主向后期干旱为主转变的趋势,其中对这一转变贡献最大的是东部农业区。

(3)在区域平均增暖 1.36 ℃情况下,全省农牧业生长季中度以上干旱风险平均增加了 2倍。东部农业区和柴达木盆地干旱风险达基准时段的 4 倍以上,而东部农业区是青海省的粮食主产区,农业干旱灾害的形成是致灾因子危险性、承灾体的脆弱性及防灾抗灾能力综合作用的结果(何斌等,2010),用 SPEI 指数监测出干旱风险增大这一信号,为该地区农业生产及种植结构规划提供依据。

1961—2012 年青海省降水呈现微弱增加趋势(0.65 mm/a),年平均气温升温速率为0.04 ℃/a,降水增多而 SPEI 指数减小,说明温度在该地区干旱化中起了重要的作用,由此引起蒸散发增加程度大于降水微弱增加的,SPEI 指数考虑了时间尺度、降水、温度变化多个因子引起水分收支变化的影响,很好地反映了青海省气候变暖引起的干旱化趋势,与中度以上干旱发生的实际情况基本一致,但对极端干旱的监测程度偏轻,主要归因于干旱发生与地形地貌、下垫面等诸多因素有关,而且与其干旱指数不同的是,SPEI 干旱等级的划分不是定值,不同自然区域划分的标准略有不同,需要在对青海省干旱发生的原因探讨的基础上进一步研究极端干旱监测等级划分临界值,同时,结合遥感数据和气象数据评价农业干旱亟须可待。

2.4　高寒草原不同量级降水对干旱解除的影响分析

干旱是全球常见且危害极为严重的自然灾害之一,其发生频率高、持续时间长、波及范围广、危害领域多,对农业、水资源、生态与自然环境、人类生存与健康、能源与交通、国土安全和社会经济发展均产生严重影响(李耀辉等,2015)。近年来,由于全球气候变化的影响,重大干旱事件也越来越多,干旱灾害风险不断增大,其不仅对社会经济和农业生产产生影响,且影响在持续加重(张强等,2011,2014,2015,2016)。青海高原位于内陆腹地,暖湿气团很难进入,因此降水量偏少,在北半球的同纬度地区中,青海高原的降水量为最少,作为典型的干旱半干旱气候区,几乎每年都有不同程度的干旱发生(李红梅等,2018),尤其是在青海牧区,天然牧草生长发育基本全靠自然降水,干旱是影响各地畜牧业生产最重要的自然灾害之一,因此,有必要分析降水条件对草原干旱缓解的影响,为合理安排畜牧业生产活动提供参考依据。

当前,众多学者围绕干旱气候变化(IPCC,2013)、干旱灾害形成的机理(钱正安等,2001;Wilhite,2000;叶笃正和黄荣辉,1996;王劲松等,2012;罗哲贤,2005)、防旱抗旱应对技术(Brown et al.,2008;TsegayeTadesse 和 Brian Wardlow,2007;Fisher et al.,2007;肖国举和

李裕,2012)等进行了大量研究,但是,对不同降水量级对干旱缓解程度还缺少科学认识,尤其是在高寒草地相关的研究更是缺乏,这导致即使天气、气候预测能准确预测出未来降水量,但也难以确定草地干旱是否能缓解或者解除,从而难以评估干旱对天然牧草生长发育的影响。因此,开展不同量级降水对高寒草地干旱解除的影响研究是干旱科学发展和防灾减灾的迫切需要。

利用青海省气象科学研究所2017年3月1日—10月31日逐日每10分钟试验观测数据,主要包括降水量资料和土壤体积含水率资料。为了增加分析的样本数,按不同遮挡率共设6种处理,遮挡率分别为20%、30%、40%、60%、100%,对照区为没有遮挡的地段,遮挡率20%的处理表示将降水量减少20%,以此类推。体积含水率距平以降水开始前1小时平均值为基准值,计算其后每10分钟体积含水率与基准值的差值。

根据海北牧业气象试验站1997—2016年优势种牧草发育期观测资料,将3月下旬—4月底定义为牧草返青期,5—9月定义为牧草生长期。

降水过程选定方法:以降水量≥0.1 mm开始计算,期间降水量<0.1 mm的时长不超过48 h,整个降水过程的降水量总和为过程降水量。降雨量级别和土壤相对湿度干旱等级按照青海省地方标准《气象灾害分级指标》(DB63/T372—2011)进行统计。

试验点位于青海湖北岸,海北牧业气象试验站观测场内,地理位置为36°57′N,100°51′E,是典型的高寒草原区。试验地中试验小区排列及不同遮挡率设置详见图2.17。

图2.17 降水遮挡设置图(附彩图)

2.4.1 不同量级降水对土壤体积含水率的影响

2.4.1.1 小雨对土壤体积含水率的影响

挑选研究时段内两次典型的小雨过程对干旱缓解的影响,两次过程分别为牧草返青期4月10日09:20—13:00,降水量为2.7 mm,牧草生长期7月2日13:30—18:10,降水量2.9 mm。两次降水过程降水强度分别为0.73 mm/h和0.64 mm/h,前期超过10天没有有效降水,土壤底墒较差。

图2.18a为牧草返青期小雨对土壤体积含水率的影响,可以看出,0~10 cm土壤体积含水率在对照区增加幅度最大为2.7%,而遮挡率20%、30%、40%、60%、100%条件下,土壤体积含水率最大增加幅度为2.0%、1.3%、0.5%、0.3%、0.2%,而10~20 cm和20~30 cm深

度土壤体积含水率几乎无变化,最大增加幅度均在 0.5% 以内(图 2.18b、2.18c)。

　　从表 2.13 可以看出小雨仅能略微增加 0~10 cm 土壤表层对照区和遮挡率 20% 土壤体积含水率,对 10 cm 以下的土壤墒情几乎没有作用。在遮挡率大于 20% 的条件下,小雨对增加土壤墒情的作用非常小,体积含水率最大增加值在 1% 以内。

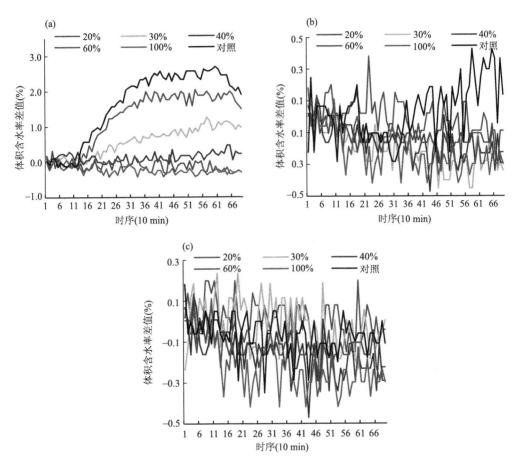

图 2.18　返青期不同遮挡率条件下 0~10 cm(a)、10~20 cm(b)和
20~30 cm(c)土壤体积含水率距平变化特征(附彩图)

表 2.13　返青期不同遮挡率 0~30 cm 土壤体积含水率最大距平值(%)

土壤深度	对照区	20%	30%	40%	60%	100%
0~10 cm	2.7	2.0	1.3	0.5	0.3	0.2
10~20 cm	0.4	0.4	0.1	0.1	0.2	0.1
20~30 cm	0.2	0.2	0.2	0.2	0.1	0.2

　　图 2.19a 为小雨对牧草生长期土壤体积含水率的影响,可以看出,0~10 cm 土壤层在对照区和遮挡率 20%、30% 处理下土壤体积含水率增加幅度在 2.3%~4.2%(图 2.19a),其余处理条件下土壤体积含水率增加幅度很小,在 1.0% 以内。小雨级别的降水渗透到 10~20 cm、20~30 cm 土壤层的量很小,因此 10 cm 以下的土壤体积含水率几乎无变化

（图 2.19b、2.19c）。

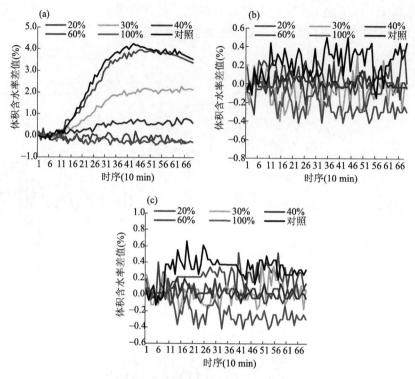

图 2.19　牧草生长期不同遮挡率条件下 0～10 cm(a)、10～20 cm(b)和
20～30 cm(c)土壤体积含水率距平变化特征(附彩图)

表 2.14 为详细的各层土壤在不同处理条件下体积含水率最大增加值，可以看出，在牧草生长期，小雨仅对 0～10 cm 土壤层的对照区、遮挡率 20％、遮挡率 30％处理下的含水率有效，而对其他处理尤其是 10 cm 以下的土壤层几乎没有作用。

表 2.14　生长期不同遮挡率 0～30 cm 土壤体积含水率最大距平值(％)

土壤深度	对照区	20％	30％	40％	60％	100％
0～10 cm	4.2	4.0	2.3	0.8	0.9	0.6
10～20 cm	0.5	0.4	0.3	0.2	0.1	0.2
20～30 cm	0.7	0.5	0.4	0.2	0.2	0.3

2.4.1.2　中雨对土壤体积含水率的影响

在研究时段内针对前期降水对土壤墒情的影响，选取两个典型个例，分别为土壤底墒较差：6 月 15 日 00:20—03:20 降雨量 6.9 mm，平均每 10 分钟降水强度 0.36 mm，前期有超过 7 天没有明显降水，加上气温较高，植被蒸腾、地面蒸发较大，土壤底墒较差。土壤底墒较好：5 月 23 日 20:50 至 24 日 04:10 降水量 7.3 mm，降水强度为每 10 分钟 0.16 mm，达中雨标准。在此之前的 21 日 02:20 至 22 日的 10:00 有较大的降水过程，降水量达 18.2 mm，因此土壤底墒较好。

在土壤底墒较差条件下,降水量几乎被土壤表层全部吸收,在对照区和遮挡率 20%、30%、40% 处理下,0～10 cm 土壤体积含水率增加明显,分别增加 5.9%、5.1%、3.4% 和 1.8%,其他遮挡率处理下几乎无变化(图 2.20a)。在 10～20 cm 土壤深度,降水对对照区和遮挡率 20%、30% 处理土壤水分补充效果十分有限,增加值在 1.4% 以下,遮挡率越大,降水量越小,因此其他遮挡率处理下对提高土壤墒情几乎没有作用(图 2.20b)。由于降水绝大部分被土壤表层吸收和截留,加之前期土壤含水率较小,能到达 20～30 cm 土壤深度的水分有限,因此 20～30 cm 土壤体积含水率几乎无变化(图 2.20c)。

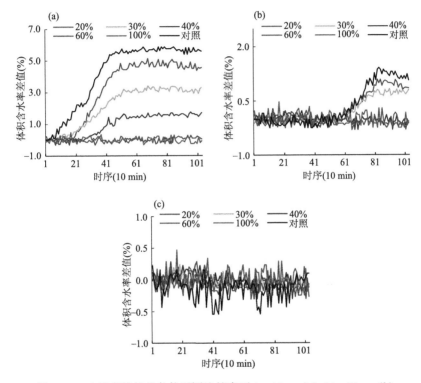

图 2.20　土壤底墒较差条件不同遮挡率下 0～10 cm(a)、10～20 cm(b)
和 20～30 cm(c)土壤体积含水率距平变化特征(附彩图)

从表 2.15 可以看出,此次降水过程对 0～10 cm 的对照区和遮挡率 20%、30% 处理作用十分明显,体积含水率增加量在 3.4%～5.9%,对 0～10 cm 土层的 40% 处理和 10～20 cm 土层的对照区有一定的增加作用,对其他处理和 20～30 cm 土层几乎没有作用。

表 2.15　土壤底墒较差条件下不同遮挡率 0～30 cm 土壤体积含水率最大距平值(%)

土壤深度	对照区	20%	30%	40%	60%	100%
0～10 cm	5.9	5.1	3.4	1.8	0.3	0.3
10～20 cm	1.4	0.9	0.8	0.3	0.1	0.3
20～30 cm	0.2	0.2	0.2	0.4	0.2	0.3

图 2.21 为前期土壤底墒较好,中雨对土壤墒情的影响,可以看出,在 0～10 cm 土层,除遮

挡率100%处理无变化、遮挡率60%增加幅度较小(1.5%)外,其余处理的土壤体积含水率均有明显的增加,增加幅度在3.9%~5.5%(图2.21a)。在10~20 cm土层的对照区和遮挡率20%、30%处理下体积含水率增加明显,增加幅度在2.2%~3.2%。遮挡率40%和60%处理下,中雨对体积含水率有一定的增加作用(图2.21b)。在20~30 cm土层,对照区和遮挡率20%处理下体积含水率增加明显,增加幅度在2.2%和2.4%之间,遮挡率30%处理下体积含水率有所增加(图2.21c)。

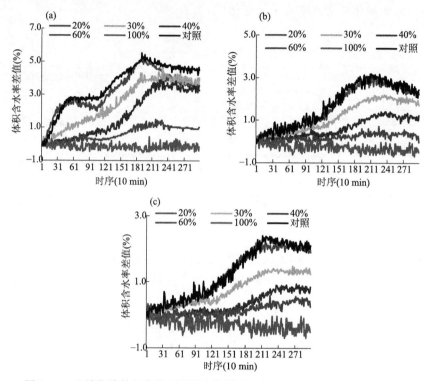

图2.21 土壤底墒较好条件下不同土壤深度0~10 cm(a)、10~20 cm(b)和
20~30 cm(c)不同遮挡率土壤体积含水率距平变化特征(附彩图)

与前期土壤底墒较差相比,由于土壤底墒较好,表层吸收的水分相对较少,有利于降水的下渗,因此降水不仅对土壤表层非常有利,而且下层的土壤含水率也有一个明显的增加。从表2.16可以看出,此次降水过程在0~30 cm土层均有明显的反映,土壤体积含水率变化幅度随着遮挡率的增加和土层的加深逐渐减小。

表2.16 土壤底墒较好条件下不同遮挡率0~30 cm土壤体积含水率最大距平值(%)

土壤深度	对照	20%	30%	40%	60%	100%
0~10 cm	5.5	5.1	4.8	3.9	1.5	0.4
10~20 cm	3.2	3.1	2.2	1.4	0.7	0.2
20~30 cm	2.4	2.2	1.5	0.9	0.6	0.2

2.4.1.3 大雨对土壤体积含水率的影响

8月19日16:40至20日07:10降水量达28.1 mm,此次降水过程时长为14.7 h,且雨强较小,平均每 10 分钟降水强度为 0.32 mm,此次过程之前的 10 天以内没有出现大的降水过程,土壤底墒较差。

由图 2.22 各土壤层体积含水率变化幅度可以看出,受较大的降水量和较小降水强度的影响,0～10 cm、10～20 cm 土壤在不同处理条件下均有很多的上升幅度,尤其是 20～30 cm 土层的对照区和遮挡率 20%、30%处理下增加幅度都在 5.4%以上,由此可以说明,除遮挡率 100%处理下,大雨对 0～30 cm 土层所有处理的土壤干旱都有很好的缓解作用。

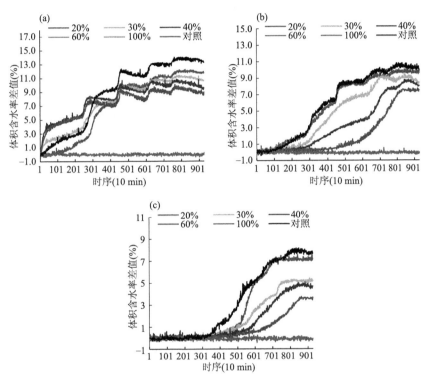

图 2.22　大雨条件下同遮挡率 0～10 cm(a)、10～20 cm(b)和
20～30 cm(c)不同遮挡率土壤体积含水率距平变化特征(附彩图)

从表 2.17 各层土壤体积含水率增加幅度可以看出,大雨对 0～30 土壤旱情有很好的缓解作用,在 0～10 cm 的对照区增加作用最明显,上升幅度可以达到 14.0%,在 20～30 cm 土层遮挡率 60%处理上升幅度也达到了 3.7%。

表 2.17　大雨条件下不同遮挡率 0～30 cm 土壤体积含水率最大距平值(%)

土壤深度	对照	20%	30%	40%	60%	100%
0～10 cm	14.0	12.3	11.4	10.9	10.1	0.5
10～20 cm	10.8	10.3	9.5	8.8	7.7	0.7
20～30 cm	8.2	7.6	5.4	5.1	3.7	0.4

2.4.1.4　强降水对土壤体积含水率的影响

强降水选取了研究时段内降水强度最大的一次过程和一次暴雨过程,分别为 2017 年 6 月

19 日 15:00—15:30 降水 4.7 mm,平均每 10 分钟降水强度为 1.57 mm,为试验时段内最大的降水强度。暴雨过程为 7 月 24 日 01:00—09:50 降水量为 34.7 mm,达暴雨级别,平均每 10 分钟降水强度为 0.64 mm,此次降水过程持续时间相对较长为 9 h。

由图 2.23 可以看出,短时强降水对表层的土壤墒情比较有利,但由于较强的降水过程导致水分来不及下渗,地表径流较大,因此对提高深层土壤水分含量作用不大,由图 2.23 可以看出,除了 0~10 cm 土壤体积含水率有所增加外,10 cm 以下的土壤水分含量几乎无变化,增加幅度均在 1.0% 以下

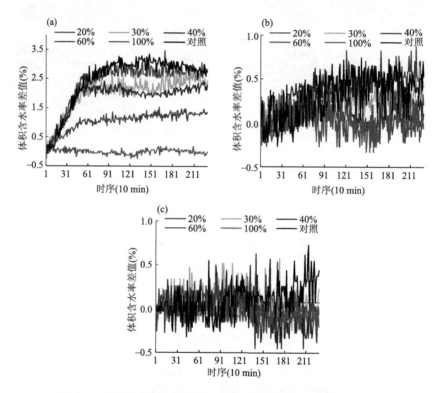

图 2.23　强降水条件不同处理下 0~10 cm(a)、10~20 cm(b)和
20~30 cm(c)土壤体积含水率差值变化(附彩图)

由表 2.18 可以看出,0~10 cm 土层,在对照区和遮挡率 20%、30% 和 40% 处理下,土壤体积含水率增加明显,增加幅度在 2.4%~3.4%,在其他处理和 10~30 cm 土层,土壤体积含水率增加幅度很小,在 1.5% 以下,基本对缓解土壤旱情无效。

表 2.18　强降水条件下不同遮挡率 0~30 cm 土壤体积含水率最大距平值(%)

土壤深度	对照	20%	30%	40%	60%	100%
0~10 cm	3.4	3.5	2.8	2.4	1.5	0.2
10~20 cm	0.8	0.9	0.6	0.5	0.5	0.3
20~30 cm	0.7	0.4	0.6	0.4	0.7	0.2

从土壤各层体积含水率变化特征来看,0~10 cm 土壤的不同处理下体积含水率增加幅度

较大,在 11.1%～15.4%(图 2.24a)。10～20 cm 的对照区、遮挡率 20%、遮挡率 30% 和 20～30 cm 的对照区、遮挡率 20% 处理下增加较为明显,增加幅度在 3.2%～13.0%,其余处理增加幅度较小(图 2.24b、2.24c)。

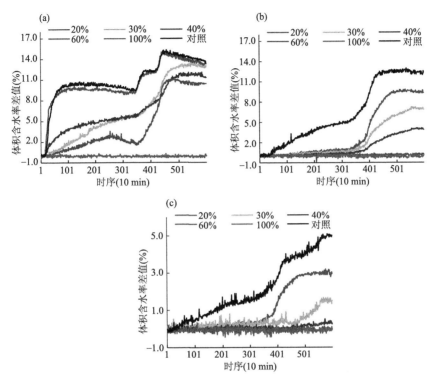

图 2.24　暴雨条件下不同处理下 0～10 cm(a)、10～20 cm
(b)和 20～30 cm (c)土壤体积含水率差值变化(附彩图)

由表 2.19 可以看出,暴雨对缓解土壤干旱非常有利,在对照区和遮挡率 20%、30%、40% 处理下能渗透到 20 cm 土层,对干旱有一个较大的缓解作用。在对照区和遮挡率 20% 处理下降水能下渗到 30 cm 土壤,能小幅度地提高该层体积含水率。

表 2.19　暴雨条件下不同遮挡率 0～30 cm 土壤体积含水率最大距平值(%)

土壤深度	对照	20%	30%	40%	60%	100%
0～10 cm	15.4	15.0	13.5	12.1	11.1	0.3
10～20 cm	13.0	9.9	7.2	4.1	0.4	0.3
20～30 cm	5.1	3.2	1.7	0.5	0.2	0.3

2.4.2　降水对干旱解除的影响特征

2.4.2.1　有效降水阈值确定

在研究时段内选取 23 个降水过程、5 个处理,共 115 个样本分析降水对土壤体积含水率的影响。由图 2.25 可以看出,各层土壤体积含水率对降水量的敏感性均存在一个阈值,在

0～10 cm 土层,当降水量超过 2.5 mm 时,土壤体积含水率增加明显,在 2.0% 以上,10 cm 以下土壤几乎没变化。在 10～20 cm 土层,降水量级达到 7.0 mm 以上时,土壤体积含水率增加明显,增加幅度在 1.8% 以上。降水量达到 10.0 mm 时,20～30 cm 土壤开始有所反映,体积含水率增加值在 1.4% 以上。

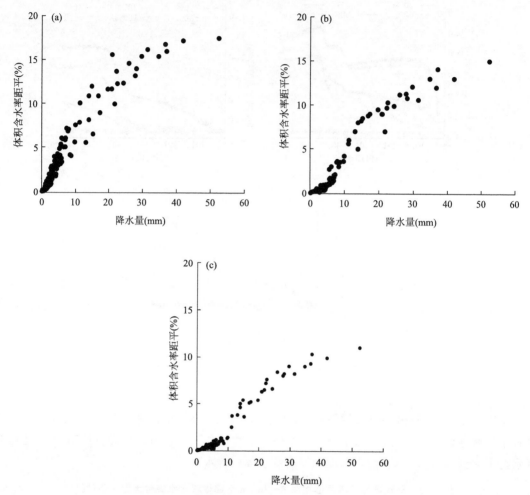

图 2.25　降水量与 0～10 cm(a)、10～20 cm(b)、20～30 cm(c)最大土壤体积含水率距平值的相关关系

2.4.2.2　降水量与土壤体积含水率的关系分析

根据选定的 115 个样本,分析不同土壤层体积含水率对降水的响应,建立降水与体积含水率增幅的关系模型,如表 2.20 所示。经计算发现,土壤体积含水率基本是随着降水量的增加呈线性增加趋势,但在 0～10 cm 土层降水量大于 20 mm 左右时土壤体积含水率增加速率趋缓,在 10～20 cm 土层降水量大于 30 mm 左右时土壤体积含水率增加速率趋缓。20～30 cm 土层降水量大于 40 mm 左右时土壤体积含水率增加速率趋缓。

表 2.20　降水量与最大土壤体积含水率距平值关系模型

土层	关系模型	R^2
0～10 cm	$y = -0.0086x^2 + 0.7665x - 0.0357$	0.9307

续表

土层	关系模型	R^2
10~20 cm	$y = -0.0053x^2 + 0.5822x - 1.0391$	0.9612
20~30 cm	$y = -0.0024x^2 + 0.3707x - 0.7622$	0.9592

注:y 表示土壤体积含水率距平,x 表示降水量,* * 表示通过可信度 0.01 检验。

2.4.3　干旱解除的降水量阈值确定

根据青海省地方标准《气象灾害分级指标》(DB63/T372—2018)规定,干旱解除的标准为 0~20 cm 深度土壤相对湿度>60%。为方便确定干旱等级,利用海北牧业气象试验站测定的土壤容重、田间持水量等数据,将体积含水率换算为相对湿度。经过计算确定 0~10 cm、10~20 cm 土壤体积含水率分别>23.06%、>23.21% 时相对湿度大于>60%,确定为干旱解除阈值。

图 2.26 为不同土壤底墒条件下,干旱缓解所需的降水量阈值,可以看出,当基础体积含水率为 0.0% 时,0~10 cm 和 10~20 cm 土层解除干旱所需的最小降水量为 64.4 mm 和 93.7 mm,随着基础体积含水率的增加,干旱解除所需的降水量迅速减小。土壤处于特旱、重旱、中旱、轻旱状态时,干旱完全解除需要的最小降水量见表 2.21。

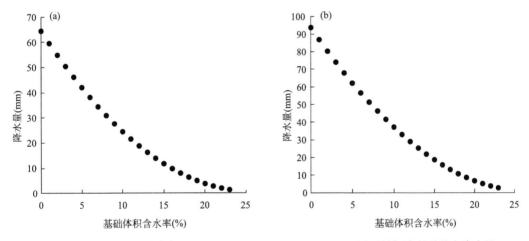

图 2.26　不同土壤底墒条件下 0~10 cm(a)和 10~20 cm(b)土层干旱解除所需最小降水量

表 2.21　不同等级干旱解除所需的最小降水量(mm)

土层	0~10 cm	10~20 cm
特旱	21.5	32.9
重旱	11.7	18.6
中旱	5.0	8.6
轻旱	1.4	2.7

综合分析不同量级降水量对土壤干旱缓解的影响,同时考虑了植被覆盖、前期底墒、降水强度等因素的影响,主要得出如下结论。

(1)小雨略微增加0～10 cm土层的对照区、遮挡率20％、遮挡率30％处理下土壤水分含量,但对深层土壤几乎没有作用;牧草返青期在对照区、遮挡率20％、遮挡率30％处理下,0～10 cm土壤体积含水率最大分别增加2.7％、2.0％和1.3％,而在牧草生长期分别增加4.2％、4.0％和2.3％,可以看出植被覆盖在一定程度上能提高降水的利用率。

(2)中雨对底墒较差的0～10 cm土壤水分进行有效补充,对照区体积含水率最大可增加5.9％,但对10 cm以下补充效果十分有限,体积含水率最大增加值在1.4％以内。在土壤底墒较好条件下,中雨对0～30 cm土壤水分补充效果均比较明显,对照区体积含水率增加幅度在2.4％～5.5％。

(3)大雨量级下,0～10 cm、10～20 cm土壤在对照区、遮挡率20％、遮挡率30％、遮挡率40％和60％处理下均有明显的上升,上升幅度在7.7％～14.0％;20～30 cm土层的对照区和遮挡率20％、30％、40％增加亦比较明显,上升幅度在5.1％～8.2％。可以看出大雨基本能完全解除0～30 cm土壤旱情。

(4)在短时强降水条件下,降水来不及下渗,地表径流较大,对土壤水分的补偿有限,土壤体积含水率最大增幅为3.4％。暴雨对提高土壤含水率非常明显,0～10 cm土层对照区和遮挡率20％、30％、40％、60％增幅在11.1％～15.4％,10～20 cm土层的对照区和遮挡率20％、30％、40％增幅在4.1％～13.0％。20～30 cm土层的对照区和遮挡率20％增幅分别为3.2％和5.1％。对比来看,暴雨对提高20～30 cm土壤水分含量不及大雨效果明显,因此对于提高深层土壤水分含量,降水量是一个重要条件,但降水强度影响更明显。

(5)降水量级对缓解土壤干旱存在明显的阈值,大于降水量阈值时才开始对土壤有明显的增墒作用,以对照区为例,0～10 cm、10～20 cm和20～30 cm土层降水阈值分别为2.5 mm、7.0 mm和10.0 mm,随着遮挡率的增加,降水量阈值不断增大。

(6)土壤底墒越差,干旱解除所需的降水量越大,轻旱条件下,0～10 cm和10～20 cm土层干旱解除所需的最小降水量为1.4 mm和2.7 mm,特旱状态下,0～10 cm和10～20 cm土层干旱解除所需的最小降水量为21.5 mm和32.9 mm

2.5　高寒草原土壤干旱演变过程及干旱阈值研究

农业干旱主要是由大气干旱或土壤干旱导致作物不能正常生长发育,进而导致减产的现象(Wilhite,1993;Sadras和Milroy,1996;Laio et al.,2001;Heim,2002)。其中大气干旱是由于大气温度高、相对湿度低、太阳辐射强,并伴有一定风力情况下,植物蒸腾消耗的水分过多所致(Correia et al.,1994;Hayes. et al.,1999;Gonzalez和Valdes,2006)。土壤干旱是由于土壤含水量少,水势低,作物根系不能吸收足够的水分,以补偿蒸腾的消耗,致使植物体内水分状况不良影响生理活动的正常进行,导致作物受旱萎蔫,甚至死亡(Jensen et al.,1998;Narasimhan和Srinivasan,2005;Soltani et al.,2000)。在青海省乃至我国北方,草原具有重要的生态和生产功能。青海天然草地土壤的水分是依赖自然降水和地下水供给的完全自然的土壤水分系统。祁如英等(2009)指出青海省天然草地的地下水位均大于2 m,对土壤水分的补偿可以忽略不计。由此可以看出在无灌溉地区,土壤水分不足是引起农业干旱的最主要因素(袁文平和周广胜,2004;Sterck et al.,2006;Gholipoor et al.,2012)。相关研究指出,作物生长对土壤干旱程度存在阈值响应,即仅当土壤干旱程度低于某一临界点时,才会导致作物的生长状况发生显著变化(Sadras 和 Milroy,1996;陈家宙等,2007),土壤干旱程度被称为土壤干旱阈值。因此,确定恰当的土壤干旱阈值就可以指示干旱的发生发展,服务于作物干旱的客观辨识与定量监测。而干旱是一个逐步发展的动态过程,同时也是一个长时间的累积过程,受持续时间、土壤水分传输等一系列因素影响,如果使用土壤含水量来量化植物对缺水的反应有两个方面:它很简单,并且反映了一些明显的生理机制(Sadras 和 Milroy,1996),但不能反映干旱持续时间。

在本研究中,我们评估了干旱强度和干旱程度的概念,以确定干旱对土壤和作物的影响。因此,我们用一种干旱指数来评估土壤系统中水压力。主要研究内容包括以下几方面:(1)尝试以土壤水分体积含水率变化速率为基础量化土壤干旱强度和程度;(2)结合土壤相对湿度确定牧草生长期的土壤干旱阈值;(3)研究降水和土壤相对湿度两者对干旱发生发展特征的协同影响,以期为高寒草原牧草干旱的发生、监测、预测和解除提供参考。

2.5.1　试验地概况及试验设计

本试验于 2017 年 4—9 月在中国青海省海北牧业气象试验站(36°57′N,100°51′E)的大型可控式水分试验场地开展。该站海拔高度为 3010 m,年平均气温 0.9 ℃,年降水量 403.6 mm,约 60% 的降水主要集中在夏季,其中以 8 月最多(约 90.6 mm)。0～30 cm 各土层容重变化于 1.24～1.32 g/cm³,田间持水量变化于 29.3～31.0 g/g,凋萎湿度变化于 7.5～8.8 g/g,各土层的土壤物理性质见表 2.22。

表 2.22　试验地土壤部分性质

土层(cm)	容重(g/cm³)	田间持水量(g/g)	凋萎湿度(g/g)
0～10	1.24	31.0	8.8
10～20	1.32	29.3	8.2
20～30	1.30	30.5	7.5

试验场样地单元面积为 7.2 m²(2.4 m×3 m),防锈铁皮插入地下 20 cm,露出地表 20 cm,样地单元之间地表和根系互不串水。牧草生育期利用大型电动遮雨棚遮挡自然降水,试验分牧草返青期、营养生长期和黄枯期 3 个不同生长发育阶段设计,各生长期分别用 F、S、H 标记,各阶段样地标号如下:返青期(4—5 月,样地号为 F11-F54,D61-D64))、营养生长期(6—7 月,样地号为 S11-S54,D61-D64)和黄枯期(8—9 月,样地号 H11-H54,D61-D64),具体分布见表 2.23。

根据青海牧草风险评估等级指标划分标准,按照降水量的 0%、20%、30%、60% 和 100% 进行遮挡处理,遮挡率 0% 表示自然降水无遮挡,遮挡率 20% 表示降水量减少 20%,以此类推,各处理依次记为 GROUP1～GROUP5,每个处理重复 4 次,共 52 个试验样地单元。这里选取第 2～3 阶段作为研究时段。

每个样地分 3 层埋入 SDI-12 土壤温湿盐三参数传感器(美国 Acclima 公司生产),试验过程中,每日 00:00 开始每 10 分钟左右自动连续观测 0～10 cm、10～20 cm、20～30 cm 土壤体积含水率。数据统计分析采用 SPSS 软件完成。

表 2.23　降水控制试验方案样地单元初始分布平面图

隔离带 2 m							
F11	F21	F31	F41	F51	F12	D63	D61
隔离带 1m							
F22	F32	F42	F52	F13	F23	D64	D62
隔离带 1m							
F33	F43	F53	F14	F24	F34	F44	F54
隔离带 1m							
S11	S21	S31	S41	S51	S12		
隔离带 1m							
S22	S32	S42	S52	S13	S23	S54	
隔离带 1 m							
S33	S43	S53	S14	S24	S34	S44	
隔离带 1m							
H11	H21	H31	H41	H51	H12		
隔离带 1m							
H22	H32	H42	H52	H13	H23	H54	
隔离带 1m							
H33	H43	H53	H14	H24	H34	H44	
隔离带 2 m							

（左右两侧：隔离带 2 m）

2.5.2　研究方法

2.5.2.1　土壤干旱强度和程度

土壤干旱是一个逐渐发展的过程,土壤水分散失速度为干旱强度 I,当这一过程继续持续,干旱逐渐累积到一定水平就是干旱程度 D,即目前干旱状况,反映了作物受干旱影响的程度。因此,在作物生长的给定时期内,土壤和作物干旱应该由干旱强度 I 和干旱程度 D 两方面合理表达(Zargar et al.,2011;Chen et al.,2010)。

对干旱强度而言:对于一个具有植物根系的特定土壤层,土壤干旱发生的原因是水分消耗(包括蒸散和再分布)的速率快于水分吸收的速率(从根区以下的深度和降水),水分消耗与吸收速率差等于土壤干旱强度,植物水分利用受气象条件的影响,但受土壤水分利用率的限制。土壤—植物干旱强度可用土壤失水与供水关系表示。

对于给定土层干旱强度 I 表示如下:

$$I = 1 - \frac{土层失水速率}{土层供水速率} = 1 - f(w) \tag{2.19}$$

式中,$f(w)$ 表示土层失水与供水关系函数,这取决于土壤水分变化的速率。水分消耗包括蒸发、根系吸收(蒸腾)、向下分配等全部水分减少量,与气候变化、作物生长状况和土壤性质有关;供水与土壤性质(如导水率)和持水状况相关。根据 Chen 等(2010)的研究,$f(w)$ 可用经验参数 a 代替,可以说明土壤蓄水量变化,干旱强度 I 表达如下:

$$I = 1 - e^{1+a} \tag{2.20}$$

式中,a 是回归经验参数,I 值始终在 $[0,1]$,因为在土壤的干旱过程中,经验回归参数 $a \leqslant -1$,详细过程见后面描述。

另一方面,对干旱程度而言,土壤和植物干旱是一个逐渐发展的过程,不仅受干旱强度影响,而且受干旱持续时间影响,因此,植物受干旱胁迫的伤害也是逐渐累积的。故有理由认为土壤干旱程度是干旱强度累加值的函数。据此,构造干旱程度指标 D 表达如下:

$$D = 1 - e^{-\sum I} \tag{2.21}$$

由于 $e^{-\sum I}$ 在 $[0,1]$ 之间变化,考虑到不同处理下土壤初始含水量,将干旱程度 D 的表达式修订如下:

$$D = 1 - \frac{x_1}{x_0} e^{-\sum I} \tag{2.22}$$

式中,x_0 为土层最大有效降水量,x_1 是土壤的初始贮水量。D 值始终落在 $[0,1]$,该值越大,表明农(牧)作物受到土壤水分胁迫程度和伤害越严重。

2.5.2.2　土壤相对湿度

土壤相对湿度计算方法:

$$R = \frac{W_g}{f_c} \times 100\% \tag{2.23}$$

$$W_v = W_g \times \rho \tag{2.24}$$

式中,R 为土壤相对湿度(%);W_v、W_g 分别为土壤体积含水率(cm^3/cm^3)、土壤重量含水率(g/g);ρ 为土壤容重(g/cm^3);f_c 为土壤田间持水量(g/g)。

2.5.3　不同干旱过程土壤水分的变化

每种处理下的土壤含水量分布如图 2.27 所示,从中我们可以观察到不同土层土壤水分分布特征。随着土壤体积含水率减少及土层加深,各土层土壤体积含水率的变化幅度减小且不再呈现明显的持续下降趋势,同时各处理间差值逐渐消失。干旱处理开始后初期,0~10 cm 土壤体积含水率的处理间差异显著,10~20 cm 次之,20~30 cm 土壤体积含水率差异较小,随着时间推移,0~10 cm 土壤体积含水率下降的速率最快,10~20 cm 土壤体积含水率各处理间差值缩小的速度最快,后期呈现波动变化,20~30 cm 土壤体积含水率变化始终比较缓慢,处理间差值缩小的时间较早。

用土壤的水分平衡可以较好地描述土壤干旱情况,根据文献(麻雪艳等,2017),土壤持续

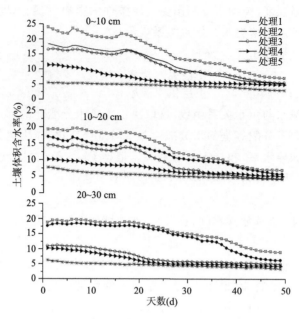

图 2.27　分层土壤水分的变化规律（附彩图）

干旱情况下，当土壤水分的收入量为 0 mm，土壤水分平衡量在数值上等于作物—土壤的蒸散损失量。

　　由于干旱处理 5 土壤水分的收入量为 0 mm，因此这里分析处理 5 的水分变化大致可以代表其他处理情况的水分变化。干旱处理 5 主要土层日失水量的情况如图 2.28 所示，各土层大部分时间土壤的贮水量大于 0 mm，失水的时间居多，土壤每日的水分损失量大部分在 0～0.4% 波动。前 7 天，土壤的日水分损失率最大，而在第 7～32 天，土壤仍是以失水为主，但速度较慢，第 33～49 天，个别时间段土壤水分平衡为正，说明土壤得水。3 个时间段代表了土壤干燥过程中土壤水分消耗模式。在土壤干旱的早期，水分主要从 0～20 cm 的土层中提取。随着土壤干燥的持续，20～30 cm 的土壤水分受到下层的补给，总体水分平衡整体变化不大。0～10 cm、0～20 cm、0～30 cm、10～20 cm、20～30 cm 各土层最终水分损失量为 2.7%、3.18%、3.12%、3.66%、2.98%。图 2.28 所示的结果有力证实了该地区的观点，即在干旱期间，土壤深层的含水量不是很低。但是，随着土壤含水量的降低，土壤的导水率急剧下降，水不易被输送到上层根系。由以上分析可知，通过监测发现 0～20 cm 不同土层的水分平衡变化土层的水分动态变化可以代表整个牧草根系的水分变化。

　　在土壤干燥过程中，不同层的土壤水分以不同的速率减少。鉴于干旱过程趋势的多样性，很难用一种单一方程来刻画某一层的土壤干旱强度。然而，考虑到一个给定土层，发现累积相对失水量（y）与剩余有效贮水量（x）之间的关系可以用一个对数线性模型很好地拟合。

$$y = a\ln x + b \tag{2.25}$$

式中，a、b 是拟合参数。在给定的土层中，干旱开始后，日耗水量为 w_i（mm），同一天土层剩余的有效含水量为 x_i（mm），则相对失水量为 $r_i = w_i / x_i$。在给定的一天，累积相对消耗量为 $y_i = \sum r_i$。干旱发生 n 天后，得到两个水分数据集，即累计相对失水量 $Y(y_1, y_2, \cdots, y_n)$ 和剩余有效贮水量 $X = (x_1, x_2, \cdots, x_n)$。根据式（2.25）计算的拟合关系式如表 2.24 所示。

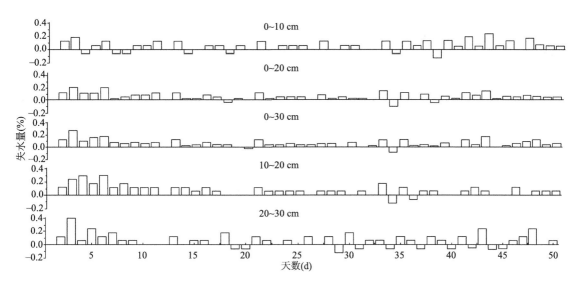

图 2.28　无降水情况下分层土壤水分的平衡特征

可以看出式(2.25)拟合的参数 a(斜率)小于 0,说明剩余有效贮水量与失水量之间成负相关。此外,$|a|>1$ 为失水过程,$|a|<1$ 为得水过程。回归系数 a 随着土层深度加深而不断增大,而对同一土层,降水量越少,回归系数越大。可见,a 很好地反映了整个过程的水分变化率。公式(2.20)中干旱强度 I 实际是参数 a 的另一种指数化表达方式。

表 2.24　不同土层在不同处理情况下剩余贮水量和累积相对失水量的关系

土层厚度	处理	回归方程	相关系数 r	n
0~10 cm	处理 1	$y=-1.027\ln x+3.2650$	1	49
	处理 2	$y=-1.026\ln x+2.9869$	1	49
	处理 3	$y=-1.029\ln x+2.8824$	1	49
	处理 4	$y=-1.019\ln x+2.4819$	1	49
	处理 5	$y=-1.021\ln x+1.7399$	1	49
10~20 cm	处理 1	$y=-1.028\ln x+3.0383$	1	49
	处理 2	$y=-1.024\ln x+2.8993$	1	49
	处理 3	$y=-1.043\ln x+2.7837$	1	49
	处理 4	$y=-1.018\ln x+2.3554$	1	49
	处理 5	$y=-1.013\ln x+2.0633$	1	49
0~20 cm	处理 1	$y=-1.026\ln x+3.1518$	1	49
	处理 2	$y=-1.019\ln x+2.9039$	0.9975	49
	处理 3	$y=-1.030\ln x+2.8199$	1	49
	处理 4	$y=-1.015\ln x+2.4113$	1	49
	处理 5	$y=-1.012\ln x+1.9073$	1	49

2.5.4　土壤干旱强度

使用式(2.19)和式(2.20)计算了土壤干旱强度,图 2.29 显示了土壤干旱过程中不同土层

I 的日变化过程。0～10 cm 土层的 I 值比 0～20 cm 土层的大,说明表层土壤水分消耗速度比下层快。这与土壤剖面水分变化特征较为一致。因为我们知道 I 不只是土壤耗水的反映,而是相对剩余有效贮水量损失的速率。所以如图 2.29 所示,干旱过程中 I 值并没有随着土壤水分和土壤水分失水量的减少而减少。

0～10 cm 土层 I 值的波动比下层大,说明上层土壤水分状况更容易受天气和植物根系的影响。因此干旱强度 I 随天气变化波动较大。而 10～20 cm 土层 I 值受日变化较小。而 10～20 cm 土层 I 值在第 25 天后略有上升,表明该层水分消耗受上层水分消耗和天气的双重影响。根据式(2.21)和(2.22)所示,不同的 I 值变化必导致干旱程度 D 的变化。

一般而言,只要土壤开始干燥,土壤干旱的严重程度必然随时间增加。根据公式(1.4),土壤干旱程度 D 刚好表明了这一现象,反映了土壤干旱强度和持续时间。如图 2.29 所示,干旱程度 D 随着干旱时间呈抛物线式增长,对于处理 1,在土壤干旱结束时,10 cm、20 cm 土层土壤干旱程度 D 值的较开始时的相对变化率分别为 4.31％和 1.38％。但在干旱结束时,2 个土层 D 值分别为 0.76、0.75。表明 2 个图层均比较干旱。尽管 D 值仅代表某一特定土层的干旱程度,但上层的 D 值对气候变化敏感性比深层高,由于土层之间水分传输的关系,能够指示根系的干旱状况。因此,在工作中只需要通过自动仪器监测表层土壤湿度来观察土壤的干旱情况,而不需要做更多的繁重工作。

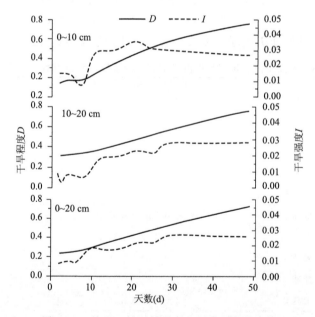

图 2.29　处理 1 的干旱强度和干旱程度的变化

综合来看,干旱强度 I 反映的是土壤目前向干旱发展的快慢,D 反映的是土层目前已经形成的干旱状况,其值越大,表示牧草受干旱胁迫影响越大。在无降水持续干旱的情况下,大的 I 值会很快导致大的 D 值。这种变化结果符合土壤干旱实际情况,初步判断这 2 种指标表达干旱状况是合理的。

青海省地方标准《气象灾害分级指标》(DB63/T 372—2018)中规定用 0～20 cm 土层的土壤相对湿度监测农业干旱,如表 2.25 所示。因此,这里以 0～20 cm 土壤相对湿度和土壤干旱程度 D 两种指标来表征农业干旱和土壤干旱的关系。

表 2.25　农业干旱的标准

土壤相对湿度阈值（R）	农作物现象
$R<20\%$	作物受旱严重
$20\leqslant R<40\%$	作物呈现萎蔫
$40\%\leqslant R<50\%$	作物出现旱象
$R\geqslant50\%$	作物无旱象

不同处理下土壤干旱程度 D 和土壤相对湿度 R 关系如图 2.30 所示。从图中可以看出，作物干旱后，干旱程度 D 与土壤相对湿度 R 呈线性的负相关。例如，处理 1 下土壤相对湿度与土壤干旱程度的负相关可以拟合为

$$D=-0.0098R+0.8775 \tag{2.26}$$

式中，$r^2=0.9798(P<0.05)$。其他处理也可以得到类似的回归方程。利用土壤相对湿度的阈值得到相应的土壤干旱程度的阈值分别为 0.39、0.49、0.68。不同等级干旱发生时干旱强度的阈值见表 2.26。

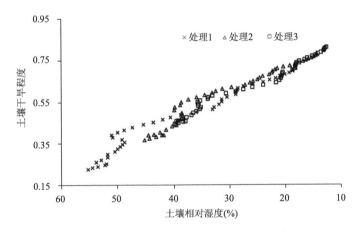

图 2.30　土壤相对湿度与土壤干旱程度的关系

表 2.26　不同等级干旱的干旱程度阈值

干旱等级	干旱程度阈值（D）
无旱	$D<0.39$
轻旱	$0.39\leqslant D<0.49$
中旱	$0.49\leqslant D<0.68$
重旱	$D\geqslant0.68$

2.5.5　降水对干旱持续时间的影响

由图 2.31 可以看出，当干旱发生时，土壤体积含水率的大小对干旱持续时间有直接影响。处理 1 至处理 3，中旱持续的天数较多，而处理 4，重旱天数超过中旱天数；不同处理下，轻旱、中旱持续天数随土壤体积含水率持续减少先增加后减小，而重旱天数呈指数型增加，说明牧草干旱持续时间长短不仅与初始土壤体积含水率有关，还可能与前期降水量有关。这是因为自然降水是高寒地区牧草生长唯一水分来源，降水多寡对干旱持续时间起间接作用。因此，根据

降水—土壤体积含水率—干旱强度—持续时间四者之间传递关系,得出牧草生长期间,累积降水量与不同等级干旱持续时间关系式为：$y=1.7928e^{0.1029x}$ $(R^2=0.6537)$(图 2.32),在此基础上,根据对未来一段时间(可为时、日、月)降水量的预报结合目前干旱发展程度可以估算出不同等级干旱跳跃时间,为合理调控高寒草原牧草的管理提供有力依据。

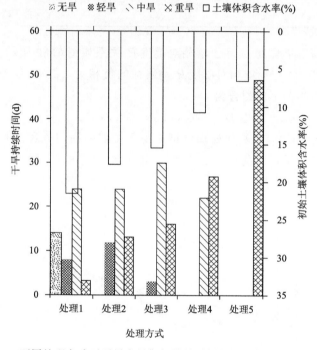

图 2.31　不同处理方式下干旱发展期间持续时间与土壤体积含水率的关系

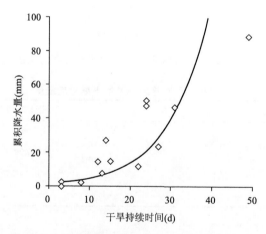

图 2.32　干旱发展持续时间与累积降水量的关系

2.5.6　讨论

2.5.6.1　作物对土壤水分减少的开始响应时间

图 2.33 显示土壤水分在第 7 天开始急剧减少。事实上,据报道,不仅是研究中的牧草,其他作物(夏玉米)对土壤水分减少的开始响应时间也为第 7 天(Chen et al.,2010)。因此,在实

际情况中可以根据这个时间有效调控水资源。

2.5.6.2　供水与失水关系的表达

根据耗水与供水的机理,发现在高寒草原中剩余有效贮水量与相对失水量之间呈显著的对数关系(图 2.33),得出参数 a 本质上就是函数 f(失水/供水)的功能,a 可以很好地描述土壤层中水分耗水和供水之间的关系。Chen 等(2010)的研究中也得到了相似的结论。由此可以说明,土壤干旱程度 D 是由土壤水分动力学发展而来的一个可靠的评价土壤作物的指标。

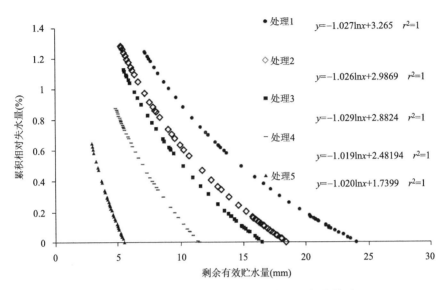

图 2.33　剩余有效贮水量与相对失水量之间的关系

2.5.6.3　土壤干旱程度 D 的合理性

土壤干旱程度 D 是由土壤有效利用水的递减率计算的,可以显示灌溉调度的能力(灌溉区)。它是由土壤干燥率(土壤干旱强度)和土壤干燥持续时间决定,因此不受天气扰动的影响。我们通过对自然降水不同遮挡的试验表明,土壤 D 的阈值相似。结果表明,D 值在年内变化是稳定的。

然而,研究表明(Homma et al.,2004;麻雪艳和周广胜,2017),作物生理变量对水分胁迫的反应不稳定,并随天气、位置、作物种类和品种而波动。作物形态变量往往滞后于土壤干旱。当它能够检测到这些变化的时候,已经太迟了,因为干旱已经使作物遭受了损失。而本研究中由于缺少逐日牧草生长指标的观测资料,初步只能以土壤相对湿度作为界定土壤干旱的标准,以后通过对观测要素的调整,进一步优化土壤干旱阈值。

2.5.5　结论

(1)不同处理 0～30 cm 土壤含水量基本呈持续下降趋势,且降水量多,土壤水分的下降速率大,对深层土壤水分利用程度高,反之则少;随着干旱时间推移,各处理间差异逐渐消失。

(2)土壤的逐日水分平衡情况很好地反映了土壤的干旱过程。从干旱发展的时间变化看,初始期牧草的土壤干旱速率和每日失水量值较后期大,且土壤的水分变化存在一定的突变反应。空间变化看,上层土壤的水分平衡变化较下层快,上层以失水为主,下层相对稳定。这些结果说明,通过监测或模拟恰当土层的水分动态变化可以反映牧草的受旱状况。

（3）干旱过程中，当土壤干旱程度达到 0.39，牧草出现干旱，此为牧草生长期土壤的干旱阈值。不同等级干旱持续时间不仅与初始土壤体积含水率有关，还与前期的降水量有关，干旱发展期间持续时间与累积降水量的关系可以用指数方程表示。

2.6　柴达木盆地古气候时期旱涝特征分析

位于青藏高原东北部的柴达木盆地，属干旱多风的典型大陆性气候，降水量少，年际变率大，蒸发量大于降水量，气候干燥，干旱是这一地区发生频率最高、危害最严重的自然灾害。干旱在年轮生长中最容易体现，特别是大旱、持续数年的干旱期（李江风等，2000；Eaper et al.，2002）。自开展树木年轮分析以来，利用树轮宽度变化探讨过去气候状况的研究工作，近年来国内外取得了很大进展（汪青春等，2003，李林等，2005；邵雪梅，2004）。有关青海高原干旱区百年以上尺度水分要素的研究，邵雪梅等（2004）利用柴达木盆地的祁连圆柏分析了青海德令哈地区千年降水变化，匀晓华等（2001）利用树轮宽度重建近 280 a 来祁连山东部地区的春季降水，秦宁生等（2003）利用青海南部高原圆柏分析了 500 a 来青南高原地区的湿润指数，王振宇等（2005）利用青海省境内不同区域的树轮资料重建了青海省 500 a 来夏季的降水变化。大量研究结果表明，根据精确定年的树轮年表对气候变化的响应可以揭示青海部分地区的干湿变化状况。柴达木盆地干旱状况非常显著，以致当地的生态环境异常脆弱，制约着资源合理开发利用及重大基础设施建设，因而引起极大关注。针对本地区已有大量相关研究（朱西德等，2005；杨建平等，2007；李森等，2007），但其历史旱涝特征及变化规律尚未得到充分揭示，本研究依据树轮资料来恢复该地区的历史旱涝序列，进一步探讨其演变规律，以期为柴达木盆地干旱治理及防御提供科学依据。

选用代表柴达木盆地的大柴旦、格尔木、诺木洪、都兰、德令哈 5 个气象站 1955—2008年夏半年（5—9 月）降水资料及树轮资料进行统计分析。所用树轮资料取自邵雪梅等于2002 年采自柴达木盆地东北边缘的圆柏树木资料，代号分别为 d32、w42、dlh51，经文献（李林等，2005）验证，该资料具有较高平均敏感度、标准差、相关系数和对总体的代表性，说明圆柏轮宽序列具有明显的年际变化及较强的公共信号，是用于气候变化研究很好的代用资料。

本研究根据树轮年表与降水量的相关性，建立树轮年表与降水量的回归方程，并依照《中国近五百年旱涝分布图集》给出的旱涝等级标准（表 2.27）确定出柴达木盆地旱涝等级，最后利用统计分析方法进一步探讨旱涝演变特征。

表 2.27　旱涝等级标准

旱涝等级	旱涝特点	参照标准
1 级	涝	$R > \bar{R} + 1.17\sigma$
2 级	偏涝	$\bar{R} + 0.33\sigma < R < \bar{R} + 1.17\sigma$
3 级	正常	$\bar{R} - 0.33\sigma < R < \bar{R} + 0.33\sigma$
4 级	偏旱	$\bar{R} - 1.17\sigma < R < \bar{R} - 0.33\sigma$
5 级	旱	$R < \bar{R} - 1.17\sigma$

注：表中，$\bar{R}$ 为 5—9 月多年平均雨量，这里为表现过去 500 a 旱涝状况较之于气候基准时段（1971—2000 年）的变化情况，取 $\bar{R}$ 为 1971—2000 年 5—9 月的平均雨量，σ 为标准差，R 为逐年 5—9 月降水量。

2.6.1 历史降水量的重建及分析

表 2.28 为柴达木盆地夏半年降水量与树轮年表序列的相关系数。由表可见,标准化年表（std）与柴达木盆地夏半年降水相关性较高。为减少冗余信息干扰,对 d32、w42 和 dlh51 三条树轮序列的标准化年表进行主成分分析（PCA）,发现第一主分量的方差贡献高达 98.4%,由此说明三条树轮序列的变化具有高度一致性,对应的第一主分量的变化足以反映出三条序列自身的变化状况,因而利用上述经 PCA 展开的第一主分量建立柴达木盆地中东部夏半年降水量的重建方程:

$$R = 164.337 - 175.129x + 90.986x^2 - 13.124x^3 \qquad (2.27)$$

式中,R 为降水量,x 为 d32、w42 和 dlh51 的标准化年表经 PCA 展开后的第一主分量。重建方程的复相关系数为 0.512,$F=5.176$,通过 0.01 显著性水平检验;乘积平均数为 5.736,通过 0.01 显著性水平检验;误差缩减值为 0.8,通过检验（王振宇等,2005）;另采用逐一剔除法（刘禹等,2002）,对方程稳定性进行进一步检验,发现相关系数在 0.468~0.557 之间波动（图 2.34）,变幅稳定可靠,符号检验显示,原始序列同号年 33 a,异号年 14 a,通过 0.01 显著性水平检验,一阶差序列同号年 31 a,异号年 16 a,也达到了 0.01 显著性水平检验。以上检验从不同方面证明了重建方程是稳定的。图 2.35 给出验证期内（1955—2001 年）重建值与实测值的对比曲线,多数年份拟合效果很好,变化趋势一致,基本无显著差异,说明利用树轮重建该地区夏半年降水量具有较高的可信度。

表 2.28 柴达木盆地中东部夏半年（5—9 月）降水量与树轮年表序列的相关系数

类型	标准化年表（std）			差值年表（res）			自回归年表（ars）		
	d32	w42	dlh51	d32	w42	dlh51	d32	w42	dlh51
相关系数	0.347*	0.411**	0.337*	0.270*	0.312*	0.293*	0.344*	0.382**	0.323*

注:上标为 * 和 ** 的相关关系分别通过了 0.05、0.01 信度的检验。

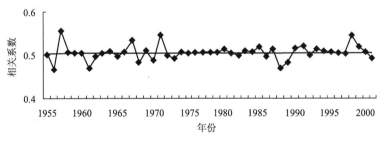

图 2.34 逐一剔除法检验结果

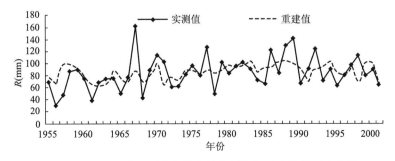

图 2.35 柴达木盆地夏半年降水量实测值与重建值的对比曲线

　　基于上述方程,重建了 1470—2001 年柴达木盆地中东部夏半年降水量(图 2.36),图中粗线为 10 a 滑动平均值,意在表现 10 a 尺度上的气候变化,直线为 1971—2000 年实测平均值作为气象上常用的气候基准值,值为 90.3 mm,总体来讲,除突变年份外,重建序列仅少数时期处于降水较多(高于气候基准值)时期:1480—1484 年、1494—1499 年、1573—1583 年、1760—1762 年、1903—1906 年、1957—1959 年、1980—1994 年及 1999—2000 年,而大部分时段为降水较少的时期。可见,近 500 多年来柴达木盆地夏半年的降水总体处于匮乏期,以上与李林等(2005)重建的过去 1100 年柴达木盆地降水以偏少为主的结论相一致。

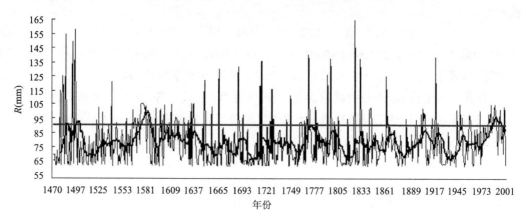

图 2.36　柴达木盆地夏半年历史降水(mm)恢复序列

2.6.2　古气候时期旱涝演变特征

　　参照表 2.27 标准,将以上降水重建序列换算成历史旱涝等级序列,器测时期则用实测资料计算(图 2.37),图中粗线为低通滤波曲线,由图可看出,近 500 多年来旱涝等级分别在前期和后期出现一次明显下降趋势:16 世纪初—16 世纪 80 年代、20 世纪 50 年代至今,处在由旱—涝的转变时期,其余大部分时期均在旱—正常之间反复振荡。

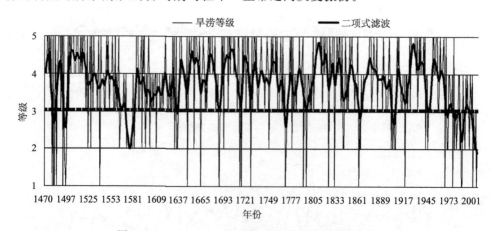

图 2.37　1470—2008 年柴达木盆地旱涝等级变化图

　　表 2.29 给出了 1470—2008 年间各旱涝等级出现次数及频率,在 1470—2008 年期间,涝年($DW=1$)共出现 26 次,旱年($DW=5$)共 157 次,旱年远多于涝年,正常年($DW=3$)共 104 次。在各级出现频率中,偏旱(4 级)频率最高,达 38.5%,这正是干旱地区偏旱年占多

数气候规律的真实反映。涝年平均 21 a 一遇,旱年平均 3 a 一遇。4、5 级频率之和比 1、2 级之和多 54.4%,体现了柴达木盆地旱涝的不对称性,即旱远多于涝是旱涝变化的基本特征。

表 2.29　1470—2008 年间旱涝等级出现频次

旱涝等级	1(涝)	2(偏涝)	3(正常)	4(偏旱)	5(旱)
出现次数	26	45	104	208	157
频率(%)	4.8	8.3	19.3	38.5	29.1

极端干旱事件通常给社会生产及人类生活带来灾难性的后果,现已引起广泛的关注。图 2.38 显示了 1470—2008 年间柴达木盆地每 10 a 发生极端干旱事件($DW=5$)百分率的时间变化图。由图可看出,15 世纪末—16 世纪中期,极端干旱事件呈明显下降趋势;17 世纪呈波动式变化,极端干旱事件发生的平均百分率高达 50%左右;至 18 世纪中后期显著减少,降至 15%左右;19 世纪初直线升至 70%,之后又逐渐降低;至 20 世纪 20 年代再次出现跃变至 70%,30 年代至今渐趋减少。1470—2008 年,极端干旱发生的频率多在 20%以上,这就更进一步表明该地区是极端干旱的多发区,尤其在 17 世纪 50 年代,极端干旱发生的百分率甚至高达 80%。

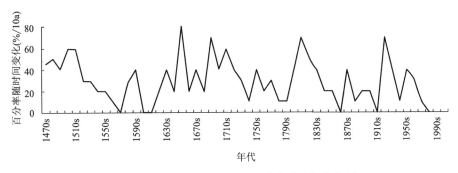

图 2.38　极端干旱($DW=5$)百分率随时间变化图

2.6.3　旱涝阶段性变化特征

旱涝变化阶段常交替出现,在此根据旱涝等级累积距平曲线来划分旱涝阶段,曲线上升期表示距平值增加,定为以旱为主的阶段,反之,曲线下降期定为以涝为主的阶段。为体现出大的变化趋势,规定每个阶段不少于 20 a,根据图 2.39 将柴达木盆地 539 a 来旱涝等级划分成 3 个以旱为主的阶段及 3 个以涝为主的阶段。利用差值 t 检验对两个旱涝对应的相邻阶段进行显著性检验,结果表明:1496—1520 年与 1521—1584 年、1807—1966 与 1967—2008 年的旱涝差异达到 0.001 的显著性水平,1640—1760 年与 1585—1639 年通过 $t_{0.01}$ 显著性水平检验。由此可见,旱涝的阶段变化是非常显著的。表 2.30 给出了 6 个主要旱涝阶段及其各等级出现次数,3 个旱阶段共有 345 a,3 个涝阶段仅有 122 a,明显少于旱时期,说明以旱为主的时期长于以涝为主的时期,但目前处于偏涝阶段;旱阶段中最长持续 160 a,最短 64 a,涝阶段最长持续 55 a,最短仅 25 a;旱阶段平均持续时间也长于涝阶段。由此可见,柴达木盆地具有持续干旱的显著特征。

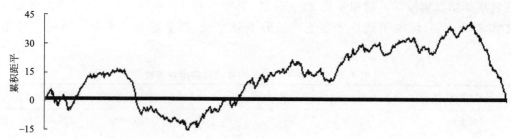

图 2.39 1470—2008 年柴达木盆地旱涝等级累积距平曲线

表 2.30 旱、涝阶段及各等级出现的次数

	起止年份	持续时间	旱涝等级				
			1(涝)	2(偏涝)	3(正常)	4(偏旱)	5(旱)
旱阶段	1496—1520	64	0	1	1	9	14
	1640—1760	121	6	3	15	49	48
	1807—1966	160	4	9	24	73	50
涝阶段	1521—1584	25	5	21	18	15	5
	1585—1639	55	3	21	14	13	3
	1967—2008	42	6	10	15	10	2

　　功率谱分析可根据谱值最大来确认主要振动及其对应的周期(丁裕国,1998)。在古气候重建中,功率谱分析是检验周期的一种十分可靠的方法(黄嘉佑,2004)。图 2.40 为 1470—2008 年旱涝的功率谱密度曲线图,两条直线分别对应 0.10 及 0.05 显著性水平下白噪声标准谱:$(s_{0k'})_{0.10} = 0.01032$,$(s_{0k'})_{0.05} = 0.01236$,功率谱密度值是不均匀地随波数分布,凡大于直线的谱值,则为显著。经分析发现柴达木盆地历史旱涝变化存在 2~3 a、13~14 a 及 27.5 a、71.6 a、89.5 a、119.3 a、179 a 的显著周期,其中准 30 a、70 a 及 120 a 的长周期特征与李弋林等(2001)分析冰芯和树轮资料发现的中国西部干湿变化存在准 30 a、70 a、110 a 的周期结果比较一致。

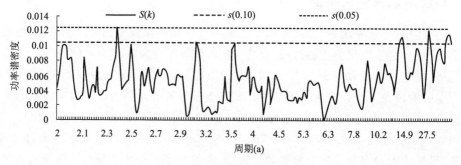

图 2.40 功率谱密度曲线图

　　由上节分析可知,柴达木盆地具有持续干旱的特征,为更进一步探讨旱情发生的规律,在此将旱涝等级序列分为两种:(1)干旱发生的时间序列(4、5 级发生的年份都属于干旱发生年);(2)特旱发生的时间序列(5 级发生的年份为特旱发生年)。这样得到两种性质不同的序

列,这里分别针对 500 多年来及每个世纪进行功率谱分析,如表 2.31 所示,不同时段旱情出现的周期是有差异的,539 年来干旱对应的显著周期为 2.8 a,特旱为 9.2 a,这与北方干旱区旱情发生规律非常一致;各时段干旱出现周期存在 2～4 a 及 11 a、33 a 的周期振荡,特旱以准 2 a 和 8 a 周期为主。总体来看,柴达木盆地的旱情具有频繁发生的特征,但相对来讲,近 100 a(1901—2000 年)干旱及特旱发生的周期较前期明显延长,说明该地区旱情有所缓解,气候有逐步转向湿润的趋势。

表 2.31　柴达木地区两种旱情谱分析结果

时段	干旱(a)	特旱(a)
539 a	2.7、2.8、3.1、10.2、44.8	2.4、4.9、9.2、51.1
1501—1600 年	35	2.1、2.2、2.3、8.3
1601—1700 年	2.2	2.4、16.5、22
1701—1800 年	2.6	2.4
1801—1900 年	3.7	3.9、8.3
1901—2000 年	11	33

2.6.4　结论

从重建方程的基本统计量、检验方程稳定性的统计参数以及重建序列变化特征与相关文献的对比分析来看,利用树轮年表资料恢复的柴达木盆地历史时期的旱涝演变特征具有一定的可行性与可靠性。旱涝变化具有阶段性,539 a 的旱涝序列可划分为 3 个旱阶段和 3 个涝阶段,其中 19 世纪基本处于旱阶段,近 50 a 来则处于涝阶段。总体而言,以旱为主的时期长于以涝为主的时期,具有持续干旱的显著特征。涝年平均 21 a 一遇,旱年平均 3 a 一遇,旱灾远多于涝灾是旱涝变化的基本特征;在近 539 a 柴达木盆地的极端干旱发生的频率多在 20% 以上,说明该地区是极端干旱事件高发区。柴达木盆地近 539 a 旱涝变化存在 2～3 a、13～14 a 及 27.5 a、71.6 a、89.5 a、119.3 a、179 a 的显著周期;干旱出现的显著周期为 2.8 a,特旱为 9.2 a;各个世纪干旱发生的主要周期为 2～4 a 及 11 a、33 a,特旱则以准 2 a 和 8 a 周期为主。

第3章 高原地区水资源对气候变化的响应

3.1 黄河源区径流对气候变化的响应及预估

黄河源区(唐乃亥水文站以上流域)地处青藏高原腹地,属高原大陆性气候,流域面积达12.2万 km²,1956—2010 年唐乃亥水文站平均径流量达 198.8 亿 m³,占整个黄河入海口同期径流量的 42%左右,为黄河主要产流区。由于流域地势高峻、气候严寒并发育有多年冻土和现代冰川,使得冰雪融水、雨水和冻土地下冰融水成为其地表水资源的主要补给来源,并影响着地表水资源的年际波动和长期演变趋势。近几十年来,受气候变化和人类活动的共同影响,黄河源区地表水资源偏枯形势严峻,引起学术界广泛关注(蓝永超等,2006;李林等,2006)。较为一致观点认为:黄河源区径流量是气候与下垫面综合作用的产物,气候变化是径流减少的主要原因,土地利用、植被破坏、冻土融化、地下水位下降等自然和人为因素对径流变化都有不同程度的影响。对于未来黄河源区径流量变化趋势,蓝永超等(2004)利用全球气候模式(GC-Ms)与统计模式对未来流域降水和径流的可能变化进行了预测,得出随着温度将进一步上升,降水量将比目前有明显增加,黄河源区的径流量将随降水量的增加而进入一个相对丰水时期的结论。然而,在进行了综合分析后蓝永超等(2005)认识到,随着气温的不断升高,21 世纪黄河源区流域水循环的演变趋势将是蒸发量增加、径流量进一步减少,水资源形势不容乐观。这主要是基于蒸发量的增加不仅能抵消降水量的增加,还在一定程度上造成径流量减少的基本认识。但从目前看来,以往的研究往往侧重于统计分析,对于黄河源区地表水资源变化的物理机制尚不明确,且近年来径流量的变化趋势既未出现偏丰的乐观局面,但也未呈持续减少趋势,总体上在偏枯的大背景下出现了某些好转的迹象。这就有必要从径流量变化的内在规律和外在机理上进行再分析和再认识,进而较为准确地对其未来趋势进行预测,为确保黄河流域水资源安全提供科学依据。

采用黄河源区流域(地理分布如图 3.1 所示)玛多、达日、甘德、玛沁、久治、红源、若尔盖、玛曲、河南、泽库、同德、兴海共 12 个气象台站,1961—2010 年逐年、逐月平均气温、降水量等资料代表黄河源区流域气象资料;兴海唐乃亥水文站 1956—2010 年观测资料代表黄河源区地表水资源资料。南海季风指数资料采用 He(1997)统计并由国家气候中心公开发布的资料。气候情景资料基于政府间气候变化专门委员会(IPCC)2000 年发布的《排放情景特别报告》(SRES)(Nakicenovic et al.,2000)中构建的 A2(中-高排放)、B2(中-低排放)两种温室气体排放方案,利用区域气候模式系统 PRECIS 输出数据降尺度生成的未来气候情景资料,通过统计降尺度方法输出黄河源区流域 2010—2030 年逐年日平均气温、平均最高气温、平均最低气温和降水量序列。在进行统计分析时采用了彭曼公式(裴布祥,1989)、线性趋势法、相关分析、波谱分析(李春晖,2009)、逐步回归法等统计方法。

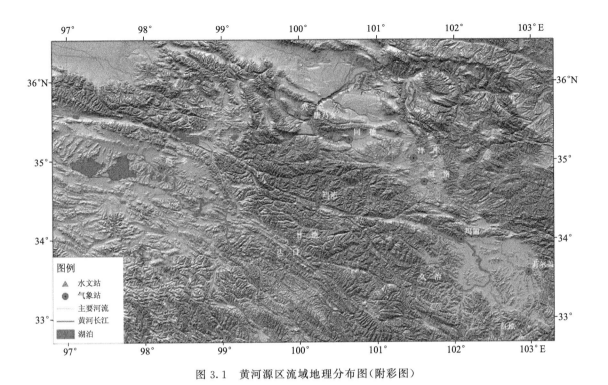

图 3.1　黄河源区流域地理分布图（附彩图）

3.1.1　1956—2010 年黄河源区地表水资源变化的基本规律

图 3.2 给出了 1956—2010 年黄河源区年平均流量变化（a）、差积曲线（b）、Newmorlet 小波方差（c）及小波变换系数变化曲线（d）。由此可见，1956—2010 年黄河源区地表水资源变化具有如下基本规律：（1）1956—2010 年黄河源区年平均流量总体呈减少趋势，四季中以秋季平均流量的减少尤为明显，减幅达 35.4 $m^3/(s \cdot 10\ a)$，表明年平均流量减少主要是由秋季流量减少引起的；（2）近 55 a 来黄河源区地表水资源经历了 1956—1989 年的增多阶段和 1990—2010 年的减少阶段两个变化阶段，其增多阶段的 34 a 当中年平均流量出现负距平的年份为 16 a，正距平年份为 18 a，丰枯年份基本相当，而其减少阶段的 21 a 中年平均流量出现负距平的年份达 15 a，正距平年份仅为 6 a，枯水年份达到丰水年份的近 3 倍多；（3）黄河源区地表径流量具有 5 a、8 a、15 a、22 a 和 42 a 的准周期，其中 5 a 周期在 20 世纪 60 年代至 80 年代初显得较为突出，此后有明显减弱趋势，而 8 a 周期总体变化比较平稳，15 a 周期自 20 世纪 80 年代后有增强趋势，目前 5 a、8 a、15 a 周期的小波系数均呈上升趋势，表明年平均流量较之于前期有所增加。

3.1.2　黄河源区地表水资源的年内分配

地表水资源的年内分配主要取决于其补给来源。图 3.3 给出的是 1956—2010 年黄河源区流量月平均流量在 1990 年由多转少前后的变化。由图 3.3 可以看出：1990 年黄河源区年平均流量发生突变前后其年内分配发生了显著变化，即其年内变化由突变前"双峰型"调整为突变后的"单峰型"，表明黄河源区月平均流量中第二峰值 9 月流量自 1993 年后呈显著减少趋势，显然这对于流量变化的内在规律有着一定的指示意义，有待下文进一步探讨。

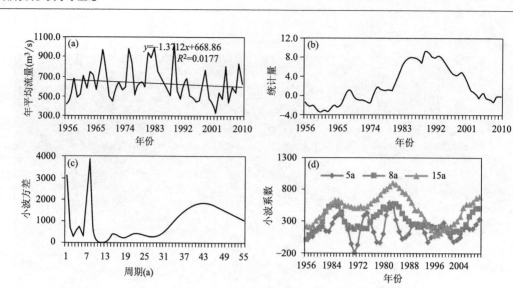

图 3.2 1956—2010 年黄河源区年平均流量变化(a)、差积曲线(b)、
Newmorlet 小波方差(c)及小波变换系数变化曲线(b)

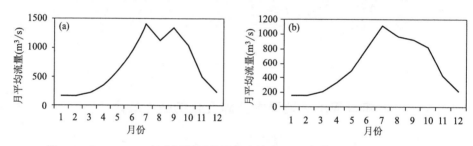

图 3.3 1956—2010 年黄河源区月平均流量在 1990 年前(a)、后(b)变化曲线

3.1.3 黄河源区地表水资源变化的气候归因

对于影响长江源区地表水资源的气候因子而言,可由河流水量平衡模式:

$$B = R - E - Q - W \tag{3.1}$$

来确定(施雅风,1995)。式中:B 为水量平衡,R 为流域平均降水量,E 为流域蒸发量,Q 为河流径流量,W 为土壤蓄水量,单位均为 mm。根据物质总量收支平衡原理,当流域处于稳定状态时,多年水量平衡 $\sum B$ 应该为零,则径流量可表示为:

$$Q = R - E - W \tag{3.2}$$

式中,W 可表示为土壤温度和降水量的函数。由此可直观地反映出降水量、蒸发量是影响流量的主要气候因子。另外,冰川融水仍是不可忽视的影响因子。而从降水量和径流量形成的机理而言,影响其的主要气候系统以及水汽输送是至关重要的,对于长江源区流域而言,应当关注青藏高原加热场和高原季风的变化。考虑到长江源区流量呈增加趋势,故下文重点对造成流量增加的可能气候影响因子进行分析。

3.1.3.1 南海夏季风减弱

黄河源区流域位于东亚季风区边缘地带,受季风进退和强度异常的年际变化影响,气候变化较为显著,尤其是主汛期(5—9 月)黄河源区流域的降水和雨带位置的变化是与夏季风活动密切相关的。南海—西太平洋的热带季风及大陆—日本的副热带季风属东亚季风系统,而影

响黄河源区流域的主要是南海夏季风。定义 100°～130°E、0°～10°N 范围内,850 hPa 和 200 hPa 平均纬向风距平差为南海季风指数(何敏等,1997),其反映的是南海南部高低层的纬向风切变,当南海地区低层西南气流较常年偏强,影响我国的热带夏季风偏强时,该指数人于零;而当指数小于零时,夏季风偏弱。由图 3.4 给出的 1956—2010 年南海夏季风指数变化及其差积曲线可以看出,南海夏季风指数以 0.57/10 a 的速率减弱,达到了 99.9% 的置信水平,并经历了 1956—1986 年的增大阶段和 1987—2010 年的减小阶段,其由大到小的转变年份与气候变暖的年份较为一致。相关分析表明,南海夏季风指数与黄河源区年平均流量和秋季、冬季平均流量的相关系数分别为 0.266、0.341 和 0.295,均达到了 95% 的置信水平。表明由于南海夏季风减弱,使输送到黄河源区流域的水汽减少,进而导致降水量和地表水资源的减少。同时,黄河源区地表水资源对于南海夏季风变化的响应具有一定的滞后效应,这不仅表现在年际尺度上由多向少转变的年份滞后 3 a 左右,更为明显的是在季度尺度上,秋、冬季平均流量对南海夏季风的响应要明显显著于夏季平均流量。

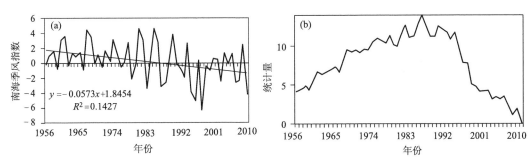

图 3.4　1956—2010 年南海夏季风指数变化(a)及其差积曲线(b)

3.1.3.2　流域降水量减少

　　降水量作为地表水资源的主要补给来源,对于地表水资源的变化起着举足轻重的影响。由图 3.5 给出的 1961—2010 年黄河源区流域年降水量、年平均流量的标准化曲线和年降水量差积曲线,可以看出,黄河源区流域年降水无明显变化趋势,但与年平均流量具有较为一致的年际波动特征,两者的一致率达到了 74%,而秋季和主汛期降水量呈减少趋势。其中,黄河源区主要产流区吉迈—玛曲段秋季和主汛期降水量减少趋势较为明显,秋季降水量气候倾向率为 -15.6 m^3/(s·10 a),达到了 98% 的置信水平。年降水量差积曲线表明,黄河源区年降水量经历了四个阶段,即 1961—1974 年、1990—2002 年的减少阶段和 1975—1989 年、2003—2010 年的增加阶段,这一阶段性的变化与上文小波系数变化曲线所反映的年平均流量的变化阶段性是基本一致的。进一步的相关分析可以得出,降水量和地表水资源存在如下关系:(1)源区夏季降水量对于平均流量的影响最为显著,且具有一定的持续性,其与夏季、秋季、主汛期和年平均流量的相关系数分别为 0.669、0.503、0.689 和 0.657,均达到了 99.9% 的置信水平;(2)源区秋季平均流量对降水量的响应最为敏感,且具有一定的滞后性,其与夏季、秋季、主汛期和年降水量的相关系数分别为 0.503、0.710、0.755 和 0.763,同样达到了 99.9% 的置信水平;(3)源区冬季降水量对平均流量的影响不甚明显,冬季平均流量同样对降水量的响应不敏感,表明了冬季降水量作为固态降水,不能直接补给到河流,而冬季流量的形成则可能主要取决于冰雪融水。以上降水量对平均流量影响的持续性或平均流量对降水量响应的滞后性可在很大程度上解释年平均流量在 1993 年突变后 9 月平均流量的显著减少和第二峰值的消失,而夏季降水量与 9 月平均流量的相关系数为 0.490 并达到了 99.9% 的置信水平,也恰好验证了这一事实。显然,黄河源区流域地表水资源对降水量在月季尺度响应的滞后性,与上游河川广有分布的槽蓄和湖泊的调节作用不无关系;(4)吉迈—玛曲段年及四季降水量与流量的相关系数总体上要大于源区年及四季降水量与流量的相关系数,其中吉迈—玛曲段、源区年降水量与年平均流量的相关系数分别为 0.821、0.793,均达到了 99.9% 的置信水平,表明了唐乃亥水文站径流量主要产自于吉迈—玛曲段,验证了"黄河发源于曲麻莱,而成河于玛曲"的说法。

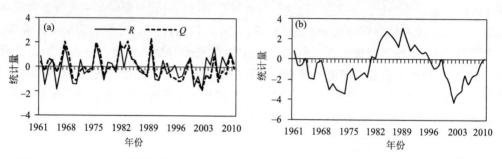

图 3.5　1961—2010 年黄河源区流域标准化年降水量、平均流量(a)和年降水量差积曲线(b)

3.1.3.3　流域蒸散量增大

图 3.6 给出了由彭曼公式计算的 1961—2010 年黄河源区流域年蒸散量变化曲线及其差积曲线。黄河源区流域蒸散量呈显著增大趋势,气候倾向率为 9.64 mm/10 a,达到 99.9% 的置信水平,其差积曲线显示近 50 a 来年源区蒸散量经历了 1961—1996 年的减少阶段和 1997—2010 年的增多阶段;四季蒸散量均呈显著增大趋势,其中秋季蒸散量的增幅最为明显,达 3.37 mm/10 a。显然,尽管在 2003 年后黄河源区流域降水量进入了相对增加的阶段,但流量并未随之增加,可能主要与作为地表水资源支出项的流域蒸散量显著增大不无关系。相关分析表明,年、季蒸散量与地表水资源还存在如下关系:(1)年、季蒸散量与地表水资源总体上呈显著负相关关系,表明蒸散量对地表水资源的负效应是十分显著的;(2)与上文季降水量和平均流量关系相同的是,夏季蒸散量对于平均流量的影响最为显著,而秋季平均流量对蒸散量的响应最为敏感,这也是在蒸发量显著增大的背景下秋季平均流量明显减少的主要原因之一;(3)无论是冬季蒸散量对平均流量的影响,还是冬季平均流量对蒸散量的响应,两者均不显著,这与冬季土壤尚处于冻结时期,蒸发量明显偏低而黄河源区流域地表水资源主要源自冰雪融水是密切相关的。

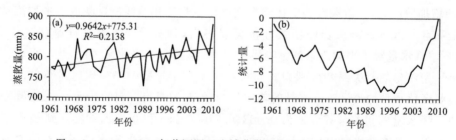

图 3.6　1961—2010 年黄河源区流域蒸散量变化(a)及其差积曲线(b)

3.1.3.4　流域冻土退化

冻土所具有的维系独特草地生态系统和天然隔水层的功能,对于涵养水源发挥着十分重要的作用。同时,季节冻土和多年冻土的活动层所含有的大量冻土地下冰,对于流量的补给作用是不容忽视的。图 3.7 分别给出了 1961—2010 年黄河源区流域平均最大冻土深度及 0 cm 平均地温变化曲线。由此可见,流域平均最大冻土深度和 0 cm 平均地温分别以 2.92 cm/10 a、0.33 ℃ 的速率减小和升高,并分别达到了 99% 和 99.9% 的置信水平,表明受全球变暖的影响,黄河源区流域冻土呈现出冻土温度显著上升、冻土冻结厚度明显变薄的变化趋势。相关分析得出:(1)黄河源区流域平均最大冻土深度与地表水资源呈较为显著的正相关关系,其中年平均最大冻土深度与春季平均流量的相关系数为 0.303,达到 95% 的置信水平;(2)黄河源区流域 0 cm 平均地温与地表水资源呈较为显著的负相关关系,其中年平均 0 cm 平均地温与年、春季、主汛期平均流量的相关系数分别为 -0.297、-0.524 和 -0.296,分别达到 95%、99% 和 95% 的置信水平。以上分析表明,冻土对于春季黄河源区流量的作用十分显著,这是由于春季随着气温的迅速回升,季节冻土和多年冻土的活动层随之融化,不仅使土壤蒸发增大,土壤水分散失加剧,土壤水分对于流量的补给作用减弱,同时使冻土的天然隔水作用削弱,地表水下渗增大,不利于流量的形成。此时,土壤温度越低、冻土冻结越深,越有利于地表径流量的汇集,反之则相反。

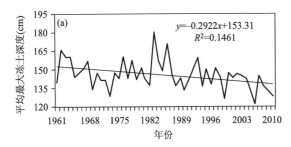 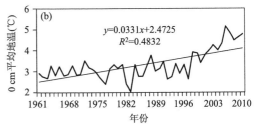

图 3.7 1961—2010 年黄河源区流域平均最大冻土深度(a)及 0 cm 平均地温(b)变化曲线

3.1.3.5 流域气候冻土环境对地表水资源的综合影响

以上分析表明,受全球变暖和南海季风的减弱的影响,1961—2010 年来黄河源区流域出现了蒸发量增大、冻土退化和秋季及主汛期降水量减少的趋势,进而导致黄河源区水资源出现持续偏枯的局面。但是以上分析主要是从单一因子对地表水资源的影响逐一进行分析的,而事实上黄河源区地表水资源的变化,是上述因子综合作用的结果。为此,我们建立了如下气候变化对黄河源区流域地表水资源影响的评估模型:

$$Q = 944.433 + 2.079R - 1.674E - 26.226T_d \tag{3.3}$$

$$q = -5.7 \times 10^{-12} + 0.715r - 0.304e - 0.109t_d \tag{3.4}$$

式(3.3)、式(3.4)分别为 1961—2010 年黄河源区年平均流量与气候因子原始序列和标准化序列回归方程。式中,Q、q 为年平均流量,R、r 为年降水量,E、e 为年蒸散量,T_d、t_d 为 0 cm 年平均地温,代表冻土温度。上述回归方程复相关系数为 0.88,$F = 52.864$,远大于 $F_{0.01} = 4.24$,回归效果是显著的。根据式(3.3),可建立 1961—2010 年黄河源区年平均流量距平百分率的拟合曲线如图 3.8 所示,两者一致率达到 86%,拟合效果较好。

由上述气候变化对黄河源区流域地表水资源影响的评估模型可以得出:(1)黄河源区年平均流量随流域降水量的增加(减少)、蒸散量的减小(增大)和冻土温度的下降(上升)而增加(减少),物理意义是明确的;(2)在降水量、蒸发量和冻土三因子当中,作为地表水资源

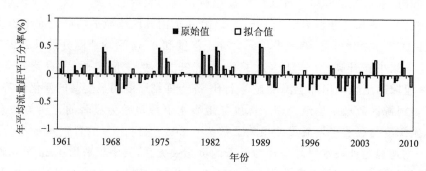

图 3.8　1961—2010 年黄河源区年平均流量距平百分率及其拟合值变化曲线

供给项的降水量对于流量的贡献最为显著,蒸散量次之,冻土对地表水资源的变化起到一定的调节作用,其影响要明显低于前两者,这一认识与文献有关主汛期流量主要取决于降水量的结论是基本一致的;(3)由于黄河源区流域年降水量增加导致流量增加 18.2 m³/s,由于蒸散量的增大造成流量减少 80.7 m³/s,冻土退化造成流量损失 43.4 m³/s,累计引起流量减少 105.9 m³/s,而黄河源区年平均流量实际减少 165.41 m³/s,气候变化导致流量减少占到总减少量的 64%,其余减少量可能是人类活动等因素造成的,可见气候变化对于流量的减少起到了主导作用。

3.1.3.6　未来 20 a 气候变化情景下黄河源区流域地表水资源预估

基于政府间气候变化专门委员会(IPCC)2000 年发布的《排放情景特别报告》(SRES)(Nakicenovic et al.,2000)中构建的 A2(中-高排放)、B2(中-低排放)两种温室气体排放方案,根据对黄河源区流域未来两种排放情景下的预测结果,应用区域气候模式系统 PRECIS 降尺度输出的黄河源区流域日平均气温(T)、平均最高气温(T_{max})、平均最低气温(T_{min})、降水量(R)序列,经统计处理,建立了未来 2 个时期(2010s、2020s)的气候情景。以 1971—2000 年为基准期,在两种排放情景下,未来 2 个时期气温一致升高,降水量减少,年平均气温将分别升高 3.2 ℃、3.5 ℃(A2 情景)和 3.6 ℃、3.7 ℃(B2 情景),年平均最高气温将分别升高 1.9 ℃、2.2 ℃(A2 情景)和 2.2 ℃、2.4 ℃(B2 情景),年平均最低气温将分别升高 2.9 ℃、3.0 ℃(A2 情景)和 3.4 ℃、3.3 ℃(B2 情景),降水量分别减少 31.2%、30.2%(A2 情景)和 26.7%、29.1%(B2 情景)(表 3.1)。综合以上结果,未来 20 a 黄河源区流域持续增温的趋势仍将持续,且最低气温增幅较最高气温大,而降水量虽较目前可能有递增趋势,但相对基准期仍偏少,蒸发量可能减小。值得说明的是,这一预测结果具有较大不确定性。

表 3.1　未来气候变化情景下黄河源区流域气候预测值

排放情景	T(℃)		T_{max}(℃)		T_{min}(℃)		R(%)		E(%)	
	2010s	2020s	2010s	2020s	2010s	2020s	2010s	2020s	2010s	2020s
A2	3.2	3.5	1.9	2.2	2.9	3.0	−31.2	−30.2	−25.4	−25.6
B2	3.6	3.7	2.2	2.4	3.4	3.3	−26.7	−29.1	−25.6	−26.6

根据上文建立的气候变化对黄河源区地表水资源影响评估模型,利用 PRECIS 气候模式系统输出的未来气候变化情景资料,对黄河源区年平均流量可能的变化趋势进行预估。未来 20 a 两种不同排放情景下黄河源区流域年平均流量变化可能的趋势来看,与基准期(1971—

2000年)相比,A2情景下平均流量分别减少9.0%(2010s)和9.5%(2020s),B2情景下21世纪10年代增加2.5%,21世纪20年代减少5.5%。赵芳芳等(2009)利用SWAT模型预测未来3个时期(2020s、2050s和2080s),在统计降尺度(SDS)情景下将分别减少88.61 m³/s(24.15%)、116.64 m³/s(31.79%)和151.62 m³/s(41.33%)。而Delta情景下研究区年平均流量变化相对较小,21世纪20年代和21世纪50年代分别减少63.69 m³/s(17.36%)和1.73 m³/s(0.47%),而21世纪80年代将增加46.93 m³/s(12.79%)。可见,利用不同气候模式和情景资料所预测出的黄河源区水资源未来变化趋势虽有差异,但总体上以偏少趋势的预测结论为主。

3.1.4 结论

(1)1961—2010年黄河源区年平均流量总体呈减少趋势,其中秋季平均流量的减少尤为明显,减幅达35.4 m³/(s·10 a);年平均流量经历了1956—1989年的增多阶段和1990—2010年的减少阶段两个时期,并具有5 a、8 a、15 a、22 a和42 a的准周期,目前5 a、8 a、15 a周期均有增强趋势,表明流量较前期有所增加;由于9月流量的显著减少,使得源区流量年内变化在1990年前后发生了显著变化,即由此前的"双峰型"调整为此后的"单峰型"。

(2)南海夏季风以0.57/10 a的速率减弱,达到了99.9%的置信水平,并经历了1956—1986年的增大阶段和1987—2010年的减小阶段,使输送到黄河源区流域的水汽减少;源区秋季和主汛期降水量呈减少趋势,产流区吉迈—玛曲段秋季和主汛期降水量减少趋势较为明显,秋季降水量气候倾向率为−15.6 m³/(s·10 a),达到了98%的置信水平,降水量对平均流量影响具有持续性或平均流量对降水量响应具有滞后性;蒸散量呈显著增大趋势,气候倾向率为9.64 mm/10 a,达到99.9%的置信水平,蒸散量与地表水资源总体上呈显著负相关关系,其增大导致了流量的减少;流域冻土呈现出冻土温度显著上升、冻土冻结厚度明显变薄的变化趋势,对于流量的减少起到了推波助澜的作用;流域秋季和主汛期降水量减少、蒸散量显著增大和冻土迅速退化,共同导致流域地表水资源的持续偏少。

(3)应用区域气候模式系统PRECIS降尺度预估,以1971—2000年为基准期,在两种排放情景下,未来2个时期(2010s、2020s)气温一致升高,降水量减少,年平均气温将分别升高3.2 ℃、3.5 ℃(A2情景)和3.6 ℃、3.7 ℃(B2情景),降水量分别减少31.2%、30.2%(A2情景)和26.7%、29.1%(B2情景),蒸发量分别减少25.4%、25.6%(A2情景)和25.6%、−26.6%(B2情景)。受其影响,黄河源区平均流量情景下分别减少9.0%和9.5%(A2情景),而B2情景下21世纪10年代增加2.5%,21世纪20年代减少5.5%。

3.2 长江源区地表水资源对气候变化的响应及预估

长江源区(直门达水文站以上流域)地处青藏高原腹地,大致范围介于90°43′～96°45′E,32°30′～35°35′N,流域控制面积约13.78万 km²(图3.9)。长江源区是青藏高原上高原湿地主要分布地区之一,也是江河源区冰川分布最集中的地区,其冰川面积占整个三江源区的89%以上,冰川融水占长江源区径流的25%以上。长江源区同时也是青藏高原主要的冻土带,多年冻土和冻土现象广有发育,对于维系高寒湿地和地表水资源的形成有着十分重要的作用。因此,长江源区是中国海拔最高的天然湿地和生物多样性分布区以及生物物种形成、演化的区域之一,具有水源涵养与调节、生物多样性保护、长江流域生态安全保障等生态功能(三江源自然保护区生态环境编辑委员会,2002)。同时,冰雪融水、雨水和冻土地下冰融水成为源区地表水资源的主要补给来源,并影响着地表水资源的年际波动和长期演变趋势,进而波及广大的中、下游地区,影响整个长江流域水资源的可持续利用。正是基于这一认识,近年来学术界对于长江源区水资源和生态环境的演变开展了大量富有成效的研究。王可丽等(2006)利用长江源区气象站的降水资料和 NCEP/NCAR 再分析气候资料,分析了长江源区降水的年际变化,康世昌等(2007)通过冰芯记录评估了人类活动对大气环境的影响,杨建平等(2003)采用两期遥感影像资料分析了冰川变化对河川径流的影响。王根绪等利用多年期航片和卫星遥感数据,从湿地主要组分分布、空间格局及水生态功能方面,分析了近 40 a 来典型高寒湿地系统动态变化特征及其区域差异性;同时他们还根据多年冻土的不同植被覆盖降水径流观测场测试实验结果,分析了长江源区气候植被—冻土耦合系统中各要素变化对河川径流的影响(王根绪等,2007;王根绪等,2003)。曹建廷等(2007)、余垣等(2008)和朱延龙等(2011)分别利用 M-K 趋势检验法与 Morlet 小波变换对直门达水文站的年径流资料进行了趋势和周期分析。谢昌卫等(2004)、梁川等(2011)进行了水文要素及环境变化趋势分析和径流时空变化特征对比,张士锋等(2011)利用驱动模型研究了源区降水、潜在蒸发对径流的驱动作用,等等。目前,前人的研究多侧重于统计分析,对于长江源区地表水资源变化的物理机制尚不明确,且对径流未来可能的变化趋势的预测研究也略显不足。对此我们应该从探索径流量变化的内在规律和外在机理两个方面再进行充分的分析和认识,才能对其未来趋势的预测更加准确,为确保长江流域水资源安全提供科学依据。

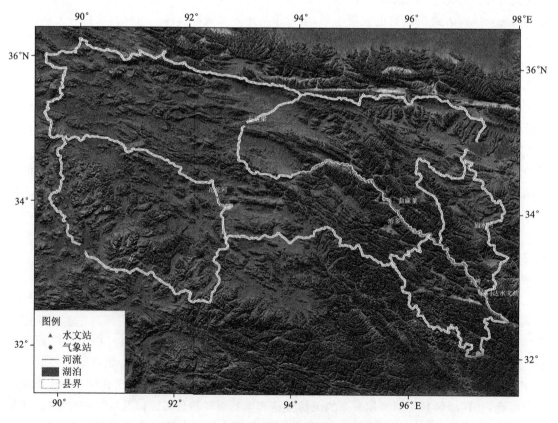

图 3.9　长江源区流域地理分布图(附彩图)

3.2.1　长江源区地表水资源变化的基本规律

3.2.1.1　长江源区地表水资源的年际变化

图 3.10 给出了 1961—2011 年长江源区年平均流量变化(a)、差积曲线(b)、morlet 小波方差(c)及小波变换系数变化曲线(d)。由此可见,长江源区地表水资源变化具有如下特征:(1)年平均流量总体呈增加趋势,其增幅达 11.8 $m^3/(s \cdot 10 \, a)$,同时四季平均流量均呈增加趋势,并以夏季平均流量的增幅最为明显,达到 25.5 $m^3/(s \cdot 10 \, a)$;(2)近 51 a 来长江源区年平均流量经历了 1961—1965 年和 2005—2011 年的两个增多阶段和 1966—2004 年的减少阶段,减少阶段长达 39 a,增加阶段合计仅为 12 a,流量的偏枯年份远远多于偏丰年份。这与朱延龙等(2011)有关长江源区近 32 a 来年径流量总体呈现增加态势,但趋势不显著,年径流序列 2004 年前后发生突变的认识是一致的;(3)长江源区地表径流量具有 9 a、22 a 的准周期,其中 22a 周期与太阳黑子周期一致。9 a、22 a 周期在 20 世纪 90 年代中期以前均表现得相对较弱,而此后有增强趋势。目前两者的小波系数均呈明显增大趋势,不仅表明年平均流量较之于前期显著增加,而且今后一段时期内仍有可能呈增加趋势。

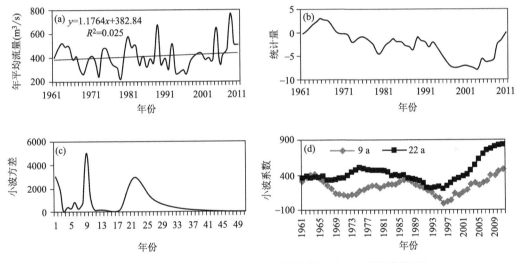

图 3.10　1961—2011 年长江源区年平均流量变化(a)、差积曲线(b)、
Morlet 小波方差(c)及小波变换系数变化曲线(b)

3.2.1.2　长江源区地表水资源年内分配的变化

为充分显现长江源区地表水资源年内分配的变化特征,本研究依据长江源区水温资料统计了文献(汤奇成等,1992)定义的年平均流量的峰型度、丰枯率、集中度和集中期,并由图 3.11 给出了其年际变化曲线。峰型度 α 值实际上反映了河川径流总量中季节积雪融水量与高山冰雪融水量加上雨水量的比值,而丰枯率 β 值事实上是汛期与非汛期间径流总量的比值;集中度表明一年 12 个月流量集中的结果,而集中期则表示一年中最大月径流量出现的月份,上述统计特征值的年际变化总体上表现出了流量年内分配的变化,进而表现出流量中积雪融水、冰川融水和雨水等不同补给来源所占比重的变化。由此可见:(1)长江源区流量峰型度 α 值、丰枯率 β 值分别呈增加和减少趋势,其中丰枯率 β 值的减少趋势较为明显,达到 90% 的置信水平,表明长江源区径流补给中积雪融水的比重在增加,汛期雨水补给量有所下降;(2)长江

源区流量集中度和集中期分别呈减少和增大趋势,说明年内各月流量的集中程度有所降低,年内分配的均匀性略有趋现,而流量集中期有所延迟,主汛期略有推迟。对比 2004 年流量显著增多前后两者的变化来看,集中度由 60% 下降到 58%,变化不甚明显,但集中期却由 211°增大到了 269°,集中期由 8 月推迟到 9 月。以上流量年内分配的变化特征显然与降水量年内分配的变化是不无关系的,这有待在下文中进一步分析。

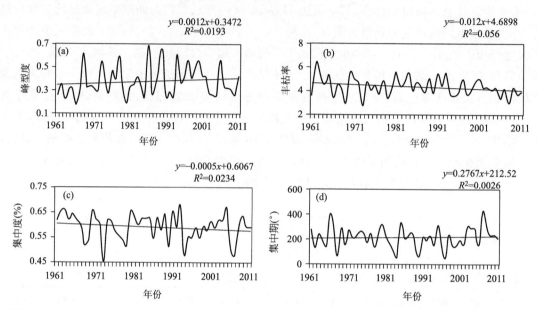

图 3.11　1961—2011 年长江源区年平均流量峰型度(a)、丰枯率(b)、集中度(c)和集中期(d)的变化曲线

3.2.2　长江源区地表水资源变化的气候归因

对于影响长江源区地表水资源的气候因子而言,可由河流水量平衡模式(3.1)、(3.2)得出。该公式可直观地反映出降水量、蒸发量是影响流量的主要气候因子。另外,冰川融水仍是不可忽视的影响因子。而从降水量和径流量形成的机理而言,影响其的主要气候系统以及水汽输送是至关重要的,对于长江源区流域而言,应当关注青藏高原加热场和高原季风的变化。考虑到长江源区流量呈增加趋势,故下文重点对造成流量增加的可能气候影响因子进行分析。

3.2.2.1　高原加热场增强

青藏高原加热场是高原热力作用的特征量,青藏高原地面加热场强度距平指数的计算见公式(1.1)。由图 3.12a 给出的 1961—2011 年青藏高原加热场强度变化来看,高原加热场强度总体呈增强趋势,四季中春、夏、秋三季加热场强度亦呈增强趋势,且以春季尤为显著,增幅达 2.47 W/(m² · 10 a),达到 99% 置信水平,而冬季加热场强度有微弱减弱趋势。相关分析表明,3 月高原加热场强度与长江源区流量呈显著正相关关系(图 3.12b),其与年、春、夏、秋季平均流量的相关系数分别达到 0.362、0.307、0.286 和 0.372,均达到了 90% 以上的置信水平。以上分析表明,由于春季特别是 3 月高原加热场趋强,有利于高原夏季加热场的提前启动和热力作用的加强,从而有利于长江源区雨季的提前和降水量的增多,最终使得长江源区流量增加;反之则相反。

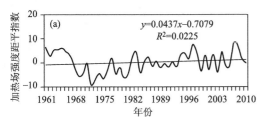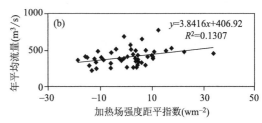

图 3.12　1961—2011 年青藏高原加热场强度变化(a)与 3 月高原加热强度和长江源区
年平均流量的相关图(b)

3.2.2.2　高原季风趋强

长江源区作为青藏高原重要组成部分,其独特的气候特征无异与高原季风气候的形成和演变有着更为密切的相关关系。首先,高原的气温变化与季风强弱变化一致,季风强期气温高,季风弱期气温低。青藏高原季风指数的计算见公式(1.2),由此统计 1961 年以来高原季风指数的年际变化可以看出高原季风变化经历了三个阶段:1967 年以前为强盛期,1968—1983年为季风弱期,1984 年以后又转为季风强期(图 3.13a)。汤懋苍(1998)认为,高原季风年际振荡与气温突变之间的位相之差可能有 2～3 a。长江源区气温在 1987 年出现由冷向暖的突变(李林,2004),与高原季风 1984 年后的增强恰好对应。其次,高原季风弱(强)可导致印度洋输送到高原腹地及东亚、南亚的水汽减少(增多),使其变干(湿)。分析表明,高原夏季风指数与长江源区夏季及主汛期降水量的一致率达到 61%,而 8 月高原季风指数与 8 月及秋季平均流量的相关系数分别为 0.397 和 0.529,分别达到了 99% 和 99.9% 信度的置信水平,这不仅说明8 月高原季风对于长江源区同期平均流量均有明显作用,同时还具有更为显著的持续性影响力(图 3.13b)。

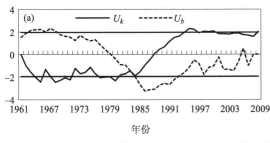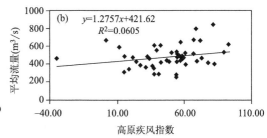

图 3.13　1961—2011 年夏季高原指数 M-K 法突变检验(a)及
8 月高原季风指数与长江源区秋季平均流量相关图(b)

3.2.2.3　流域降水量增多

降水量作为地表水资源的主要补给来源,对于作为以雨水补给为主的长江源流量的变化起着最为显著的影响。由图 3.14a 给出的 1961—2011 年长江源区年降水量变化曲线来看,长江源区降水量呈显著增多趋势,年及四季降水量均呈增多趋势,其中以年、春季降水量增多趋势最为明显,增幅分别为 8.65 m³/s 和 3.18 m³/s,分别达到了 90% 和 95% 信度的置信水平。从年降水量的阶段性变化(图 3.14b)来看,主要经历了 1961—2003 年的减少阶段和 2004—2011 年的增加阶段,可见其变化一方面较之于年平均流量的变化要简单一些,表明对于流量的变化,除降水量以外还有其他因子的显著作用,另一方面则显现出降水量的增多似乎要较流量的增加提前 1 a,反映了流量变化对降水量变化响应的滞后性。进一步的相关分析表明,降水量与流量还存在如下关系:(1)年降水量与年平均流量相关性极高,两者的相关系数为0.814,达到了 99.9%信度的置信水平;(2)夏季降水量对于流量的影响最为显著,且具有一定的持续性,其与年、夏、秋季平均流量的相关系数分别为 0.748、0.709、0.653,均达到了 99.9%信度的置信水平;(3)秋季流量对于降水量的响应最为敏感,且具有一定的滞后性,其与春、夏、秋季年降水量的相关系数分别为 0.299、0.653、0.605 和 0.794,均达到了 95%和 99.9%信度的置信水平。以上降水量变化对流量影响的持续性和流量对降水量变化响应的滞后性,加之秋季特别是 9 月降水量的显著增加,恰好可以揭示出 2004 年来降水量显著增多的背景下,上文所述流量集中期由 8 月推迟到 9 月的这一现象。

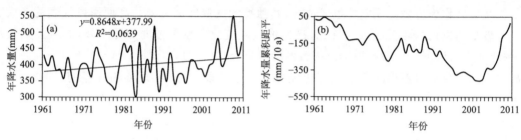

图 3.14   1961—2011 年长江源区年降水量变化(a)及其累积距平曲线(b)

3.2.2.4　冰川融水增加

长江源区的冰川属大陆性山地冰川,主要分布在唐古拉山北坡和祖尔肯乌拉山西段,冰川总面积 1496.04 km²,储量 1496.04 亿 m³,年消融量 11.87 亿 m³,成为长江源区径流量的重要补给(三江源自然保护区生态环境编辑委员会,2002)。图 3.15a 给出了利用卫星遥感监测到的 1992、2002 和 2008 年长江源区格拉丹东主冰川面积变化情况。由此可见,1992—2008 年格拉丹东主冰川呈显著退缩趋势,2008 年较之于 1992 年,冰川面积减少了 16.5 km²,退缩速率约为 10 km²/10 a。由于冰川不断退缩,大量冰川融水补给到长江源,使得流量增加。平均最低气温和≥0 ℃的积温可作为表征冰川消融量的气候因子加以分析,两者的显著上升必然加大冰雪消融量,进而不仅加大了流量中的冰雪融水补给量,而且加速了冰川退化和雪线上升。相关分析表明,长江源区平均最低气温与流量存在如下关系:(1)平均最低气温与平均流量总体上呈正相关关系(图 3.15b),表明平均气温越高,越有利于冰川消融,使河川径流增加;(2)夏季平均气温对于流量的影响最为显著,其与年、夏、秋季平均流量的相关系数分别为0.568、0.486 和 0.587,均达到了 99.9%信度的置信水平,表明夏季平均最低气温对于冰川消

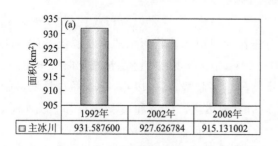

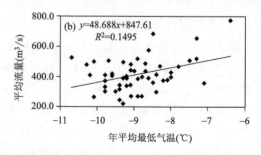

图 3.15　1992、2002 和 2008 年长江源区格拉丹东主冰川面积变化(a)及

1961—2011 年长江源区年平均最低气温与年平均流量的相关图(b)

融起着至关重要的作用,且其对流量的影响具有一定的持续性;(3)秋季平均流量对平均最低气温的响应最为敏感,其与年、夏、秋季平均最低气温的相关系数分别为 0.44、0.587 和0.526,分别达到了 99% 和 99.9% 信度的置信水平,表明秋季流量中冰川融水的补给成分最为显著,且其对冰川消融的响应具有一定的滞后效应;(4)无论是春季平均最低气温与年及四季平均流量的相关系数,还是年及四季平均最低气温与春季流量的相关系数,均不甚显著,这不仅说明春季冰川消融量十分有限,同时春季流量中冰川融水的补给量也同样不多。

3.2.2.5　流域气候变化对流量的综合影响

以上分析表明,受全球变暖、高原加热场增强和高原季风趋强的影响,长江源区降水量显著增多,冰川迅速退缩,致使流域径流量出现明显增多趋势。但是以上分析主要是从单一因子对地表水资源的影响逐一进行分析的,而事实上长江源区地表水资源的变化是上述因子综合作用的结果,同时还应包括蒸发量对流量的负贡献。为此,我们建立了如下气候变化对长江源区流域地表水资源影响的评估模型:

$$Q = 822.362 + 1.474R + 29.557T_{\min} - 0.917E \tag{3.5}$$

$$q = 0.000087 + 0.678r + 0.235t_{\min} - 0.273e \tag{3.6}$$

式(3.5)、式(3.6)分别为 1961—2011 年长江源区年平均流量与气候因子原始序列和标准化序列回归方程。式中,Q、q 为年平均流量,R、r 为年降水量,$T_{\min}$、$t_{\min}$ 为年平均最低气温,E、e 为年蒸散量,上述回归方程复相关系数为 0.87,$F = 48.834$,远大于 $F_{0.01} = 4.22$,回归效果是显著的。建立 1961—2011 年长江源区年平均流量距平百分率的拟合曲线如图 3.16 所示,两者一致率达到 73%,拟合效果较好。

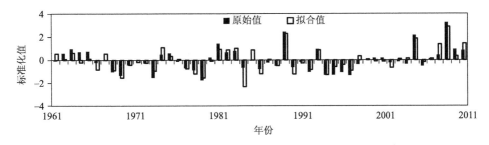

图 3.16　1961—2011 年长江源区年平均流量标准化值及其拟合值对应图

由上述气候变化对长江源区流域地表水资源影响的评估模型可以得出:(1)长江源区年平均流量随流域降水量的增加(减少)、蒸散量的减小(增大)和冰川融水的增加(减少)而增加(减少),物理意义是明确的;(2)在降水量、蒸发量和冰川融水三因子当中,对于流量贡献最为显著的是作为地表水资源供给项的降水量,蒸散量次之,冰川融水对地表水资源的变化起到一定的调节作用,其影响要明显低于前两者;(3)由于长江源区流域年降水量增加导致流量增加 65.0 $\mathrm{m^3/s}$,冰川消融引起流量增加 66.6 $\mathrm{m^3/s}$,由于蒸散量的增大造成流量减少 46.3 $\mathrm{m^3/s}$,累计引起流量增加85.3 $\mathrm{m^3/s}$,而长江源区年平均流量实际增加 60.0 $\mathrm{m^3/s}$,流量实际值较理论值减少 25%,减少量可能是由工业、农业及生活用水等人类活动因素和冻土退化等自然因素共同造成的。

3.2.3　未来 20 a 气候变化情景下长江源区流域地表水资源预估

3.2.3.1　未来 20 a 长江源区流域气候变化的可能趋势

利用国家气候中心发布的中国地区气候变化预估数据集中的全球气候模式加权平均集合

数据,计算了未来温室气体中等排放情景下(**SRESA**1B)长江源区未来 20 a 气候变化趋势,并分析了 21 世纪 10 年代和 21 世纪 20 年代时期平均最低气温、降水量和蒸发量与基准年(1981—2010 年)的差值。结果表明:未来 2 个时期,长江源区平均最低气温呈显著上升趋势,降水量和蒸发量呈微弱增加趋势。其中,平均最低气温分别上升 0.4 ℃(2010s)和 1.1 ℃(2020s),降水量分别增加 3%(2010s)和 7%(2020s),蒸发量分别增加 1%(2010s)和 2%(2020s)(表 3.2)。

表 3.2　未来气候变化情景下长江源区流域气候预测值

ΔT_{min}(℃)		ΔR(%)		ΔE(%)	
2010s	2020s	2010s	2020s	2010s	2020s
0.4	1.1	3.0	7.0	1.0	2.0

3.2.3.2　未来 20 年长江源区地表水资源预估

根据上文建立的气候变化对长江源区地表水资源影响评估模型,利用 SRESA1B 情景下未来 20 a 长江源区气候变化资料,对长江源区年平均流量可能的变化趋势进行预估。与基准期(1981—2010 年)相比,未来 20 a 长江源区流量以增加为主,其中 21 世纪 10 年代增加 7%,21 世纪 20 年代增加 12%(图 3.17),这与上文 9 a、22 a 周期小波系数的变化趋势是一致的。俞炬等(2008)利用年径流预测的混合回归模型,在 1961—1990 年资料基础上加上相对于2031—2060 年不同变幅代入模型得出不同径流变幅,预测长江区径流量出现可能较强的增加趋势。这尽管与本研究在预测时段上有一定出入,但地表水资源总体变化趋势是一致的。值得说明的是,SRESA1B 情景下未来 20 a 长江源区降水量和蒸发量均呈微弱增加趋势,两者对于流量的作用可基本相互抵消,而流量的增加量可能主要来自冰川融水的增加。如果未来趋势果真如此,这种以冰川消融为代价的流量增加趋势未必真正值得乐观,而气候变暖趋势下冰川消融可能会带来的一系列不利影响更应得到及早关注。

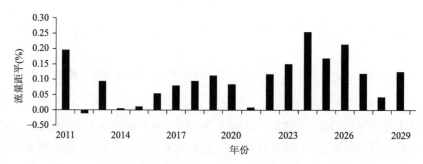

图 3.17　SRESA1B 情景下未来 20 a 长江源区流量变化趋势预估值

3.2.4　结论

(1)长江源区地表水资源变化总体呈增加趋势,并以夏季平均流量的增幅最为明显,达到25.5 m³/(s·10 a),年平均流量经历了 1961—1965 年和 2005—2011 年的两个增多阶段和1966—2004 年的减少阶段,地表径流量具有 9 a、22 a 的准周期;1961—2011 年长江源区径流补给中积雪融水的比重在增加,汛期雨水补给量有所下降;近 51 a 来长江源区流量年内月流量的集中程度有所降低,而流量集中期有所延迟,主汛期略有推迟。

（2）受全球变暖影响，青藏高原加热场增强，高原季风趋强，长江源区降水量显著增多，加之冰川迅速退缩，冰川融水显著增加，致使流域径流量出现明显增多趋势；降水量和冰川融水的增加对长江源区流量的增加起到了至关重要的作用，而工业、农业及生活用水等人类活动因素的加剧和冻土退化等自然因素则对流量的增加起到了一定的削弱作用。

（3）SRESA1B 情景下未来 20 a 长江源区气候变化的可能趋势是平均最低气温呈显著上升趋势，降水量和蒸发量呈微弱增加趋势；受其影响，未来 20 a 长江源区流量以增加为主，与基准期（1981—2010 年）相比，21 世纪 10 年代增加 7%，21 世纪 20 年代增加 12%。

3.3　青海湖水位波动对气候暖湿化的响应及机理研究

青海湖位于青藏高原的东北缘，是我国最大的内陆封闭湖，湖水面积近 4300 km²，流域面积为 29561 km²。流域属高原大陆性气候，流域河流众多，植被稀疏。青海湖的形成与发展是内、外地质营力综合作用的结果，其中与青藏高原隆起相联系的新构造运动的剧烈活动和古气候的波动变化是其主要的影响因素（施雅风，1995）。近 100 多年来，由于受气候暖干化和人类活动加剧的共同影响，湖泊水位总体持续下降，湖泊萎缩加剧，一度引起世人的普遍关注。学术界也就其水位演变规律及其成因进行了研究（李林等，2011；金章东等，2013；袁云等，2012），较为一致的观点认为，暖干气候是造成青海湖水位下降的主因，人类活动对青海湖水位变化的影响相对较低（李江风等，2000；李栋梁等，2007）。对于未来青海湖水位演变趋势的预测，多数观点认为，2010 年以前仍以缓慢下降为主，至 2030 年前后湖泊水量收支出现盈余，水位开始逐步回升（李栋梁等，2007；王可丽等，2005）。然而，2005—2009 年青海湖水位连续 5 a 持续上升，这不仅为近 50 多年罕见，而且使人们对其未来演变趋势的期望似乎要较先前的预测更为乐观一些。这无疑有可能使青海湖再次成为学术界关注的热点。鉴于此，我们利用青海湖流域气象、水文资料及区域气候模式系统 PRECIS 输出数据降尺度生成的未来气候情景资料（李万莉等，2008；田俊等，2010），对于近 50 a 来青海湖水位变化规律、成因及其未来趋势进行了探讨。

采用青海湖北岸刚察气象站逐年平均气温、降水量等资料代表青海湖湖面气象资料，布哈河流域中游天峻气象站逐年平均气温、降水量等资料代表布哈河流域气象资料。青海湖湖泊水位资料取自青海湖南岸下社水文站观测资料，布哈河流量资料选取其入湖口水文站观测资料，青海湖流域地理分布如图 3.18 所示。气象、水文资料起止时间统一为 1960—2009 年。气候情景资料基于政府间气候变化专门委员会（IPCC）2000 年发布的《排放情景特别报告》（SRES）（李林等，2010）中构建的 A2（中—高排放）、B2（中—低排放）两种温室气体排放方案，利用区域气候模式系统 PRECIS 输出数据降尺度生成的未来气候情景资料，通过统计降尺度方法输出刚察、天峻两站 2010—2020 年逐年日平均气温、平均最高气温、平均最低气温和降水量序列。在进行统计分析时采用了彭曼公式（《第三次气候变化国家评估报告》编写委员会，2015）、线性趋势法、相关分析、波谱分析、逐步回归法和均生函数等统计方法。

3.3.1　青海湖水位波动特征

1961—2011 年青海湖水位呈持续下降趋势，气候倾向率达 −0.68 m/10 a。值得关注的是，2005—2009 年青海湖水位持续 5 a 呈上升态势，累积上升幅度达 0.57 m。统计四季湖泊

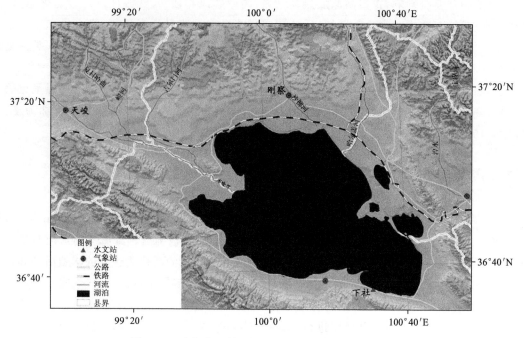

图 3.18　青海湖及其周边地区地理分布图(附彩图)

水位年际变化值得出,冬、春、夏三季并未出现连续 5 a 的上升趋势,而只有秋季出现连续 5 a 上升态势,且累积上升幅度达 0.67 m,明显高于年累积上升幅度,说明近 5 a 来青海湖水位的上升,主要是由于秋季湖泊水位的上升引起的。文献(李林,2005)研究认为,青海湖秋季水位对径流量、湖面降水量和蒸发量的响应是最为敏感的,这也正是秋季湖泊水位上升最显著的原因所在。从 1959 年青海湖水位有观测记录以来的历史来看,近 5 a 水位持续上升具有如下突出的历史地位:(1)2005—2009 年来水位持续上升为近 50 a 来首次出现,此前水位连续上升分别出现在 1967—1968 年、1975—1976 年、1982—1984 年、1989—1990 年和 1999—2000 年,但持续时间均不超过 3 a;(2)近 5 a 来水位持续上升,缓解了近 50 a 来青海湖水位显著下降的气候趋势,1960—2004 年间水位变化的气候倾向率高达 -0.77 m/10 a,而 1960—2009 年间水位变化的气候倾向率下降为 -0.68 m/10 a,下降幅度趋缓;(3)波谱分析表明,青海湖水位年际变化值变化序列具有 3~5 a、8 a、10 a 和 20 a 的显著性周期,近 5 a 水位的持续上升,使得 3~5 a 的短周期趋于不显著,20 a 的较长周期的显著性更显突出;(4)M-K 法突变检验显示,青海湖水位在 2003 年发生了突变,水位下降幅度明显减缓直至 2005 年以来呈持续上升态势。丁永建等(2006)以青藏和蒙新两大湖区代表的我国寒区和旱区湖泊为对象,通过各湖区典型湖泊与气候变化的时间序列分析,揭示了湖泊与气候变化的动态关系。研究认为:20 世纪 50 年代末至 20 世纪 60 年代初,内蒙古普遍出现降水高值,是近 40 多年来降水最大的时期,之后降水在波动中明显减少,呼伦湖、岱海湖泊变化也基本与此相对应;新疆降水在 20 世纪 80 年代中期是重要转折期,此前降水持续减少,之后降水显著增加,与此相对应,艾丁湖、赛里木湖、玛纳斯湖等湖泊也在 1980 年代中期以后出现湖泊扩张现象;西藏第二大湖泊色林错近 30 a 湖泊面积扩大了 116 km²,与此相反苟鲁错 1990 年湖泊面积还有 2315 km²,到 1998 年已经完全枯竭。以上研究表明,由于不同区域湖泊补给条件差异较大,有些湖泊以降水补给为主,有些以冰雪融水补给为主,还有一些以降水和冰雪融水混合补给,从而在湖泊变化中表现出较大的差异。

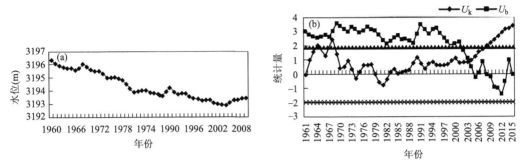

图 3.19　1960—2009 年青海湖水位变化(a)及 M-K 法突变检验曲线(b)

3.3.2　青海湖水位波动的气候成因

多数研究认为人类活动对青海湖水位的影响是比较小的,湖泊水位的变化主要是由自然原因导致的。根据湖泊水量平衡原理,就多年平均状况而言,青海湖水文因子间应存在如下关系:$\Delta H = Q + R - E$,式中 ΔH 为水位年际变化值,当 $\Delta H > 0$ 时,水位上升;当 $\Delta H < 0$ 时,水位下降,Q、R 和 E 分别为入湖地表径流深、湖面降水量和蒸发量。可见,在人为因素影响不显著的情况下,青海湖水位的升降主要取决于入湖径流深、湖面降水量和蒸发量。其中,湖面降水量可以以地处青海湖北岸的刚察气象站降水量代替,湖面蒸发量可由刚察气象站相关气象要素通过彭曼提出的水面蒸发公式求取,入湖径流深的情况则相对复杂一些。青海湖入湖河流中流域面积大于 $300~\mathrm{km}^2$ 的干支流有 16 条,其中布哈河、沙柳河的径流量总和占全流域入湖径流量的 73% 以上(青海省水利志编委会办公室,1995)。为完全反映入湖径流深起见,则可由水位年际变化值、湖面降水量和蒸发量推算出来。由此,可建立 1960—2009 年入湖地表径流深、湖面降水量和蒸发量序列,进而进行统计分析。

青海湖流域地处西风带、高原季风、东亚季风的交错带,但作为青藏高原重要组成部分,由于高原季风气候的形成和演变,青海湖流域气候特征十分独特。首先,高原的气温变化与季风强弱变化一致,季风强期气温高,季风弱期气温低。由于高原的气温变化与季风强弱变化呈正相关,季风强期气温高,反之则气温低。根据图 3.20a 也可看出 1961 年来季风指数以 1967 年及 1983 年为转折点,表现出强、弱、强的变化趋势,而高原季风年际振荡与气温突变之间有 $2 \sim 3~a$ 位相之差(汤懋苍等,1998),因此青海湖流域气温在 1987 年出现由冷向暖的突变(图 3.20b),恰好与高原季风 1984 年后的增强对应。同时,高原东部及东亚、南亚的变干(湿)也是

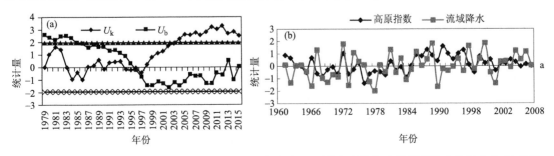

图 3.20　1961—2008 年夏季高原指数 M-K 法突变检验(a)及其与青海湖流域夏季降水量标准化(b)曲线

由高原季风强（弱）导致的。青藏高原季风指数见公式 1.2。分析表明，若以天峻、刚察夏季降水量的平均值代表青海湖流域夏季降水量，则夏季高原指数与青海湖流域夏季降水量的相关系数为 0.307，达到 95% 的置信水平。由图 3.20b 给出的 1961—2008 年标准化处理后的夏季高原指数与青海湖流域夏季降水量变化曲线可以看出，不仅两者均呈显著增加趋势，同时两者的拟合率高达 0.667。可见，夏季高原季风增强，导致了青海湖流域夏季降水量的增多。

气候变化决定了青海湖流域径流量的丰枯。以下选取青海湖流域径流量最大、观测资料最完整的布哈河为代表，分析整个流域径流量变化及其对气候变化的响应。由图 3.21a 给出的 1961—2009 年布哈河年平均流量变化曲线可以看出，尽管在总体上无明显增加趋势，但进入 21 世纪以来流量增加趋势较为明显。利用天峻气象站气象观测资料，参照河流水文平衡模式，同时充分考虑到冰雪融水对布哈河流量的补给作用，建立如下布哈河流域流量倚降水量、蒸发量、平均最低气温气候因子变化的回归方程：

$$Q_i = 52.531 + 0.0887R_i - 0.068E_i + 0.052T_{\min_i} \qquad (3.7)$$

方程复相关系数为 0.777，达到 99.9% 的置信水平。式中，Q_i、R_i、E_i 和 $T_{\min_i}$ 分别为当年布哈河平均流量、流域降水量、蒸发量和 5—9 月平均最低气温。据此，对 Q_i 进行拟合，其结果如图 3.21a 所示，两者拟合率达 0.653。上式说明布哈河流量随着流域降水量的增加、蒸发量的减少和 5—9 月平均最低气温的升高而增大，其物理意义是明确的。同时，Q_i 与 R_i、E_i 和 $T_{\min_i}$ 的相关系数分别为 0.750、-0.594 和 0.427，分别达到 99.9%、99.9% 和 99% 的置信水平，说明对于流量的作用，依次为 $R_i > E_i > T_{\min_i}$。可见降水量对流量的增加具有十分显著的作用，图 3.21b 给出的两者的线性相关曲线也恰好说明了这一点。另外，分析 1961—2009 年布哈河流域平均降水量、蒸发量和 5—9 月平均最低气温的变化得出，蒸发量虽有减少但不明显，而降水量和 5—9 月平均最低气温分别呈增加和升高趋势，尤其是 5—9 月平均最低气温升高十分显著，气候倾向率为 0.535 ℃/10 a，达到 99.9% 的置信水平。以上分析表明，由于流域气温升高、降水量增加导致布哈河冰雪融水补给量和雨水补给量的增加，最终使其流量进入 21 世纪以来呈增加趋势。

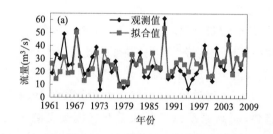 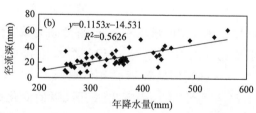

图 3.21　1961—2009 年布哈河年平均流量实测值和拟合值（a）与流域年降水量和径流深的相关曲线（b）

入湖径流量变化是青海湖水位波动的直接原因。相关分析表明，1960—2009 年湖泊水位年际变化值与湖面降水量、蒸发量和入湖径流深的相关系数分别为 0.297、-0.504 和 0.896，分别达到 95%、99% 和 99.9% 的置信水平，可见三者中入湖径流深对湖泊水位的影响最为显著。分析 1960—2009 年入湖径流深变化趋势得出，其气候倾向率为 27.4 mm/10 a，达到 99.9% 的置信水平，表明入湖径流深的显著增加对于湖泊水位的上升有着明显的作用。为进一步说明入湖径流深对青海湖水位波动的贡献，图 3.22a 给出了湖泊水位升降曲线和入湖径流深的相关曲线，可以看出两者有很好的相关性，线性拟合趋势的显著性水平达到了 99.9% 的信度。利用 M-K 法突变检验分析得出（图 3.22b），其突变特征与湖泊水位年际变化值有着很好的一致性,在 2002 年发生了突变。

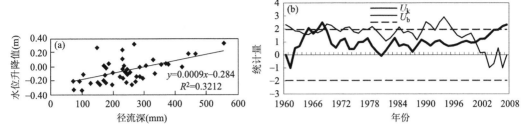

图 3.22　1960—2009 年青海湖水位升值降值与入湖径流深相关曲线(a)

及入湖径流深 M-K 法突变检验曲线(b)

　　利用 1960—2009 年入湖径流深与湖面降水量、蒸发量一并通过标准化处理后利用逐步回归法对同样进行了标准化处理的湖泊水位年际变化值进行了拟合,得到如下回归方程:$\Delta H_i = 0.00002914 + 0.537Q_{i-1} + 0.328Q_i - 0.247E_i + 0.202R_{i-1}$,方程复相关系数达 0.899,达到 99.9% 的置信水平。式中,ΔH_i、Q_i 和 E_i 分别为当年湖泊水位年际变化值、入湖径流深和湖面蒸发量的标准化值,Q_{i-1}、R_{i-1} 分别为上年入湖径流深和上年湖面降水量。据此,可以对 1961—2009 年 ΔH_i 进行拟合(图 3.23),两者拟合率达 90%。上述回归方程中,入湖径流深的回归系数要明显大于湖面降水量和湖面蒸发量的回归系数,上年入湖径流深的回归系数要大于当年入湖径流深的回归系数,表明入湖径流深对湖泊水位的贡献要明显大于湖面降水量和湖面蒸发量的贡献,上年入湖径流深对湖泊水位的作用要大于当年入湖径流深。这不仅说明入湖径流量是影响湖泊水位的主要因子,同时还表明入湖径流量对湖泊水位作用具有持续性,湖泊水位对上年入湖径流量的响应要较当年入湖径流量敏感,这与文献(李栋梁等,2007)的认识是一致的。

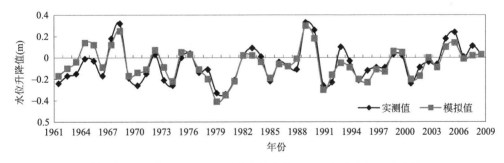

图 3.23　1961—2009 年青海湖水位升降实测值与拟合值对比曲线

　　综上所述,由于青藏高原季风加强,使得青海湖流域气候变化暖湿化,而青海湖流域降水量的增加和气温的升高使入湖径流量增加,而入湖径流量的增加则引起了近 5 a 来青海湖水位的持续上升。为验证这一推断,我们统计了 1961—2009 年青海湖流域逐年降水量与青海湖水位年际变化值之间的关系,结果表明当年湖泊水位年际变化值与上年、当年降水量的相关系数分别为 0.697、0.397,均达到 99.9% 的置信水平。因此结合上文分析可以得出,在年际尺度上流域降水量和径流量对青海湖水位的影响具有较强的持续性,亦即青海湖水位对流域降水量和径流量的响应具有滞后性,这一关系也可以从图 3.24 给出的 M-K 法突变检验的 1961—2009 年青海湖流域降水量变化中得到进一步确证。图 3.24 表明青海湖流域降水量在 2002年出现了由少向多转型的突变,突变年份恰好较青海湖水位突变年份 2003 年早一年。

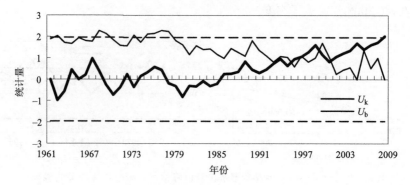

图 3.24　1961—2009 年青海湖流域年降水量 M-K 法突变检验曲线

3.3.3　未来 10 a 青海湖水位变化趋势预测

　　近 5 a 来青海湖水位的持续上升趋势在未来是否仍有一定的连续性呢？我们采用统计预测和模式预测两种方法对 2010—2020 年青海湖水位变化趋势进行预测。其中,统计预测方法利用均生函数直接对水位进行预测;而模式预测方法则利用区域气候模式系统 PRECIS 输出数据降尺度生成的未来青海湖流域气候情景资料,通过上文建立的气候变化对青海湖水位影响评估模型,对青海湖水位的未来变化趋势进行预评估。由图 3.25 给出的两种方法预测结果来看:(1)统计方法预测 2010—2020 年间青海湖水位以下降为主,至 2020 年青海湖水位较 2009 年下降 0.344 m,达到 3193.08 m;(2)PRECIS 模式预测 A2、B2 情景下 2010—2020 年间青海湖水位以上升为主,至 2020 年分别较 2009 年上升 0.025 m 和 0.082 m,分别达到 3193.47 m 和 3193.51 m;B2 情景上升幅度大于 A2 情景,但均较为微弱。鉴于以上预测结果,同时考虑到 PRECIS 模式预测具有不确定性,则未来 10 a 青海湖水位可能的变化趋势仍以下降为主。刘吉峰等(2007)利用分布式水文模型 SWAT 对青海湖布哈河流域径流变化进行了预测,得出未来 30 a 径流增加的可能性比较大,青海湖水位下降速度将会减缓甚至出现上升趋势的结论(《青海湖流域生态环境保护与修复》编辑委员会,2008;裴布祥,1989)。

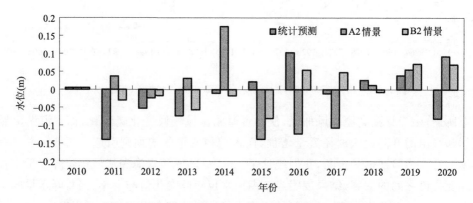

图 3.25　统计预测和模式预测的 2010—2020 年青海湖水位年际变化值

3.3.4　结论

　　(1)青海湖水位在 2003 年发生了突变,水位下降幅度明显减缓,直至 2005—2009 年以来呈持续上升态势,这不仅为 1961—2011 年来首次出现,使水位下降趋势趋缓,同时使得 3～5年的短周期趋于不显著,而 20 a 的较长周期的显著性更显突出。

(2)由于高原季风加强引起青海湖流域气候暖湿化,而流域气温升高、降水量增加导致冰雪融水补给量和雨水补给量的增加,最终使流域径流量进入 21 世纪以来呈增加趋势;而入湖径流量的增加是引起湖泊水位上升的最主要的气候水文因子,同时在年际尺度上入湖径流量对湖泊水位作用具有持续性,湖泊水位对上年入湖径流量的响应具有一定的滞后性。因而流域气候暖湿化导致了青海湖水位近 5 a 来的持续上升,且水位对流域降水量的响应在同样年际尺度上具有一定的滞后性,流域降水量在 2002 年较水位早一年出现了突变。

(3)利用均生函数预测至 2020 年青海湖水位较 2009 年下降 0.344 m,达到 3193.08 m;PRE-CIS 模式预测 PRECIS 模式预测 A2、B2 情景下 2010—2020 年间青海湖水位均以微弱上升为主,至 2020 年分别较 2009 年上升 0.025 m 和 0.082 m,分别达到 3193.47 m 和 3193.51 m。综合以上预测,未来 10 a 青海湖水位可能的变化趋势仍以下降为主。

3.4　气候变化与波动对龙羊峡流量的影响及未来趋势预估

龙羊峡水库位于海南州共和县的黄河上游地区的茶纳山麓,水库设计蓄水位 2600 m,总库容 247 亿 m³,调节库容 194 亿 m³,是黄河上游第一座大型梯级电站,人称黄河"龙头"电站,其流量变化可代表黄河上游水资源状况。黄河上游地处高寒地带,是黄河流域的主要产流区和水源涵养区,素以黄河流域的"水塔"而著称,一旦黄河上游来水量出现较大波动,将会引起全流域及整个黄淮海平原社会经济的强烈反响(王国庆等,2002)。近年来,随着全球变暖和黄河上游流量长期以来呈现出的偏枯趋势乃至经常断流现象,以致黄河流域水资源供需矛盾日趋尖锐,越来越多的科技工作者开展了气候变化对黄河上游水资源系统影响的研究(李林等,2009;张建云等,2008;王国庆等,2009),并取得了一系列重要进展。如李林等(2004)研究指出,汛期降水量的减少是导致黄河上游流量减少的最直接的气候因子,蓝永超等(2005)从气温、降水、蒸发等方面进行了总结。针对黄河上游未来水资源变化趋势的研究总体上认为:黄河上游流量对降水的敏感性远大于气温,地表径流量随降水的增加而增加,随气温的升高而减少,初步估计未来黄河上游水资源形势将不容乐观(蓝永超,2005)。以上研究表明,气候变化及其不确定性对径流量的改变起到了重要的作用,利用确定性的分布式水文模型结合气候模式输出结果探讨未来水文因子的变化状况是目前的发展趋势。有关黄河上游流量的研究多集中于其影响因子分析及假定气候情景下流量的粗略估算,本研究基于区域气候模式系统PRECIS 输出数据降尺度生成的未来气候情景(许吟隆等,2007;范丽军等,2005),并利用当下最新观测资料构建水文模型,来预测未来气候变化条件下黄河上游地区水资源的变化趋势,以期为政府及水资源、水利管理部门提供决策依据。

3.4.1　龙羊峡水库上游流域气候变化趋势分析

自 1968 年起,黄河上游流域年降水量呈逐年微弱减少的趋势,其减幅为 0.7 mm/10 a(图3.26),春、夏、秋、冬四季及主汛期降水量分别以 0.03、1.3、−3.7、1.0 及 −3.6 mm/10 a 的速率增加或减少(表 3.3),秋季降水量减少最为明显,主汛期次之。就显著性水平而言,年、春、夏、秋三季及主汛期降水量均未达到 0.05 信度的显著性水平。

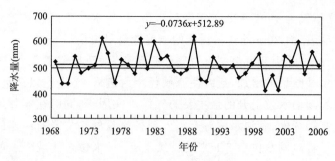

图 3.26　1968—2008 年龙羊峡水库上游流域年降水量变化曲线

对于不同等级降水日数,除≥0.1 mm 降水日数变化趋势稍明显外,其余等级变化均相当微弱(表 3.3);雨日强度变化趋势也同样较微弱。经检验,不同等级降水日数及雨日强度均未通过显著性检验,这正与上述降水量的变化趋势相一致。

表 3.3　1968—2008 年龙羊峡水库上游流域降水变化倾向率对照表

气候倾向率		年	春	夏	秋	冬	主汛期
降水量(mm/10 a)		−0.74	0.03	1.30	−3.71	1.02	−3.62
降水日数(d/10 a)	≥0.1 mm	0.32	0.31	−0.29	−0.33	0.66	−1.11
	≥10.0 mm	−0.05	0.02	0.07	−0.14	0.003	−0.10
	≥25.0 mm	0.02	−0.01	0.03	−0.002	—	0.02
	≥50.0 mm	0.00	0.00	0.01	−0.001	—	0.00
雨日强度(mm/d/10 a)		−0.02	−0.23	0.48	−0.17	0.18	0.31

图 3.27 是 1968—2008 年黄河上游年蒸发量变化曲线,蒸发量呈上升趋势,倾向率为 5.7 mm/10 a,春、夏、秋、冬和主汛期平均蒸散量的变化倾向率分别为 0.63、2.36、1.81、0.93 和 3.63 mm/10 a(图略),春季变幅最小,年、主汛期和秋季上升趋势明显。从显著性来看,除春季外其余各时期均通过 0.05 信度的显著性检验,说明黄河上游流域蒸发量为显著上升趋势。

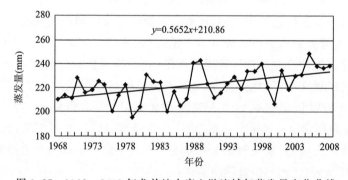

图 3.27　1968—2008 年龙羊峡水库上游流域年蒸发量变化曲线

龙羊峡水库上游流域自 1968—2008 年气温总体均呈增加趋势(表 3.4),年平均气温以 0.36 ℃/10 a 速率增加,春、夏、秋、冬季也一致递增,气候倾向率分别为 0.22、0.25、0.44、0.53 ℃/10 a,冬季升温幅度最大,春季最小。平均最高及最低气温与平均气温情况相类似,年及四季也一致递增,三者相比较来看,平均最低气温的升温幅度最大,平均气温次之。经检验,平均气温和平均最低气温升温显著,均达到 0.05 信度的显著性水平,平均最高气温除春、夏季趋势不明显外,年和其余季节也通过上述信度检验。

表 3.4　1968—2008 年龙羊峡水库上游流域气候倾向率对照表(单位:℃/10 a)

	平均气温	平均最高气温	平均最低气温
年	0.36	0.31	0.44
冬	0.53	0.49	0.56
春	0.22	0.09	0.33
夏	0.25	0.17	0.35
秋	0.44	0.37	0.50

3.4.2　龙羊峡水库流量变化分析

图 3.28 为 1988—2008 年龙羊峡水库年平均出、入库流量变化曲线。龙羊峡年平均入库流量呈递减趋势,其速率为 -62.4 m³/(s·10 a),但未达到显著性水平;分别对四季进行分析后发现,春、夏、秋、冬季也一致递减,气候倾向率分别为 -77.0 m³/(s·10 a)、-134.1 m³/(s·10 a)、-28.5 m³/(s·10 a)、-10.0 m³/(s·10 a),由此看出,夏季下降幅度最大,春季次之,冬季幅度最小。出库流量也为递减趋势,倾向率为 -57.7 m³/(s·10 a),趋势同样不甚明显;就四季而言,除春季表现出微弱的递增趋势外,其余各季一致递减,倾向率分别为 19.3 m³/(s·10 a)、-100.2 m³/(s·10 a)、-87.2 m³/(s·10 a)、-62.8 m³/(s·10 a),经检验,仅冬季通过 0.05 显著性检验,其余各季变化趋势均不显著。

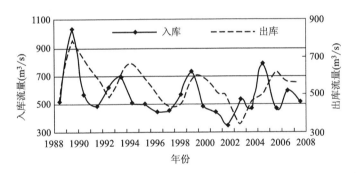

图 3.28　1988—2008 年龙羊峡年平均出库(虚线)、入库(实线)流量变化曲线

根据径流的丰、枯评定标准(施雅风,1995),将龙羊峡入库径流量按其模比系数 K ($K = W_i/W_m$,W_i 为某年年径流量,W_m 为多年平均径流量)依照表 3.5 标准分成 5 种丰、枯级别。1988—2008 年间,特枯年共出现 5 次,偏枯年 7 次,特丰年 4 次,偏丰年 2 次,平水年 3 次;枯年(特枯、偏枯)出现频率高达 57.1%,丰年(特丰、偏丰)占 28.6%,仅为枯年的一半。可见,龙羊峡自建库以来,径流量多以枯水年为主,这与建库后该地区的气温升高、降水减少、蒸发加大等气候变化趋势密切相关。

表 3.5　1988—2008 年龙羊峡水库入库径流丰枯频率对照表

级别	特丰	偏丰	平水	偏枯	特枯
划分标准	$K > 1.17$	$1.04 < K \leqslant 1.17$	$0.97 \leqslant K < 1.03$	$0.84 \leqslant K < 0.96$	$K < 0.84$
频次	4	2	3	7	5
频率(%)	19.0	9.5	14.3	33.3	23.8

3.4.3 龙羊峡水库流量气候模型的建立

影响地表水资源的气候因子可由水量平衡模式来确定(公式见式(3.1)、(3.2)),以下从气温、降水和蒸发量对流量的影响来进一步分析。

气温作为热量指标对流量的主要影响表现在以下几个方面:一是影响冰川和积雪的消融,二是影响流域总蒸散量,三是改变流域高山区降水形态,四是改变流域下垫面与近地面层空气之间的温差,从而形成流域小气候(常国刚等,2007)。有关气候数值模拟推算了气温变化对径流量造成的可能影响:若降水不变,气温升高 4 ℃时,流域径流量可减少 15% 左右(施雅风,1995)。自 1988 年来,龙羊峡上游流域年平均气温、平均最高气温和平均气温分别以 0.60 ℃/10 a、0.74 ℃/10 a 和 0.50 ℃/10 a 的速率急剧上升,对流量的减少发挥了作用。表 3.6—3.8 分别列出了龙羊峡上游流域四季及年平均气温、平均最高及最低气温与龙羊峡入库流量的相关关系表。由表可见:(1)气温与流量总体呈负相关关系,说明气温升高对加大流域蒸发以致流量减少效应大于其升高致使冰雪融水的补给作用;(2)春季流量对气温变化有很好的响应关系,另外这种关系还出现在秋、冬季,说明在降水微弱的季节,气温对流量起到重要的调节作用;(3)春、夏季最高气温对流量影响显著;(4)秋季流量对夏、秋季最低气温的正响应显著,因冰雪融水主要集中在 9 月份,而此时最低气温愈高,愈有利于冰雪消融量,从而加大了流量中的冰雪融水补给量。

表 3.6　龙羊峡入库流量(Q)与其上游流域平均气温(T)的相关系数

Q	T				
	冬	春	夏	秋	年
冬	−0.006	*0.065*	−0.085	*0.196*	0.030
春	−0.182	−0.629***	*−0.575***	*−0.442**	−0.599***
夏	0.009	−0.039	−0.190	*−0.120*	−0.100
秋	0.347	0.016	−0.046	0.429**	0.175
年	0.107	−0.128	−0.197	0.189	−0.080

注:① 上标为*,**和***的相关关系分别通过了 0.10、0.05、0.01 信度的检验;②当气温时段滞后于流量时段时,为上年气温与当年流量的相关关系,用粗斜体表示,下同。

表 3.7　龙羊峡入库流量(Q)与其上游流域平均最高气温(T_{max})的相关系数

T_{max}	Q				
	冬	春	夏	秋	年
冬	−0.010	*−0.143*	−0.362	*−0.089*	−0.112
春	−0.178	−0.749***	*−0.531***	*−0.714***	−0.695***
夏	−0.066	−0.251	−0.551***	*−0.229*	−0.323
秋	0.241	−0.211	−0.401*	0.049	−0.160
年	0.021	−0.362*	−0.553***	−0.086	−0.363*

表 3.8　龙羊峡入库流量(Q)与其上游流域平均最低气温(T_{min})的相关系数

T_{min}	Q				
	冬	春	夏	秋	年
冬	0.103	*0.292*	*0.371*	*0.396*	0.221

T_{min}	Q				
	冬	春	夏	秋	年
春	−0.167	−0.254	**−0.360**	**−0.115**	−0.366 *
夏	0.060	0.291	0.349	**−0.014**	0.203
秋	0.435 * *	0.382 *	0.439 * * *	0.627 * * *	0.536 * * *
年	0.178	0.269	0.339	0.346	0.284

　　龙羊峡入库流量与上游流域降水量的相关关系由表 3.9 给出,可以得出:(1)夏季降水量对流量的影响最为显著,且具有一定的持续性,显然这与龙羊峡水库上游流域降水量主要集中在夏季不无关系;(2)秋季流量对降水量的响应最为明显,其对夏季降水量的响应程度甚至高于秋季,这不仅反映了流量对降水响应的滞后性,同时进一步显现了夏季降水量对流量的突出贡献;(3)冬季流量对上年夏季降水量的响应十分明显,表明冬季流量的供给主要取决于上年夏季降水在高山形成的积雪融水。

表 3.9　龙羊峡入库流量(Q)与其上游流域降水量(R)的相关系数

Q	R				
	冬	春	夏	秋	年
冬	0.171	**0.262**	**0.621** * * *	**0.384**	0.229
春	0.204	0.357 *	**0.177**	**0.084**	0.139
夏	0.103	0.306	0.736 * * *	**0.042**	0.739 * * *
秋	0.015	0.270	0.707 * * *	0.533 * *	0.844 * * *
年	0.107	0.326	0.750 * * *	0.300	0.803 * * *

　　蒸发的改变易引起土壤含水量、区域水量平衡结构的变化。表 3.10 是龙羊峡上游流域蒸发量与龙羊峡流量的相关系数表,可反映陆面蒸发与流量的相互关系。相对降水量而言,蒸发与流量的相关性不甚明显,仅秋季流量对同期和年蒸发量的响应较敏感,年蒸发量与年均流量呈微弱的正相关关系。显然,这与高桥浩一郎蒸发公式所反映的物理意义是不无关系的,即在一定范围内随着降水量的增加,其供给蒸发的物质条件愈加充分,加之温度升高,则导致蒸发量的增大,当降水量的增加超过一定范围后,则蒸发量随着降水量的增加而减少。因此,在龙羊峡水库上游流域这一干旱半干旱地区,蒸发量与流量的正相关关系事实上反映出了降水量和气温变化对流量的综合作用。这一结果也得到文献(常国刚等,2007)的支持。

表 3.10　龙羊峡水库入库流量(Q)与上游流域蒸发量(E)的相关系数

Q	E				
	冬	春	夏	秋	年
冬	0.095	**0.280**	**0.074**	**0.413**	0.180
春	0.215	0.311	**−0.341**	**−0.024**	0.118
夏	0.064	0.141	−0.134	**−0.087**	0.183
秋	−0.013	0.276	0.085	0.610 * * *	0.532 * *
年	0.070	0.222	−0.087	0.402 *	0.335

龙羊峡水库入库流量变化是龙羊峡上游流域多种环境因子综合作用的体现,将流量的变化归结为任何单一的环境因子的变化都会产生较大的争议,在此通过逐步回归法建立入库流量与各气候因子的方程。

$$Q = 2773.63 - 122.9T_{max} + 149.5T_{min} + 1.6R - 4.5E \tag{3.8}$$

式中,Q 为年平均流量(m^3/s),T_{max} 为年平均最高气温,T_{min} 为年平均最低气温,R 为年降水量(mm),E 为年蒸发量(mm),上式的复相关系数为 0.879,$F = 13.646$,通过 0.05 显著性水平检验,说明回归方程及各因子的方程贡献是显著的。图 3.29 为实测值与方程模拟值的对比曲线,多数年份拟合很好,平均相对误差为 11.2%,表明该方程用于估算龙羊峡入库流量具有一定的可信度,同时也说明气候变化是影响龙羊峡水库流量的最主要因素。

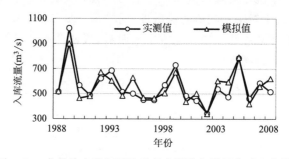

图 3.29 龙羊峡水库年平均流量实测值与模拟值对比曲线

3.4.4 未来气候变化情景下流量预测

评价未来气候变化对水资源的影响是以未来气候变化情景为基础。本节基于政府间气候变化专门委员会(IPCC)2000 年发布的《排放情景特别报告》(SRES)(Nakicenovic et al.,2000)中构建的 A2(中—高排放)、B2(中—低排放)两种温室气体排放方案,根据对黄河上游地区未来两种排放情景下的预测结果,应用统计降尺度方法输出的龙羊峡地区日平均气温(T)、平均最高气温(T_{max})、平均最低气温(T_{min})、降水量(R)序列,经统计处理,建立了未来 2 个时期(2010s、2020s)的气候情景。以龙羊峡建库以来观测时期(1988—2008 年)为基准期,在两种排放情景下,未来 2 个时期气温一致升高,降水量减少,年平均气温将分别升高 2.7 ℃、2.9 ℃(A2 情景)和 3.1 ℃、3.2 ℃(B2 情景),年平均最高气温将分别升高 1.5 ℃、1.8 ℃(A2 情景)和 1.8 ℃、2.0 ℃(B2 情景),年平均最低气温将分别升高 2.3 ℃、2.4 ℃(A2 情景)和 2.8 ℃、2.7 ℃(B2 情景),降水量分别减少 35.7%、36.6%(A2 情景)和 32.4%、34.6%(B2 情景)(表 3.11),减幅较大;综合以上结果,龙羊峡地区未来 20 年持续增温的趋势不可避免,最低气温增幅较最高气温大,而降水虽较目前有递增趋势,但相对基准期仍偏少,蒸发量也在减少。赵传燕等(2008)利用 IPCC 提供的模式集成结果及观测资料,通过建立大尺度气候状况与区域地理位置和海拔的统计降尺度关系,并将其应用于 AOGCMs 输出的大尺度气候信息,预估了西北地区未来的气候变化情景,预计未来 30 a 降水减少的地区在高原区,青海省最为显著,与本研究结论较一致。林市达等(2006)曾指出,对于模式模拟结果,气温模拟的可信度较高,降水模拟的不确定性很大,赵宗慈等(2003)的研究也证明了上述推论,因而上述预测结果仍具有较大不确定性。

表 3.11　未来气候变化情景下龙羊峡水库上游流域气候预测值

| 排放 | T（℃） | | T_{max}（℃） | | T_{min}（℃） | | R（%） | | E（%） | |
情景	2010s	2020s	2010s	2020s	2010s	2020s	2010s	2020s	2010s	2020s
A2	2.7	2.9	1.5	1.8	2.3	2.4	−36.6	−35.7	−16.5	−16.7
B2	3.1	3.2	1.8	2.0	2.8	2.7	−32.4	−34.6	−16.7	−17.8

　　根据上节建立的流量气候模型,利用模式输出的未来情景资料,针对入库流量对气候响应情况进行分析。图 3.30 为未来 20 a 两种不同排放情景下龙羊峡入库流量的响应变化情况,就趋势来看,未来 20 a 流量保持平稳变化趋势,21 世纪 10 年代平均流量分别为 596.8 m³/s（A2）、672.4 m³/s（B2）,21 世纪 20 年代平均流量分别为 594.0 m³/s（A2）、619.9 m³/s（B2）。与基准期（1988—2008 年）对比,未来 2 个时期平均流量在设定排放情景下均较基准期增加,A2 情景下平均流量分别增加 6.3%（21 世纪 10 年代）和 6.1%（21 世纪 20 年代）,B2 情景下增加 20.0%（21 世纪 10 年代）和 10.7%（21 世纪 20 年代）,可见,B2 情景下增幅较大。

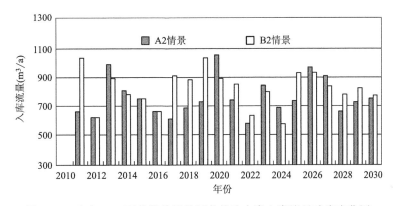

图 3.30　未来 20 a 两种排放情景下龙羊峡水库入库流量响应变化图

3.4.5　结论与讨论

　　龙羊峡上游流域气候在总体上出现气温升高、降水减少和蒸发增大趋势的同时,建库前后气候亦存在明显差异。显然,这不仅反映了龙羊峡水库对气候变化的影响,更为突出的是,龙羊峡水库上游流域气温于 1987 年前后发生突变（李林等,2006）,从而在相当程度上放大了这一影响。

　　经分析表明,气温、降水量和蒸发量对于龙羊峡水库入库流量有着显著影响,据此可以建立较高精度的入库流量气候模型,进而利用该模型定量评估气候变化对入库流量的影响,亦可预评估未来气候变化对入库流量的可能影响。经统计降尺度处理的模拟结果表明,未来 20 a 龙羊峡地区呈气温持续升高、降水持续减少的变化趋势,幅度因情景不同而有所差异,用高桥浩一郎公式计算的蒸发量将减少。水库流量的变化受降水、气温、蒸发等多重因素共同制约,因而 A2、B2 情景下模拟气候条件的差异,将导致未来龙羊峡水库流量的不同变化。

　　本研究从气候变化与波动角度详细分析了气候条件对龙羊峡流量的影响,并依此建立流量预估模型,基于黄河上游地区未来两种排放情景下的模拟结果,对未来 20 a 龙羊峡水库流量的可能变化进行了预评估。结果表明在不同排放情景下,受降水、气温、蒸发不同变化的影响,龙羊峡水库流量变化有明显的差异,2010—2030 年龙羊峡水库上游流域平均气温较1988—2008 年可能升高 3 ℃左右,降水量可能减少 35％左右,蒸发量可能减少 17％左右,从而可能加剧冰川融水、减少流域蒸发量,导致 21 世纪 10 年代入库流量可能增加 6％(A2)或20.0％(B2),21 世纪 20 年代入库流量可能增加 6.1％(A2)或 10.7％(B2)。

需要指出的是,上述预测结果主要基于政府间气候变化专门委员会(IPCC)2000 年发布的《排放情景特别报告》中的温室气体排放方案,尚未将其与最新发布的气候情景下预测结果进行对比分析,同时,限于未来气候变化趋势预估这一问题的复杂性和目前的技术水平,对未来气候变化情景的准确预测有很大的难度,所以预测结果亦具有较大的不确定性,但本研究结果对水库短期内的决策管理,仍具有十分重要的指导意义。

第4章 高原地区高寒生态环境特征分析

4.1 高原湿地土壤冻结、融化期间的陆面过程特征

青藏高原面积约为 2.5×10^6 km^2,平均海拔超过 4000 m,素有"世界屋脊"之称。由于高原所独有的地理和气候条件,冻土分布广泛(徐祥德等,2001)。冻土活动层夏季融化冬季冻结,土壤中水和冰的相变过程改变了土壤的物理性质和下垫面状况,导致地表能量和水分的再分配,极大地影响着地表与大气的物质和能量交换(马耀明等,2006)。陆气之间的能量和水分交换作用是陆面过程研究的核心问题,在不同气候背景和下垫面条件下的能量传送过程存在着很大差异。准确地获得地表的水、热通量并清楚地认识水汽和能量在边界层内的输送过程,对理解气候及水分循环十分重要(孙菽芬,2005;王澄海等,2008;王少影等,2012;张强等,2017)。陆面水、热交换过程受局地环境(包括地形、地势、地理位置及下垫面性质等因素)的影响(王一博等,2011;文晶等,2013;吴灏等,2013)。多年冻土上限附近存在隔水层,会影响活动层内水分的迁移、土壤湿度的变化和地表蒸散发过程(赵林等,2000)。土壤的温度和湿度变化会对大气运动的总能量,也就是对气候变化起反馈作用(李娟等,2016;罗斯琼等,2009;刘火霖等,2015;尚大成等,2006;尚伦宇等,2010)。土壤湿度会直接影响地气间的潜热通量,而且对辐射、大气的稳定度造成影响。土壤湿度偏低会使地面温度上升,长波辐射增加,同时导致地表反照率增大,地面吸收的太阳辐射减少,地面失去的热量较多,地面温度将降低。感热通量和潜热通量反映了大气和地表的水热交换,通过非绝热效应对大气加热,决定着地表能量平衡,对大气环流和局域气候有着重要影响,而其值的大小与下垫面的物理状态、植被状况和降水变化密切相关(杨梅学等,2002;张强等,2008;赵兴炳等,2011)。青藏高原下垫面类型多种多样,高原地区陆面过程变化特征十分复杂,土壤冻结和融化前后地气相互作用特点尤其值得深入分析和研究。

青藏高原地区陆面过程变化特征一直是学者们研究的热点。陈海存等(2013)选择青藏高原玛多地区退化草地的观测数据,计算了土壤温度、湿度及热通量的季节变化和年变化特征,分析土壤温度和湿度及热通量之间的相互关系,发现青藏高原玛多地区土壤从 11 月开始冻结,次年 4 月开始解冻,土壤热通量在春季和夏季均为正值,热量由大气向土壤传递,冬季热量由土壤向大气传递,土壤温度和湿度及土壤热通量之间的关系呈显著正相关。Yao 等(2011)通过分析唐古拉和西大滩的地表水热传输,发现两地的潜热通量在夏季和秋季大于感热通量,在冬季和春季小于感热通量,这种季节变化受冻土冻融过程的影响显著。葛骏等(2016)分析了北麓河站地表感热、潜热、土壤热通量和鲍恩比在不同冻融阶段的季节和日变化特征,发现鲍恩比和土壤热通量的季节变化受土壤冻融阶段转变的影响显著。陈渤黎(2013)利用玛曲站观测资料驱动 CLM 模式(Community Land Model)进行了敏感性试验,发现冻融过程中相变能量的释放和吸收增大了地气间能量的传输,改变了能量在感热、潜热和土壤热通量间的分配。张乐乐等(2016)分析了唐古拉气象场的观测资料,发现土壤水分对地表反照率影响较大,

土壤热参数也明显受到土壤水分变化的影响,土壤水分对土壤热导率的影响较为显著,而对土壤热扩散率的影响则不显著。Gu 等(2015)通过对比那曲季节冻土区和唐古拉多年冻土区的观测资料,发现相对于季节冻土区,冻融过程对多年冻土区地表感热和潜热通量分配的影响更大。李述训等(2002)研究认为,冻土冻融过程使地表与大气之间的能量交换强度大大增强,高原冻土冻融过程通过改变陆气间的水热交换,还会进一步影响高原及其周围的大气环流形势,从而影响区域乃至全球的天气和气候。但由于青藏高原面积广袤,人烟稀少,很多地区尚缺乏详尽的观测资料,目前人们对于青藏高原陆面过程特征和地气之间能量交换对天气气候变化影响的重要作用认识还不够深入,对于青藏高原高寒湿地下垫面陆面过程的研究较少。

玉树隆宝地区是青藏高原中部的一块高寒湿地,位于中国青海省玉树藏族自治州首府结古镇西北方向 60 km 处,湿地四周是连绵的群峰,中间密布江河湖水,该地区主要气候特点是高寒缺氧、日照时间长、紫外线强,一年基本上只有冷暖两季,冷季长达七八个月,暖季只有四五个月,气候较为干燥。玉树隆宝湿地的观测资料对于研究青藏高原气候变化和生态环境有着重要意义。该地区冻土冻融过程中地表能量收支变化特征的研究成果较少,本研究对于该地区陆面过程进行了一些相关的研究,以期获得对青藏高原高寒湿地土壤冻结和融化期间的地气相互作用特征的认识。

本研究所采用的观测资料来自于青海省气象科学研究所国家自然科学基金项目"三江源典型湿地水平衡模型及生态需水研究"架设在青海省玉树州隆宝镇($33°10'$N,$96°34'$E)境内的观测站点,海拔 4167 m,下垫面为高寒湿地区沼泽性草甸,图 4.1 给出了玉树隆宝观测站的位置及观测仪器。观测时间为 2011 年 10 月—2016 年 9 月。观测的物理量包括土壤温度、土壤湿度、土壤热通量、空气温度、空气湿度、风速、风向、大气压、短波辐射、长波辐射、水汽和二氧化碳通量等。该站 2015 年新增的涡动相关系统主要包括三维超声风速仪、红外 CO_2/H_2O 气体分析仪等,各种观测仪器详情及安装高度见表 4.1。观测数据由数据采集器 CR5000 处理并存储,所有仪器由 6 块 35 W 的太阳能板和 2 个 120 Ah 的电瓶供电,除仪器拆装和天气原因造成供电短暂中断外,一直连续进行观测。

(a)

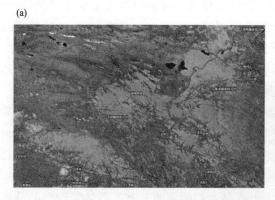

(b)

图 4.1　玉树隆宝观测站的位置(a)及观测仪器(b)(附彩图)

表 4.1　观测仪器及安装高度

观测物理量	仪器型号	仪器精度	安装高度(深度)
空气温度	HMP-45C,Vaisala	±0.5 ℃	1、2 m
空气湿度	HMP-45C,Vaisala	±3%	1、2 m

观测物理量	仪器型号	仪器精度	安装高度（深度）
二维超声风速	CSAT3，Campbell	0.5 mm/s	2 m
超声虚温	CSAT3，Campbell	0.025 ℃	2 m
辐射四分量	CNR1，KippandZonen	±10%	1 m
土壤温度	109 L，Campbell	±0.6 ℃	0、−5、−10、−20、−30、−40 cm
土壤体积含水量	CS616，Campbell	±2.5%	−5、−10、−20、−30、−40 cm
土壤热通量	HFP01，Hukeflux	−15%～5%	−10、−30 cm
水汽、CO_2通量	Li-7500A，LI-COR	±2%、±1%	2 m

在对观测资料进行分析之前，进行了必要的质量控制，去除因仪器故障、天气原因等产生的野点并对涡动相关系统的原始通量数据进行计算和质量控制。数据处理的主要方法包括WPL(Webb-Pearman-Leuning)校正密度对潜热和CO_2通量的影响(Webb et al.，1980；Wilczak et al.，2001)以及平面拟合校正(刘辉志等，2006)。之后根据稳定性检验和湍流总体特征检验对30min通量数据结果进行质量评价。对于质量较差的数据则舍弃不用。本研究所用的资料为2015年7月15日—2016年7月15日，通量数据的完整度为92%。

4.1.1　土壤温、湿度的年变化

土壤温度、湿度变化是陆面过程的基本特征，也是影响陆面水热交换的主要因素，分析土壤温湿度的变化是全面认识和了解陆面特征的重要前提。图4.2为玉树隆宝湿地5～40 cm土壤温度的年变化，其中0 ℃土壤温度等值线单独标出。从土壤温度全年时空分布来看，浅层土壤温度年变化幅度大，5 cm土壤温度年变化幅度达16 ℃，深层土壤温度年变化幅度小，40 cm土壤温度年变化幅度仅有8 ℃。冻土持续时期为12月至次年4月，土壤自上向下冻结，深层土壤的冻结较浅层土壤有一定的滞后，冻结深度达到40 cm以下，融化过程快于冻结过程，深层土壤的融化和浅层土壤几乎同步进行。

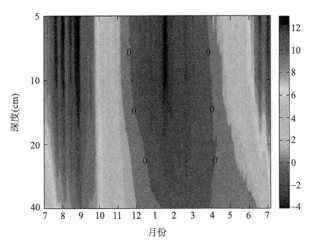

图4.2　玉树隆宝5～40 cm土壤温度的年变化(附彩图)

一年当中冻土通常分为完全融化、完全冻结、融化过程和冻结过程4个阶段。采用Guo

等(2011)的方法,即忽略土壤中盐对冰点的影响,根据土壤的日最高和最低温度将土壤的不同阶段分别定义为:(1)当土壤日最低温度高于 0 ℃时,土壤处于完全融化阶段;(2)当土壤日最高温度低于 0 ℃时,土壤处于完全冻结阶段;(3)当土壤日最高温度高于 0 ℃并且日最低温度低于 0 ℃时,土壤处于融化过程或冻结过程阶段。表 4.2 给出了玉树隆宝地区 2015—2016 年 5~40 cm 土壤各冻融阶段持续日数。玉树隆宝地区土壤冻结和融化过程持续日数只有 1~2 天,冻结过程和融化过程快于青藏高原纳木错地区(杨健等,2012),青藏高原面积广阔,下垫面类型多种多样,不同地区土壤冻结融化阶段的持续日数亦有所不同。

表 4.2　玉树隆宝地区 2015—2016 年 5~40 cm 土壤各冻融阶段日数

深度(cm)	完全融化(d)	冻结过程(d)	完全冻结(d)	融化过程(d)
5	286	1	77	1
10	285	1	76	1
20	291	2	71	1
40	296	2	66	2

图 4.3 为玉树隆宝湿地逐日降水量和 5~40 cm 土壤体积含水量的年变化情况。从土壤体积含水量全年时空分布来看,浅层土壤和深层土壤均存在丰水期和枯水期,土壤体积含水量较高的时期与降水较多的时期相对应,但降水量并不是影响土壤湿度的唯一因子,玉树隆宝湿地的土壤体积含水量还与周围高山融雪和地表径流变化有关。玉树隆宝湿地土壤体积含水量年变化幅度很大,可达 0.6 m³/m³,深层土壤的枯水期比浅层土壤滞后,20 cm 深度存在一个

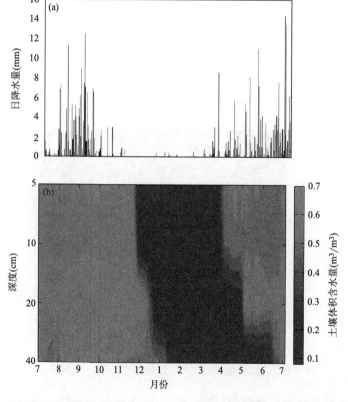

图 4.3　玉树隆宝逐日降水量(a)和 5~40 cm 土壤体积含水量(b)的年变化(附彩图)

土壤体积含水量较高的持水层,这一特点与藏东南地区(杨健等,2012)较为类似。

4.1.2 冻结、融化前后地表能量收支特征

陆地和大气之间的热量交换是控制地面和大气升温的重要因素,研究地表能量收支对于量化和预测全球变暖对青藏高原地区的影响非常重要(唐恬等,2013)。图 4.4 为玉树隆宝湿地土壤冻结前后地表能量通量的平均日变化,其中冻结前和冻结后各通量的日变化分别为 12 月 2 日和 1 月 22 日前后 5 天的平均日变化,所用数据为半小时一次。在土壤冻结之后,感热通量白天的值明显升高,日最高值从 90 W/m² 升高至 160 W/m²,夜间的值略有降低,降幅约为 15 W/m²。潜热通量白天的值在土壤冻结之后明显降低,日最高值从 170 W/m² 下降至 85 W/m²。土壤冻结之后净辐射白天和夜间的值均有所降低,且白天的降幅更加明显,净辐射日最高值从 640 W/m² 降低至 410 W/m²,夜间普遍下降 80 W/m²。冻结前 10 和 30 cm 土壤热通量基本维持在 −4 ~ −5 W/m² 且日变化幅度都很小,冻结后 10 和 30 cm 土壤热通量全天呈"S"形变化,日最低值出现在 10 时(北京时,下同)前后,10 和 30 cm 土壤热通量日最低值分别为 −28 和 −22 W/m²,日最高值出现在 18 时前后,10 和 30 cm 土壤热通量日最高值分别为

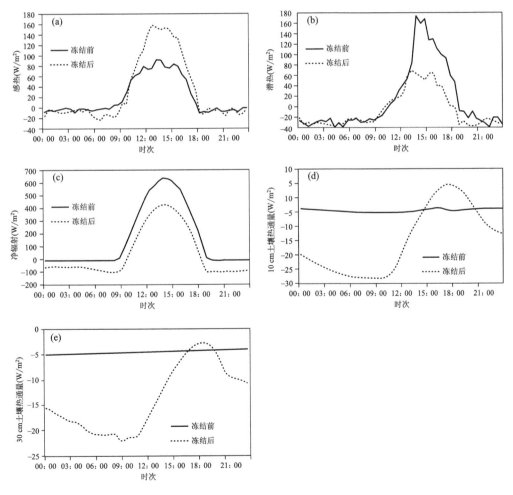

图 4.4 冻结前后地表能量收支的日变化

(a)感热;(b)潜热;(c)净辐射;(d)10 cm 土壤热通量;(e)30 cm 土壤热通量

5 和−4 W/m²。土壤冻结之后 10 和 30 cm 土壤热通量日变化幅度均大幅增加。

图 4.5 为玉树隆宝湿地土壤融化前后地表能量通量的平均日变化情况,其中融化前和融化后各通量的日变化情况分别为 3 月 26 日和 4 月 14 日前后 5 天的平均日变化,所用数据为半小时一次。在土壤融化前后,感热通量未发生明显变化,日最高值维持在 100 W/m² 左右,日最低值维持在−20 W/m² 左右。潜热通量白天的值在土壤融化之后显著升高,日最高值从 70 W/m² 升高至 270 W/m²。土壤融化之后净辐射白天的值有所升高,日最高值从 300 W/m² 升高至 700 W/m²。融化前 10 和 30 cm 土壤热通量基本维持在 0~1 W/m² 且日变化幅度都很小,融化后 10 和 30 cm 土壤热通量全天均呈"S"形变化,夜间为负值白天为正值,日变化幅度大幅增加,分别达到 100 和 60 W/m²,日最高值出现在 16 时前后。

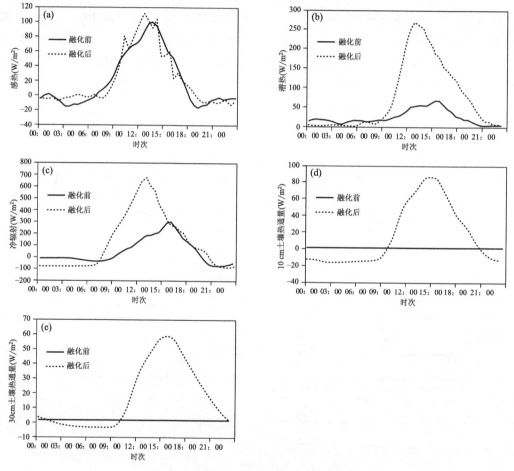

图 4.5　融化前后地表能量收支的日变化
(a)感热;(b)潜热;(c)净辐射;(d)10 cm 土壤热通量;(e)30 cm 土壤热通量

4.2　高原高寒湿地 CO₂ 通量特征及影响因子分析

测定及计算出地气间的 CO_2 通量,对于认识地球上不同区域范围内碳源、碳汇分布,预测区域气候变化可以提供重要参考。自 20 世纪 70 年代以来,有关陆地生态系统地表 CO_2 通量的研究已经取得了长足的发展,但大多集中于森林、农田、草地和荒漠等生态系统(王杰等,2011;刘冉等,2011;王广帅等,2013;王雷等,2010),对于高寒湿地地区 CO_2 通量的研究成果较少。青藏高原高寒湿地是陆地生态系统的重要组成部分,也是对气候变化反应最为敏感的地区之一,在全球变暖的大背景下,土壤呼吸加剧可能是对温室效应起到正反馈作用(王俊峰等,2008)。青藏高原地区年平均气温较低,全球变暖对土壤有机质分解的加速作用更加明显,因此这一地区土壤呼吸对温度升高更加敏感,与全球其他地区相比,青藏高原土壤呼吸释放大量 CO_2 的潜力更大,对全球变暖的响应更加敏感(赵拥华等,2011)。青藏高原各种下垫面有着不同的碳源、碳汇潜能,高寒湿地生态系统较为单一的植物物种组成和较低的植被覆盖率使其抵御外界干扰的功能明显弱于其他生态系统,可以很快地表现出对环境变化的响应和反馈。研究青藏高原高寒湿地 CO_2 通量的变化特征,不仅是评价高寒湿地生态系统中物质和能量转化的一个重要指标,而且对于确定这一地区在碳循环当中的源—汇功能也有很大价值。

4.2.1　CO_2 通量变化特征

图 4.6 给出了玉树隆宝湿地各月份 CO_2 通量日变化情况,所用数据为每个月通量有效数据质量评价位于前 50% 的天数的平均值。生长季(4—9 月)CO_2 通量日变化均呈倒单峰型,白天净吸收,夜间净排放。7 月份 CO_2 通量日变化幅度最大,白天最低值为 -0.62 mg/(m^2·s),出现在下午 14:00 左右,夜间最高值维持在 0.1 mg/(m^2·s) 左右。玉树隆宝高寒湿地夏季 CO_2 吸收速率高于西藏那曲高寒草甸(-0.23 mg/(m^2·s))(张强,等,2008)和内蒙古半干旱草原(-0.28 mg/(m^2·s))(赵林等,2000)。夏季 CO_2 净吸收持续时间长于净排放持续时间。非生长季(11 月—次年 3 月)CO_2 通量全天皆为正值,高寒湿地生态系统只排放 CO_2。冬季 CO_2 通量日变化幅度很小,1 月份只有 0.03 mg/(m^2·s) 左右。

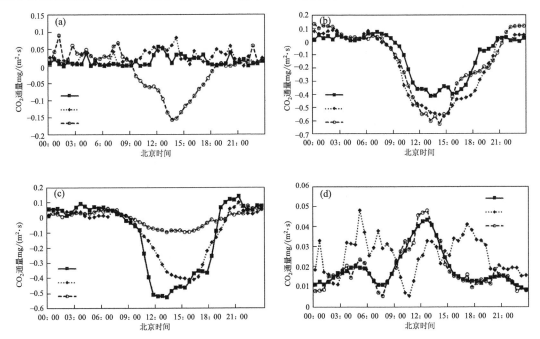

图 4.6　玉树隆宝湿地各月份 CO_2 通量日变化

(a)春季;(b)夏季;(c)秋季;(d)冬季

4.2.2　CO_2 通量与光合有效辐射的关系

光合有效辐射(PAR)是影响 CO_2 通量的主要因子之一。图 4.7 给出了玉树隆宝湿地白天 CO_2 通量与光合有效辐射的关系,CO_2 通量随着光合有效辐射的增大而逐渐减小,说明光合有效辐射越强,高寒湿地生态系统对 CO_2 的吸收越多。青藏高原属于太阳辐射较为强烈、晴空日数较多的地区,生态系统的净初级生产力较大,对碳的固定亦较多。

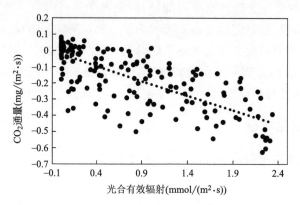

图 4.7　玉树隆宝湿地 CO_2 通量与光合有效辐射的关系

4.2.3　CO_2 通量与土壤温度的关系

土壤温度也是影响 CO_2 通量的主要因素。图 4.8 给出了玉树隆宝湿地夜间 CO_2 通量与 5 cm 和 20 cm 土壤温度的关系,夜间 CO_2 通量与 5 cm 和 20 cm 土壤温度均呈正相关,土壤温度越高,高寒湿地生态系统对 CO_2 的排放越多。Q_{10} 是用来表示 CO_2 排放通量对土壤温度变化敏感性的参数,其含义为温度每升高 10 ℃时 CO_2 排放通量增加的倍数,陆地生态系统 Q_{10} 平均变化范围为 1.3～5.6(王根绪等,2002)。玉树隆宝湿地 5 cm 和 20 cm 土壤温度对应的 Q_{10} 的值分别为 1.94 和 2.12。

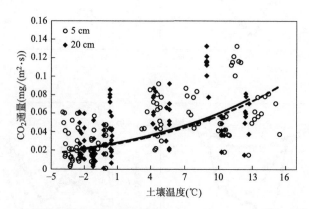

图 4.8　玉树隆宝湿地夜间 CO_2 通量与 5 cm 和 20 cm 土壤温度的关系

4.2.4　CO_2 通量与气温日较差的关系

空气温度对陆地生态系统的碳收支也有一定的影响。研究表明草地生态系统 CO_2 通量与气温变化呈正相关(Zhao et al.,2005)。Shi 等(2006)认为,昼夜温差大不利于生态系统形成碳汇,生长季温度的波动导致气温日较差增大,增加了 CO_2 日呼吸量,生长季末植被叶面积指数降低导致对 CO_2 的吸收明显减弱,夜晚呼吸作用未显著减弱,表现为温差较大碳获取反而减少。图 4.9 给出了玉树隆宝湿地生长季末期 CO_2 通量日平均值与气温日较差的关系,当气温日较差增大时,CO_2 通量日平均值由负转正,高寒湿地生态系统由碳汇转为碳源。

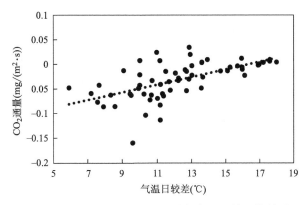

图 4.9　玉树隆宝湿地 CO_2 通量与气温日较差的关系

4.2.5　结论

本节利用玉树隆宝湿地 2015 年的涡动相关系统观测资料,分析了高寒湿地 CO_2 通量的变化特征及影响因子,主要结论如下。

玉树隆宝湿地 CO_2 通量夏季日变化幅度大,冬季日变化幅度小。

玉树隆宝湿地白天 CO_2 通量随着光合有效辐射的增大而减小。夜间 CO_2 通量与土壤温度呈正相关,与土壤体积含水量基本没有关系。气温日较差增大时,CO_2 通量日平均值由负转正,对 CO_2 的排放增加。降雨事件发生后,夜间 CO_2 通量在短期内有所升高。

比较各影响因子,光合有效辐射对高寒湿地 CO_2 通量影响的相关度最高,其次为气温日较差、土壤温度,而土壤体积含水量对 CO_2 通量影响的相关度最低。

青藏高原地形复杂,下垫面类型多种多样,不同地区 CO_2 通量的变化情况也各有特点。本研究中的一些结论与前人的研究结果相同,如光合有效辐射、土壤温度、降雨事件对 CO_2 通量的影响,亦有不同之处,如土壤体积含水量对 CO_2 通量的影响。青藏高原高寒湿地 CO_2 通量变化的影响因素有很多,除了光合有效辐射、土壤温度、土壤湿度、气温日较差和降水这些因子外,还有叶面积指数、放牧强度、草地退化、全球变暖等其他因素,在本研究中因观测项目所限并没有对其他因素的影响进行分析。由于玉树隆宝湿地处于青藏高原腹地的无人地带,交通不便,观测资料获取不易,本研究只用了一年的观测资料,样本代表性不强,相关结论具有一定的局限性。日后会考虑获取更长时间序列的观测资料,针对青藏高原高寒湿地 CO_2 通量特征进行深入分析。

4.3　青海高原蒸发量变化及成因分析

蒸发是水循环中的重要组成部分,它和降水、径流共同决定着一个地区的水量平衡(左洪超等,2006)。蒸发量在估算陆地蒸发、作物需水和作物水分平衡等方面具有十分重要的应用价值,尤其对干旱地区水利工程设计、农林牧业等的土壤改良、土壤水分调节、定额灌溉的制定以及研究水分资源、制定气候区划等方面具有重大意义。影响蒸发的因素很多,一般认为气温是影响蒸发的重要因子,在全球变暖的背景下,人们预期近地面大气会变干,陆地和水体蒸发会增加(任国玉等,2006),势必引起水循环的一系列变化,促使全球水循环加速,但目前通过对近四五十年蒸发皿蒸发量分析,发现全球许多地区的蒸发皿蒸发量存在显著下降趋势,由此推出另外一种结论:全球变暖并没有使蒸发皿蒸发量增加,全球变暖可能使水循环减弱,蒸发皿蒸发量与人们预期的理论结果恰恰相反,这一现象在气候变化和水循环领域被称之为“蒸发悖论”(任国玉等,2006)。由此引发了更多关于蒸发皿蒸发量变化趋势及其原因分析和蒸发皿蒸发量与实际蒸散发的关系研究,目前国内外已出现很多研究结论,如 Peterson 等(1995)发现云量的增加导致了蒸发量的减小;Brutsaert 等(1998)将蒸发皿蒸发与地面实际蒸发区别开来,最终得出蒸发皿蒸发量的减少源于地面实际蒸发的增加;2007 年,Roderick 等(2002)分析了澳大利亚蒸发皿蒸发量下降的原因,发现大部分地区蒸发皿蒸发量下降是由于风速减小造成的;左洪超等(2005)结合太阳辐射资料,统计发现全国 66% 的站点蒸发皿蒸发量呈下降趋势,认为蒸发皿蒸发量是由多环境因子共同作用的结果;申双和等(2008)利用中国 472 个气象站 1957—2001 年 20 cm 口径蒸发皿蒸发量的资料,分析得出中国蒸发皿蒸发量总体上以 -34.12 mm/10 a 的速率递减。王艳君等(2005)研究了长江流域蒸发量的变化趋势,并提出太阳净辐射和风速的显著下降是导致蒸发量持续下降的主要原因;刘波等(2006)认为中国北方蒸发皿蒸发量下降趋势明显,并且在空间上从东北向西北的下降趋势逐渐增大,气温日较差和风速都是影响蒸发的最重要因子,这可能是导致蒸发皿蒸发下降的主要原因。综上,影响蒸发量的因素很多,与各个环境因子的相关关系并不相同,且存在一定的地区差异,因而近年来引起了众多学者的关注。

青海高原作为青藏高原的主体部分,又是长江、黄河、澜沧江的发源地,具有独特而多样的地理条件,敏感而脆弱的自然环境使其成为全球环境变化背景下研究气候变化的热点地区之一。目前针对青海高原地区蒸发量方面的研究尚少,本研究拟运用气候学统计方法,对青海省1961—2010 年蒸发皿蒸发量的变化趋势进行详细分析,并就影响蒸发量变化的气候因子进行深入讨论,将有助于加深对蒸发问题的理解,为当地水资源管理提供有效信息,同时可为政府合理决策、科学制定长远规划提供有效依据。

本节选取青海省境内 34 个气象站 1961—2010 年小型蒸发皿蒸发量、常规气象观测数据作为研究对象。常规气象观测数据包括:气温(平均气温、最高气温、最低气温、日较差)、降水量、日照时数,相对湿度、10m 风速。以上数据均经过严格的质量控制,剔除了因迁站造成的气候突变和建站较晚的台站,对缺测数据利用差值、比值及回归订正法对其插补延长,确保了数据的完整性和连续性。年资料统计按照自然年算法,即每年的 1—12 月。四季资料以 3—5 月为春季,6—8 月为夏季,9—11 月为秋季,12 月—次年 2 月为冬季来统计。

小型蒸发皿由一种镀锌铁或其他合金制成,直径 20 cm,用这种仪器观测的蒸发量,代表理想水体的蒸发,在湿润微风气候条件下与实际的水面蒸发量比较接近。它比实际陆面蒸发量要大,因而代表了一种潜在蒸发能力,但相对干燥地区而言,湿润地区的蒸发皿观测蒸发量也比较接近实际陆面蒸发量;在干燥气候或干燥季节,由于蒸发皿中水体小,器皿外壁温度高,会使观测到的蒸发量比真实水面蒸发量显著偏大,比实际陆面蒸发量大得更多(左洪超等,2006)。虽然小型蒸发皿蒸发量不能确切地代表真实水体的蒸发,更不能代表实际陆面蒸发,但由于实际蒸发的测定非常困难,正如 WMO-NO.8《气象仪器和观测方法指南》中关于"蒸发测量"问题所指出的"遗憾的是,要获得真正代表自然条件的测量结果是困难的"。蒸发皿观测的资料累积序列长、可比性好,对于了解水面蒸发量的时间变化规律和趋势是有价值的,长期以来,一直是水资源评价、水文研究、水利工程设计和气候区划的重要参考指标。

利用最小二乘线性趋势法研究蒸发量的变化特征,并运用偏相关、主成分分析及多元回归分析方法研究蒸发量与主要气象因子的关系。

4.3.1　蒸发皿蒸发量的变化特征

下面就 1961—2010 年青海高原蒸发皿蒸发量的变化特征做一分析(图 4.10)。全年(1—12 月):青海高原多年平均蒸发量为 1657.8 mm,年蒸发量在 20 世纪 60 年代为正距平,进入 70 年代,蒸发量开始逐年减少,突变年出现在 1973 年,此后蒸发量明显下降,至 1989 年降到最低值 1474.0 mm,之后才缓慢上升,90 年代仍为负距平,直至 21 世纪初上升至平均值以上,

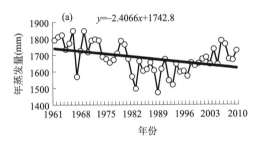
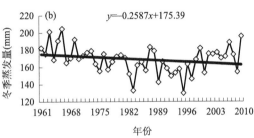
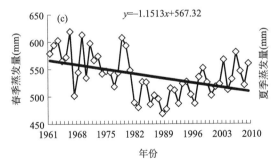
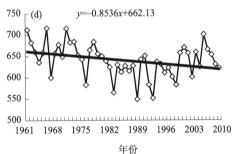
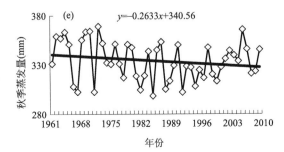

图 4.10　1961—2010 年青海高原四季及年蒸发皿蒸发量变化图

在分析时段内年蒸发量呈减少趋势,气候倾向率为 -24.1 mm/10 a,通过 0.01 信度的显著性检验,即青海年蒸发量存在显著减少趋势。

冬季全省平均蒸发量为 167.1 mm,占全年总量的 10%,冬季蒸发量年际振荡特征明显,在平均值周围频繁波动,年代际变化较平稳,总体线性趋势不明显。春季蒸发量全省平均 530.7 mm,占全年总量的 32%,20 世纪 60 年代以偏多为主,70 年代逐渐转为偏少,突变年为 1973 年,至 1989 年达历史最低值,90 年代呈轻微上升趋势,但仍为负距平,进入 21 世纪后,呈缓慢波动上升趋势。1961—2010 年整个时段以 11.5 mm/10 a 的速率递减,达到了 99% 的置信水平,即春季青海高原蒸发量存在显著的下降趋势。夏季蒸发量平均 628.6 mm,占全年总量的 38%。夏季蒸发量变化幅度最大,20 世纪 60 和 70 年代偏多为主,于 1974 年发生转折,80—90 年代明显减少,基本为负距平,至 2001—2005 年轻微上升,2006—2010 年又逐年递减。1961—2010 年的气候倾向率为 -8.5 mm/10 a,达到了 95% 的置信水平,亦存在明显的下降趋势。秋季蒸发量全省平均 331.0 mm,占全年总量的 20%。秋季与冬季变化特征基本一致,在此不再赘述。

综上,青海高原年和四季蒸发量统一呈减少趋势,20 世纪 60 年代较均值偏多,于 70 年代转为偏少期,转折年在 70 年代前期,直至 21 世纪才缓慢增加。春夏两季蒸发量是一年中最多的,二者共计占全年总蒸发量的 70%,冬季最小。春、夏季蒸发量存在显著的减少趋势,年平均蒸发量的变化主要是由春、夏季的变化所决定的。

蒸发过程主要受三方面条件控制:(1)蒸发的供水条件,主要由下垫面的性质决定;(2)能量供给条件,主要源于太阳净辐射;(3)水汽输送条件,取决于气温、湿度和风速大小(Liu et al.,2006)。蒸发皿观测的蒸发量实质是有限水面蒸发量,它并不代表实际的蒸发量,它表征本站地表可能的最大蒸发量,也可简称为蒸发潜力。目前尽管有很多关于蒸发皿蒸发量减少趋势的报道,但对其归因问题仍存在很多争议。这里分别选取如下各气候因子进行分析:平均气温、最高气温、平均气温、气温日较差、日照时数、降水量、相对湿度、平均风速。

4.3.2 蒸发皿蒸发量与气候影响因子相关分析

蒸发状况受多个气候因子的影响,但各因子间存在相互作用,简单的统计相关分析有一定的局限性,可能会掩盖某些因子同蒸发量的关系,蒸发量与某气候要素的相关系数高不一定表明该要素是影响蒸发量的主要因子,在此采用偏相关分析方法,排除因子间的相互影响,确定真正影响蒸发皿蒸发量的气候影响因子并对其进行深入分析。表 4.3 给出了青海高原年平均蒸发皿蒸发量与 8 个气象要素的偏相关系数。可以看出,在所列影响蒸发潜力的 8 个气象因子中,蒸发皿蒸发量与平均风速的关系最密切,同时,与平均气温及相对湿度的关系也较好,其相关性均通过 0.001 信度的显著性水平检验,与日照时数的关系最差,仅为 -0.135。这 8 个气象因子按其属性可划分为 3 类,即包括平均气温、最高气温、最低气温、日温差和日照时数反映热力的因子;包括降水量和相对湿度可反映湿度的因子;平均风速代表动力因子。这里选取与蒸发皿蒸发量关系密切的 3 个代表因子(平均气温、相对湿度、平均风速)进行全省范围的偏相关分析,结果见图 4.11。

对于高原地区,因气温的日变化和季节变化较大,会直接影响蒸发皿蒸发量的变化,图 4.11a 给出平均气温与蒸发皿蒸发量的偏相关分布图。在蒸发皿蒸发量与平均气温的偏相关系数图上,全省大部为正相关,仅个别站点呈现弱的负相关,显著正相关的区域有海西中北部

表 4.3　青海省 1961—2010 年各气候要素的变化速率(/10 a)及其与蒸发量的偏相关系数对照表

要素	气温				日照时数	降水量	相对湿度	平均风速
	平均	最高	最低	日较差				
偏相关	**0.508***	−0.382**	−0.277*	−0.200	−0.112	0.274*	−0.506***	0.580***
	0.36 ℃	0.33 ℃	0.47 ℃	−0.14 ℃	−16.4 h	4.6 mm	−0.26%	−0.14 m/s

注:*,**,*** 分别表示通过 0.05,0.01 和 0.001 信度的显著性检验。

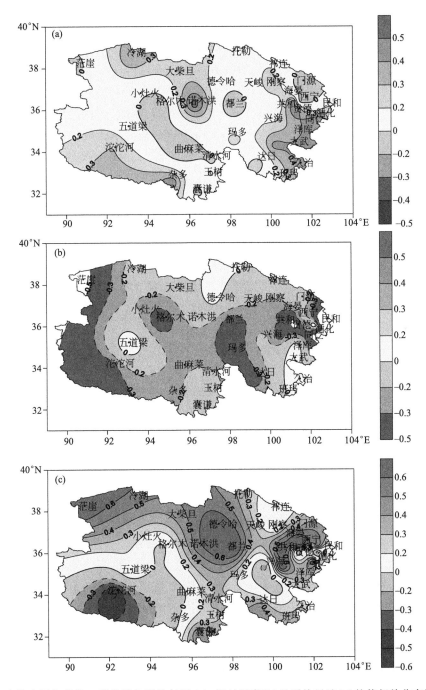

图 4.11　青海高原年蒸发皿蒸发量与平均气温(a)、相对湿度(b)及平均风速(c)的偏相关分布图(附彩图)

地区、黄南地区及果洛和玉树的部分站点,表明这些地区的气温变化可能是影响蒸发皿蒸发量的主要因子之一。

相对湿度是影响蒸发重要因子,相对湿度的增加会抑制蒸发的进行,从而使得蒸发皿蒸发量减少。全省大部分地区其偏相关系数为负,关系较密切的区域在西部边缘地区、海南及东部农业区等地,偏相关系数最高可达−0.7,上述区域均通过了0.05信度的显著性水平检验图4.11b。

由于全球气候变暖,北半球大气活动中心和西风急流向北推移,地面风速下降是蒸发量下降的一个主要原因,风速对蒸发过程的影响主要有两个方面:首先,风速可以迅速吹散蒸发皿上的水汽从而增强蒸发皿蒸发;其次,风速增加平流作用,如果平流带来的是冷湿水汽则又会抑制蒸发皿蒸发。另外值得注意的是,平均风速减弱对近地层气溶胶含量和烟雾日数增加可能也有不可忽视的作用,这可以通过太阳辐射作用间接影响蒸发量。在蒸发皿蒸发量与平均风速的偏相关系数图上(图4.11c),海西地区、青海湖东部、海南、黄南及玉树和果洛南部边缘地区为显著正相关区,最大偏相关系数达0.8,反映了这些地区风速的增大(减小)会使得蒸发皿蒸发量增加(减少),与风速对蒸发的第一个作用密切相关,沱沱河等个别地区为负相关,对应第二个作用。

4.3.3 气候影响因子的变化趋势

1961—2010年青海高原气候变化趋势存在一些明显的主调,其中气温(平均、最高、最低)及降水量是上升趋势,气温日较差、日照时数、相对湿度和平均风速呈下降趋势(见表4.3)。这与左洪超等(2005)研究的有关西部气候转型的研究结果一致。平均气温表现出极显著的升高趋势,年平均上升速率为0.36 ℃/10 a,其中柴达木盆地的趋势最为显著,气候倾向率达0.5 ℃/10 a。平均最高和最低气温与平均气温相类似,三者比较来看,最低气温的升温幅度最大,平均气温次之。经检验,平均气温和最低气温均通过0.001信度的显著性检验。气温日较差和日照时数一致减少,气温日较差的减少趋势主要是由于最低气温的增幅(0.47 ℃/10 a)大于最高气温增幅(0.33 ℃/10 a)引起。Roderick(2002)将这归因于云量和气溶胶等污染物的增加,因为云量和气溶胶及各种污染物的增加减少了白昼到达地面的太阳辐射量,同时也减少了夜间地表长波辐射向大气层外的损失,以致日较差出现减少趋势。日照时数与太阳辐射关系密切,是反映地面接收太阳总辐射的良好代用指标,二者变化趋势基本一致,太阳辐射对蒸发的影响具有清晰的物理机制,以致长期以来很多学者一直在应用总辐射或净辐射资料计算蒸发潜力和蒸发量。其下降的原因与日较差相同,同时申双和(2008)的研究也证明了这一点:1960—1990年期间中国大部分地区观测的太阳总辐射和直接辐射呈现的减少趋势主要是由于大气混浊度的增加和气溶胶的增多造成的。全省年平均日照时数的减少速率为16.4 h/10 a,主要体现在青海北部区,青南高原则为增加趋势。在年尺度上,西部干旱区降水量是普遍增加的,这在青海省得到很好的体现,由表4.3可见,年降水量以4.6 mm/10 a的速率递增,这对近年来缓解本省干旱化程度发挥了举足轻重的作用。然而,对于相对湿度,表现为下降趋势,但其趋势相当微弱。同样,平均风速的减小趋势较平缓,年均风速以0.14 m/(s·10 a)的速率下降,风速减小的原因比较复杂,有研究认为是全球变暖情况下的大气环流变化所引起,在全球变暖背景下,亚洲纬向环流指数增强、经向环流指数减弱所引起的亚洲冬季风和夏季风减弱,导致我国平均风速的减小。另外,城市化发展导致大多数建在城镇周边地区的气象站点附近的粗糙度增加也可能是引起观测到的风速下降的一个不可忽略的因素。

4.3.4　蒸发皿蒸发量下降原因分析

　　大量研究证实,在过去 100 a 中全球气温平均上升了 0.3～0.6 ℃,近 50 a 中的升温幅度为 0.15 ℃/10 a。中国的一些研究也表明,在 1951—1990 年间,年平均温度升高了 0.3 ℃。基于此事实,很容易认为全球变暖可能会使近地面层变干,则陆地上水体蒸发量应上升,而实际结论却与此相反,目前的研究结果均表明,就平均状况而言,在近 50 a 中北半球蒸发皿蒸发量呈稳定下降的趋势。

　　为进一步说明青海高原各个区域环境因子与蒸发量的关系及其变化成因,以下分区进行偏相关分析,将全省分为东部农业区、柴达木盆地、三江源区及唐古拉地区分别讨论(表 4.4)。就东部农业区而言,年平均蒸发量以 25.8 mm/10 a 的速率明显减少,本区年蒸发量与平均气温、平均风速及相对湿度显著正相关,与最高气温和相对湿度显著负相关,结合以上因子的变化趋势,可发现平均风速的下降及最高气温的上升趋势对于本区蒸发量的减少起到非常重要的作用,针对四季来看,平均风速在四季中均表现出极高的相关性,另外春、秋季显著相关的因子还有平均气温和相对湿度,夏季有平均气温和降水量。在柴达木盆地,蒸发量减少趋势非常显著,年减少速率高达 101.2 mm/10 a,相关分析表明,平均风速依然是影响本区蒸发减少的主要因子,在年及四季中均呈现出显著的正相关,另外,夏季平均气温、最高气温及相对湿度与蒸发量也显著相关。而对于三江源区,蒸发量呈现出增加趋势,影响年及春、夏、秋季的关键因子为相对湿度,因相对湿度减少趋势极缓,因而本区蒸发量仅仅表现出微弱的上升趋势,冬季的影响因子是平均风速。针对唐古拉地区,年蒸发量以 25.6 mm/10 a 的速率递减,与日照时数有较明显的相关性,各季的影响因子比较分散,这可能与地形、地貌等有较大的关系。

表 4.4　蒸发皿蒸发量与气象因子的偏相关系数

地区	季节	气温				日照时数	相对湿度	平均风速	降水量
		平均	最高	最低	日较差				
东部农业区	年	**0.631**	**−0.499**	−0.005	**0.378**	−0.232	**−0.493**	**0.502**	0.095
	春	**0.273**	0.009	−0.130	0.003	−0.014	**−0.338**	**0.654**	0.091
	夏	**0.616**	−0.264	−0.132	0.115	0.063	−0.065	**0.432**	**0.329**
	秋	**0.370**	0.012	−0.209	−0.039	−0.042	**−0.403**	**0.543**	0.169
	冬	0.039	0.005	−0.029	0.050	−0.226	0.080	**0.274**	0.184
柴达木盆地	年	0.068	−0.052	0.015	0.109	**0.278**	−0.183	**0.780**	−0.048
	春	−0.022	−0.021	0.226	0.253	0.156	−0.137	**0.876**	−0.159
	夏	**0.746**	**−0.540**	−0.123	0.230	0.070	**−0.530**	**0.896**	−0.028
	秋	0.078	−0.004	−0.003	0.010	**0.259**	0.120	**0.774**	−0.143
	冬	0.001	0.095	−0.066	−0.047	**0.251**	−0.036	**0.536**	0.263

地区	季节	气温				日照时数	相对湿度	平均风速	降水量
		平均	最高	最低	日较差				
三江源区	年	0.034	0.172	−0.113	−0.106	0.018	**−0.411**	−0.019	−0.026
	春	−0.131	0.173	−0.101	−0.114	0.004	**−0.543**	−0.134	−0.187
	夏	−0.121	0.108	0.141	0.032	−0.204	**−0.763**	0.138	−0.070
	秋	0.221	0.139	0.113	0.179	0.114	**−0.390**	−0.152	0.182
	冬	0.027	−0.014	0.001	0.001	−0.196	−0.187	**−0.286**	−0.184
唐古拉山区	年	0.178	0.012	−0.115	0.008	−0.293	−0.222	−0.231	−0.187
	春	0.21	0.265	−0.356	−0.255	−0.049	−0.025	−0.101	−0.129
	夏	0.302	−0.118	−0.112	0.182	−0.156	−0.215	−0.282	0.191
	秋	−0.069	0.318	−0.291	−0.290	−0.005	−0.367	−0.025	−0.148
	冬	0.049	−0.134	0.078	0.164	−0.165	−0.265	−0.089	0.45

　　根据以上分析,青海高原蒸发量的变化受多个气候因子的影响,其中平均风速及相对湿度对蒸发量的影响较显著并且集中。平均风速在东部农业区和柴达木盆地呈现高的正相关性,同时,高相关区平均风速的减少趋势较大,而低相关区的变化不明显,以致这两个地区的蒸发皿蒸发量减少趋势较明显,因而,平均风速变化对青海东北部地区蒸发量的减少具有显著的作用。其次,在东部农业区及三江源区,相对湿度与蒸发量有较强的负相关性,可能是因为东部多农业灌溉措施,易改变大气相对湿度,进而影响大气的蒸发潜势,而青南区下垫面多为草地,植物的蒸腾作用会调整大气湿度,从而影响蒸发。综上所述,影响青海高原蒸发皿蒸发量变化的主要因子是平均风速、相对湿度及平均气温,而其余各因子在不同地区和不同时期的影响也有所体现。

　　根据上述分析,可发现蒸发皿蒸发量是风速、气温、相对湿度等多个气候因子的复杂函数,青海高原蒸发量所表现出的总体变化趋势就是各因子共同作用的结果,如果仅仅考虑单个环境因子对蒸发潜力的影响肯定会产生各种偏颇,而所谓的蒸发佯谬可能就是只考虑了气温这一个气象因子对蒸发的影响所造成的一种误解。在此,借助因子分析方法提取主要公因子,利用多元回归分析来构建一种蒸发皿蒸发量的计算模型,这样不但可以保证自变量之间相互独立,还可全面引入各类气候因子,为预测蒸发皿蒸发量提供一条新的途径。利用上述 8 个气候要素(平均气温、降水量、平均最高气温及最低气温、日照时数、相对湿度、平均风速和气温日较差)1961—2010 年历年平均值构成基本资料集,即以 8 个指标为变量,构成一个样本为 50、变量为 8 的数据阵(50×8),进行因子分析,表 4.5 为因子分析结果,这里取了前三个有突出意义公因子的荷载及累积方程贡献,可直接反映出气候形态,其中第一公因子的高荷载值集中于气温要素(平均气温 0.49、最高气温 0.43、最低气温 0.51),第二公因子的高荷载突出反映水分状况(降水量 0.45、相对湿度 0.51),而第三个公因子则体现在风速状况(平均风速 0.81),前 3 个载荷向量的累积方差贡献率为 84.5%,可在一定程度反映出综合气候特征,在此将经因子分析后的前三个主分量依次称作气温指数、水分指数及动力指数。

表 4.5　各主因子上的荷载及累积方差贡献

荷载	平均温度	降水量	最高温度	最低温度	日照时数	相对湿度	平均风速	气温日较差	累积方差贡献(%)
1	*0.49*	0.2	*0.43*	*0.51*	−0.31	−0.12	−0.33	−0.22	44.8
2	−0.2	*0.45*	−0.35	−0.02	−0.37	*0.51*	−0.03	−0.41	74.7
3	0.04	0.27	0.01	0.09	−0.22	−0.44	*0.81*	−0.13	84.5

利用多元回归法建立青海省年平均蒸发量的标准化回归方程：

$$Y = 1681.453 + 7.88x_1 - 37.967x_2 + 37.906x_3 \qquad (4.1)$$

式中，Y 表示年蒸发皿蒸发量(mm)；x_1 代表气温指数，x_2 代表水分指数，x_3 代表动力指数。上式说明蒸发量随气温升高和风力加大而增加、水分增多而减少，其物理意义与客观事实比较吻合。同时可以看出，三类因子中，水分及动力指数对蒸发皿蒸发量的影响较大，而气温指数相对较小，这也正好可以解释为何会出现气温升高，而蒸发皿蒸发量减少的现象。

图 4.12 是运用回归方程拟合的蒸发皿蒸发量与观测年蒸发量的对比结果，拟合值和实测值之间无论在变化趋势上还是数值上都有较高的精度，均方根误差为 43.7 mm，复相关系数为 0.886，回归模型的 F 值为 23.35，远大于查得的 $\alpha = 0.01$ 置信水平的 F 值($F_{0.01}(3,50) = 4.20$)，通过该信度水平的检验。表明该方程能较好地拟合出全省蒸发皿年蒸发量，因而具有较强的实用性。

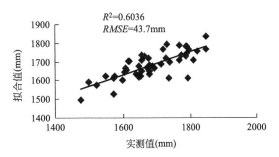

图 4.12　蒸发量与影响因子的回归模型精度检验

依照上述方法，以下分别建立了东部农业区(4.2)、柴达木盆地(4.3)、三江源区(4.4)及唐古拉山区(4.5)年蒸发量的多元回归模型。

$$Y = 1579.093 + 20.350T - 47.291S + 50.369F - 20.051r - 48.508U \quad R = 0.832 \qquad (4.2)$$

$$Y = 2419.456 - 41.567T - 34.828U + 77.968DET + 119.049F - 44.562r \quad R = 0.883 \qquad (4.3)$$

$$Y = 1413.993 + 42.650T - 41.999DET + 7.056F + 46.81U - 20.304r \quad R = 0.761 \qquad (4.4)$$

$$Y = 1466.616 + 35.789T - 65.809DET - 3.488F - 7.796S - 34.331U - 36.782r \quad R = 0.797 \qquad (4.5)$$

式中，Y 表示年蒸发皿蒸发量(mm)，T、S、F、r、U、DET 分别代表气温、日照、风速、降水量、相对湿度及日较差的标准化数据，R 为复相关系数。经检验，上述方程均达到 0.001 信度的显著性水平。由标准化回归方程各因子的系数来看，影响东部农业区和柴达木盆地蒸发量的主导因子是风速，三江源区为湿度和气温，而唐古拉山区为日较差。由此可反映出对于干旱地区，蒸发量对风速的响应比较显著，而在高寒湿地区，温度因子对蒸发的影响作用是不容忽视的。

4.3.5 结论与讨论

1961—2010年青海高原蒸发皿蒸发量呈显著下降趋势,其变化取决于诸多气候要素,是热力、水分、和动力三类因子综合作用的结果,其关系不是单一的因果关系,有些关系是隐式的,甚至各个气候要素之间也会相互牵制,所以蒸发皿蒸发量是一个敏感性很强的气候要素。多元回归分析结果表明在热力、水分及动力三类因子中,动力及水分因子对青海高原蒸发皿蒸发量的影响较大,而热力因子相对较小,但在现有的观测资料基础上很难准确区分各个因子对蒸发皿蒸发量变化的贡献大小;区域分析结果发现,影响东部农业区和柴达木盆地蒸发量的主导因子是平均风速和相对湿度,三江源区为相对湿度,而唐古拉山区为气温日较差。

通过分析黄河上游可能蒸散量与地表水资源的关系发现,蒸散量对地表水资源的负效应十分显著,其中夏季蒸散量对于平均流量的影响最为显著,而秋季平均流量对蒸散量的响应最为敏感。

蒸发皿蒸发量是有限水面的蒸发量,代表地表的最大蒸发量,为可能蒸发量的表示方法之一,对蒸发皿蒸发量的趋势变化及影响因子研究已较多,要掌握青海高原水分及动力因子对蒸发量的影响程度,还需结合地表状况、土壤湿度等因子进一步研究。

4.4 不同生态功能区蒸发皿蒸发量的变化特征分析

20世纪是全球近千年来增暖幅度最显著的时期,IPCC第三次评估报告指出,21世纪全球气候将继续变暖(Houghton et al.,2001)。随着全球气温升高,水循环加快,将改变全球水资源时空分布,进而影响到生态环境和社会经济的发展(江涛等,2000)。青藏高原从20世纪50年代开始,冬季气温开始表现出逐步变暖的趋势。相比较全球和北半球的平均气温变暖趋势,青藏高原的变暖趋势出现的更早(Liu,2000)。蒸散(发)作为潜热通量是决定天气与气候的重要因子,是水循环中最直接受土地利用和气候变化影响的一项,全球性蒸散(发)对大气环流和降水均有重要影响(施能,1995)。实际蒸散(发)的测定非常困难,蒸发皿蒸发量虽不能直接代表水面蒸发,但与水面蒸发之间存在很好的相关关系,是水文、气象台站常规观测项目之一,具有观测资料累积序列长、可比性好等优势。

目前国内外已出现很多研究结论,多数研究认为,全球范围内云量或气溶胶增加所引起的辐射量下降以及气温日较差和风速的下降是蒸发皿蒸发量与潜在腾发量的主要原因,但在不同地区有不同的表现。如Peterson等(1995)发现云量的增加导致了蒸发量的减小;申双和和盛琼(2008)分析得出中国蒸发皿蒸发量以−34.12 mm/10 a的速率递减。左洪超等(2005)统计发现中国66%的站点蒸发皿蒸发量下降趋势是由多环境因子共同作用的结果;Liu等(2011)研究表明,温度的升高导致蒸发皿蒸发量的增加,而风速的下降是蒸发皿蒸发量降低的主导因子,此外水汽压的增加以及太阳辐射的降低都是蒸发皿蒸发量下降的因素。Zhang等(2007)对青藏高原地区蒸发皿蒸发量的研究指出,随着气温的显著增加,风速和日照时数的显著下降,蒸发皿蒸发量下降明显。刘波等(2006)认为中国北方蒸发皿蒸发量下降趋势明显,空间分布上看,由东北向西北下降趋势逐渐增大,气温日较差和风速是导致蒸发皿蒸发量下降的主要原因。王艳君等(2005)研究了长江流域蒸发量的变化趋势,导致蒸发量持续下降的主要原因是太阳净辐射和风速的显著下降。邱新法等(2003)研究表明黄河流域40年蒸发量呈明显的下降趋势,主要表现在夏季和春季。苗运玲等(2013)研究指出新疆哈密市年蒸发量均呈明显下降趋势。综上所述,影响蒸发量的因素很多,与各个环境因子的相关关系不同,且存在一定的地区差异。

青海省地处青藏高原东北部,全省平均海拔在 3000 m 以上,境内地貌特征复杂多样,各地气候条件和植被状况相差较大。根据各地的地理位置和地貌特征将青海省划分为 4 个生态功能区(李红梅,2012)。其中,环青海湖区和三江源地区为天然草场区,主要分布高寒草甸和草原草场,牧草生长季为 4—9 月,总体上三江源地区的植被状况稍好于环青海湖区;东部农业区主要以农作物为主,在作物生长季地面植物覆盖度较好,冬季和春季主要以裸地为主;而柴达木盆地以荒漠区为主,气候干燥,年降水量较少,沙化严重,主要分布一些灌木类植物。青海省 4 个不同生态功能区较大的地貌和气候特征差异,导致近年来各地气候变化趋势有所不同(李红梅,2012;李林,2004)。刘蓓(2010)利用 1961—2003 年 44 个台站资料进行分析,表明青海省整体及其东北黄河流域区、柴达木盆地区和南部高原区平均年蒸发量呈逐年下降趋势。申红艳等(2013)研究表明 1961—2010 年青海省整体及其西北部及东部农业区年蒸发量呈现明显的下降趋势,而地处高原南部的三江源区域显示轻微增加趋势。李景鑫等(2013)研究指出,西宁市蒸发量的年际变化呈显著下降趋势。目前针对青海省整体及其不同生态功能区的蒸发量变化特征以及影响因子的研究也少见报道,且数据大多截至 2010 年,时效性和综合性明显不足,作为气候变化的敏感区,对蒸发皿蒸发量的变化进行相关分析,对青海省气候变化的研究更具有重要的意义,因此本研究对 1964—2013 年青海省 4 个不同生态功能区蒸发皿蒸发量的气候变化特征、气候突变和影响气象因子进行分析,找出其变化的差异,以期为今后更好地认识不同生态功能区蒸发皿蒸发量变化特征提供基础。

考虑到气象台站的搬迁,为了保证样本记录的连续性、均一性和可靠性,在保证站点数及反映 4 个生态功能区差异的情况下(图 4.13),选取了 43 个气象站 1964—2013 年逐月平均气温、气温日较差、日照时数、平均风速、平均相对湿度、降水量和 20 cm 蒸发皿蒸发量等资料。其中 1964—2003 年的全年、2004—2013 年 1—4 月、10—12 月为 20 cm 口径小型蒸发皿测得的蒸发量,2004—2013 年的 5—9 月为 E601B 型蒸发器测得的蒸发量。根据 4 个不同生态功能区 1998—1999 年 5—9 月 20 cm 口径小型蒸发皿(Y)和 E601B 型蒸发器(X)月蒸发量对比

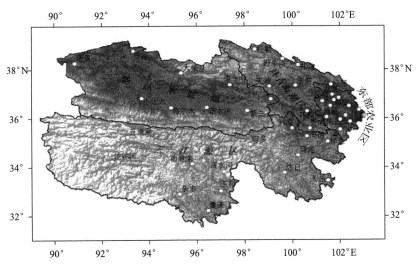

图 4.13 青海省 43 个气象站分布及生态功能区划分

观测资料,得到线性回归方程(表 4.6),回归方程均通过 F 检验,将 2004—2013 年 5—9 月 E601B 型蒸发量换算成 20 cm 口径小型蒸发皿蒸发量。对每个台站的资料进行整理,获取其年和季节特征序列,用算术平均值代表柴达木盆地(包括 9 个站)、环青海湖区(包括 8 个站)、东部农业区(包括 12 个站)和三江源地区(包括 14 个站)。季节划分是以 3—5 月为春季,6—8 月为夏季,9—11 月为秋季,12—次年 2 月为冬季。

表 4.6 青海省不同生态功能区 20 cm 口径小型蒸发皿和 E601B 型蒸发器蒸发量订正方程

地区	线性方程	复相关系数(R^2)	样本数
柴达木盆地	$Y = 1.519x + 20.655$	0.9138	79
环青海湖区	$Y = 1.3306x + 42.938$	0.8256	59
东部农业区	$Y = 1.5623x + 24.047$	0.8827	51
三江源区	$Y = 1.4424x + 30.756$	0.857	125

逆序列(UB)进行计算,根据正逆序列统计量的曲线判断气象要素的变化趋势及突变特征。该方法的优点是数据序列不需要遵从一定的分布,也不受少数异常值的干扰。

4.4.1 蒸发量特征分析

图 4.14 给出了青海省年和冬季蒸发皿蒸发量和年蒸发量变化趋势的空间分布(春夏秋季图略)。年蒸发皿蒸发量呈现出从西北部向东南部减小的分布特点,最大值在柴达木盆地的冷湖站,为 3082.5 mm,最小值在三江源地区的清水河站和环青海湖区的门源站,分别为 1153.2 mm 和 1143.3 mm。春、夏、秋 3 季蒸发量的分布特征与年蒸发量的分布特征相似,冬季的分布特征为从南部向北部逐渐减小。年蒸发量气候倾向率自西北向东南逐渐增大,以祁连、刚察、玛多、曲麻莱和杂多为分界线,东部为蒸发量的上升区域,西部为下降区域,其中玉树站气候倾向率最大,为 81.1 mm/10 a,其次是久治站,气候倾向率为 71.2 mm/10 a,茫崖站和格尔木站气候倾向率最小,分别为 −145.7 和 −135.0 mm/10 a;四季蒸发量的趋势分布特征与年蒸发量的趋势分布特征相似。

各气象站与各自生态功能区域的变化趋势并不完全一致。就各气象站点的年蒸发量变化(表 4.7)而言,柴达木盆地 9 个代表站中有 8 个台站均呈下降趋势,通过 0.05 以上的显著性检验(下降幅度最大的是茫崖站,气候变化速率为 −145.7 mm/10 a);环青海湖区 8 个代表站中有 3 个台站表现为下降趋势,其中 2 个台站通过 0.05 以上的显著性检验(下降幅度最大的是野牛沟站,气候变化速率 −35.4 mm/10 a),而上升的台站有 5 个,其中 3 个台站通过 0.05 以上的显著性检验(增加幅度最大的是刚察站,气候变化速率为 30.5 mm/10 a);东部农业区 12 个代表站中有 5 个台站表现为下降趋势,其中 3 个台站通过 0.01 显著性检验(下降幅度最大的是西宁站,气候变化速率 −95.8 mm/10 a),而上升的台站有 7 个,其中仅有 1 个台站通过 0.01 显著性检验(增加幅度最大的是同仁站,气候变化速率为 53.1 mm/10 a);三江源地区 14 个代表站中有 11 个台站表现为上升趋势,其中 8 个台站通过 0.01 显著性检验(上升幅度最大的是玉树站,气候变化速率 81.1 mm/10 a),而下降的台站有 3 个,其中 2 个台站通过 0.05 以上的显著性检验(下降幅度最大的是五道梁,气候变化速率为 −31.9 mm/10 a)。

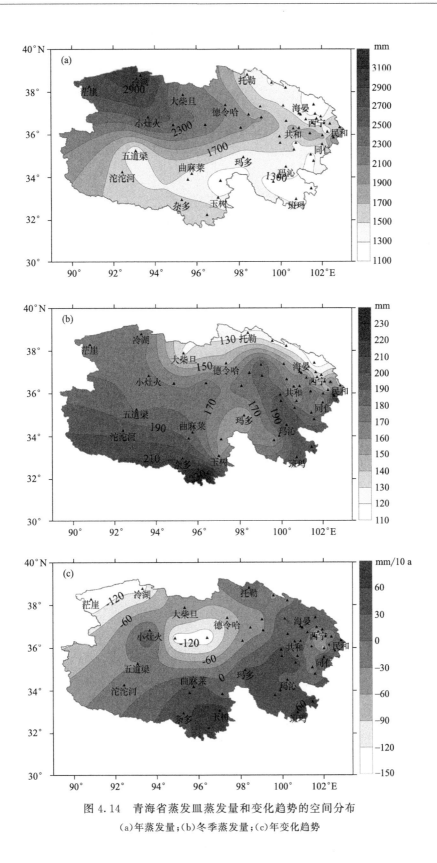

图 4.14　青海省蒸发皿蒸发量和变化趋势的空间分布

(a)年蒸发量；(b)冬季蒸发量；(c)年变化趋势

表 4.7　青海省生态功能区年蒸发量变化趋势统计

项目	下降站点			上升站点		
	总数	信度 0.05	信度 0.01	总数	信度 0.05	信度 0.01
柴达木盆地	8	3	5	1	0	0
环青海湖区	3	1	1	5	2	1
东部农业区	5	0	3	7	0	1
三江源地区	3	1	1	11		8

对青海省 4 个生态功能区平均蒸发皿蒸发量的逐月资料进行计算分析得出,4—10 月青海省 4 个生态功能区蒸发量大小依次为柴达木盆地＞东部农业区＞环青海湖地区＞三江源地区,9 月至次年 2 月东部农业区、环青海湖地区和三江源地区蒸发量大致相当。柴达木盆地、环青海湖区和东部农业区月平均蒸发皿蒸发量月际变化表现为单峰型分布,而三江源地区表现为弱双峰型(图 4.15a),1—5 月逐月增加,8 月后逐月下降,5—8 月是 4 个生态功能区全年蒸发量中最大的 4 个月,占全年的比例柴达木盆地最大(55.9%),三江源地区占全年的比例最小(47.4%),蒸发量 1—5 月平均增幅在 (33.5%～64.6%)/月,8—12 月平均的减幅为 (23.4%～37.4%)/月,特别是 2—3 月(10—11 月)增幅(减幅)最明显,柴达木盆地增幅(减幅)是三江源地区的 1.7(1.8)倍左右。三江源地区、环青海湖区和东部农业区月蒸发量最大值出现在 5 月,而柴达木盆地出现在 7 月,最小值柴达木盆地、环青海湖区和三江源地区出现在 1 月,东部农业区出现在 12 月,柴达木盆地月蒸发量最大值是最小值的 7 倍左右,其他三个生态功能区在 3～5 倍。

4 个生态功能区各气象站间月际变化规律略有不同,主要表现在最大值和最小值出现的月份不完全一致。柴达木盆地最大值和最小值 77.8% 站均出现在 7 月和 1 月,环青海湖区和东部农业区分别有 75.0% 和 83.3% 站出现在 5 月和 1 月,三江源地区分别有 57.0% 和 42.9% 站最大值出现在 5 月和 7 月,最小值出现在 12 月和 1 月的比例均为 50.0%。

从季节来看(图 4.15b),柴达木盆地平均年蒸发量最大,为 2366.0 mm,东部农业区和环青海湖区次之,分别为 1551.9 mm 和 1450.0 mm,三江源地区最小,为 1400.9 mm。四季蒸发量的排序与年排序相一致,但四季占各自全年蒸发量的比例不完全一致。其中,春季分别 718.9 mm、527.6 mm、472.8 mm 和 439.2 mm,分别约占各自全年的 30.4%、34.0%、32.6% 和 31.3%,夏季分别为 999.1 mm、572.8 mm、541.1 mm 和 493.0 mm,分别约占各自全年的 42.2%、36.9%、37.3% 和 35.2%,秋季为 481.4 mm、293.8 mm、291.7 mm 和 284.9 mm,比例分别为 20.3%、18.9%、20.1% 和 20.3%,冬季为 166.5 mm、157.6 mm、144.4 mm 和 183.8 mm,比例分别为 7.0%、10.2%、10.0% 和 13.1%,可以看出 4 个生态功能区蒸发量存在着十分明显的季节变化,夏季蒸发量最大,其次为春季和秋季,冬季蒸发量最少,说明春夏两季蒸发量的多少对青海省 4 个不同生态功能区水循环起重要作用。

从 4 个生态功能区蒸发皿蒸发量年代际变化(表 4.8)来看,20 世纪 70 年代除三江源区外,其他 3 个功能区为正距平,其中柴达木盆地最大;20 世纪 80 年代和 90 年代,4 个功能区均为负距平,21 世纪初除柴达木盆地外,其他 3 个功能区为正距平,其中三江源区最大。

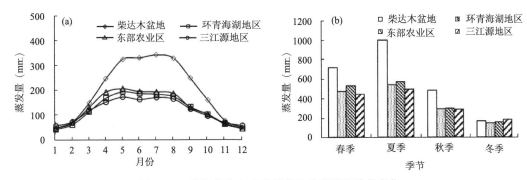

图 4.15　青海省生态功能区蒸发量月际和季节变化

(a)月际；(b)季节

表 4.8　青海省生态功能区蒸发量的年代际变化(单位：mm)

年代	柴达木盆地	环青海湖区	东部农业区	三江源区
20 世纪 70 年代	175.9	54.1	22.3	−19.4
20 世纪 80 年代	−35.2	−107.9	−87.3	−75.3
20 世纪 90 年代	−110.8	−37.3	−90.1	−9.6
21 世纪初(2000—2010 年)	−87.7	55.9	39.3	112.8

图 4.16 给出了青海省 4 个生态功能区蒸发量年际变化趋势。可以看出,青海省 4 个生态功能区年蒸发皿蒸发量变化气候倾向率分别为 −77.9、2.0、−8.9 和 30.1 mm/10 a,趋势系数分别为 0.76、0.03、0.11 和 0.48,柴达木盆地和三江源地区通过 0.001 显著性检验,环青海湖区和东部农业区未通过显著性检验,这与刘波(2006)、刘蓓(2010)和申红艳(2013)研究得出的全国及青海省蒸发皿蒸发量整体呈现显著的下降趋势和程度不相一致,表明虽然全国(或青海省)整体平均蒸发皿蒸发量呈下降趋势,但局部区域与全国(或青海省)整体的变化形式并不完全同步。4 个生态功能区年蒸发量多项式拟合曲线均呈现先降后升型,但转换时间不完全一致。

柴达木盆地年平均蒸发量为 2366.0 mm,年最大蒸发量为 2664.2 mm,约超出平均值 12.6%,出现在 1965 年,年最小蒸发量 2095.8 mm,出现在 2013 年,低于平均值 11.4%,其蒸发量在 20 世纪 90 年代中期前变化以下降为主,以后进入缓慢波动。环青海湖区年平均蒸发量为 1450.0 mm,年最大蒸发量为 1601.8 mm,约超出平均值 10.5%,出现在 1979 年,年最小蒸发量 1170.5 mm,出现在 1989 年,低于平均值 19.3%,其蒸发量在 20 世纪 80 年代前变化以下降为主,20 世纪 90 年代—21 世纪初以上升为主。东部农业区年平均蒸发量为 1551.9 mm,年最大蒸发量为 1849.0 mm,约超出平均值 19.1%,出现在 1966 年,年最小蒸发量 1350.0 mm,出现在 1993 年,低于平均值 13.0%,其蒸发量在 20 世纪 60—80 年代变化以下降为主,20 世纪 90 年代—21 世纪 00 年代以上升为主。三江源区年平均蒸发量为 1400.9 mm,年最大蒸发量为 1625.6 mm,约超出平均值 16.0%,出现在 2007 年,年最小蒸发量 1223.1 mm,出现在 1983 年,低于平均值 12.3%,其蒸发量在 20 世纪 80 年代—21 世纪初以上升为主。

表 4.9 给出了青海省 4 个生态功能区四季蒸发皿蒸发量的气候倾向率和趋势系数。柴达木盆地春夏秋季蒸发皿蒸发量均呈下降趋势,冬季呈现上升趋势,春、夏和秋季通过 0.001 的

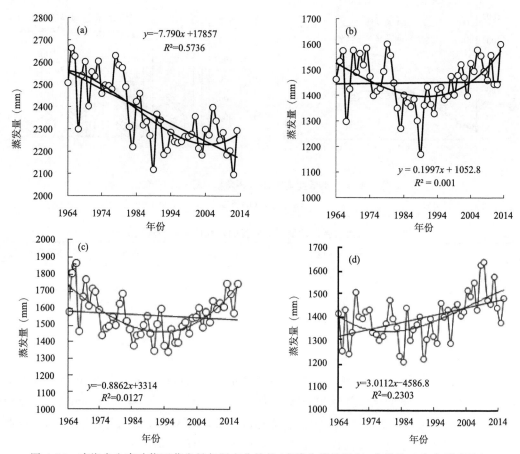

图 4.16　青海省生态功能区蒸发量年际变化趋势(直线为线性回归,曲线为三次多项式回归)
(a)柴达木盆地;(b)环青海湖区;(c)东部农业区;(d)三江源地区

显著性检验,冬季通过 0.01 的显著性检验,春夏 2 季蒸发量下降造成柴达木盆地年蒸发量显著减小;三江源地区四季蒸发皿蒸发量均呈上升趋势,夏和秋季通过 0.001 的显著性检验,冬季通过 0.05 的显著性检验,夏秋季蒸发皿蒸发量上升造成三江源地区年蒸发量显著增大;环青海湖地区夏秋冬三季呈现上升趋势,而春季为下降趋势,仅秋季通过 0.05 的显著性检验;东部农业区除夏季外,其他 3 季表现为下降趋势,但均未通过显著性检验。

表 4.9　青海省功能区四季蒸发量的气候倾向率(单位:mm/10 a)和趋势系数

地区	类别	春季	夏季	秋季	冬季
柴达木盆地	气候倾向率	−23.6	−35.1	−13.9	5.3
	趋势系数	0.62***	0.68***	0.64***	0.50**
环青海湖区	气候倾向率	−4.3	0.3	5.5	0.5
	趋势系数	0.16	0.01	0.29*	0.04
东部农业区	气候倾向率	−6.7	2.1	−1.1	−3.1
	趋势系数	0.22	0.06	0.05	0.24
三江源地区	气候倾向率	2.0	12.5	10.8	4.8
	趋势系数	0.08	0.47***	0.60***	0.32*

注 *、**和***分别表示通过显著性水平为 0.05、0.01 和 0.001 显著性检验。

　　由表 4.10 可以看出青海省 4 个生态功能区各月蒸发量变化情况。柴达木盆地各月蒸发量变化情况基本相同,均为下降趋势,线性趋势各异,除 2 月份外,其他月份均通过 0.05 以上的显著性检验,减幅最大的是 7 月,为 12.5 mm/10 a;其次是 6 月,减幅为 12.2 mm/10 a,增幅最小的是 2 月,为 1.0 mm/10 a;三江源地区各月均为上升趋势,7—9 月和 11 月通过 0.05 以上的显著性检验,9 月增幅最大,为 8.0 mm/10 a;环青海湖区春季到夏初表现为下降趋势,其他月份表现为上升趋势,仅 9 月通过 0.05 的显著性检验;东部农业区夏季到秋初表现为上升趋势,其他月份均呈现为下降趋势,均未通过显著性检验。

表 4.10　青海省生态功能区逐月蒸发量的气候倾向率(单位:mm/10 a)和相关系数

地区	柴达木盆地		环青海湖区		东部农业区		三江源地区	
项目	气候倾向率	趋势系数	气候倾向率	趋势系数	气候倾向率	趋势系数	气候倾向率	趋势系数
1	−2.1	0.40**	0.2	0.03	−1.4	0.25	1.6	0.24
2	−1	0.19	0.2	0.04	−0.6	0.09	2	0.23
3	−4.6	0.40**	−2.4	0.23	−3.2	0.23	0.2	0.01
4	−6.9	0.43**	−1.1	0.08	−2.4	0.17	1.2	0.1
5	−11	0.49***	−0.8	0.05	−1.1	0.07	0.6	0.05
6	−12.2	0.51***	−0.6	0.04	1	0.06	2.7	0.24
7	−12.5	0.54***	0.2	0.01	0.9	0.06	4.1	0.33*
8	−11.2	0.57***	0.7	0.07	0.2	0.01	5.7	0.44**
9	−4.3	0.31*	4.6	0.41**	1	0.08	8	0.65***
10	−6.7	0.68***	0.3	0.04	−1.2	0.11	1.1	0.13
11	−2.9	0.54***	0.6	0.13	−0.9	0.16	1.7	0.29*
12	−2.3	0.60***	0.1	0.01	−1.1	0.23	1.1	0.2

　　注 *,** 和 *** 分别表示通过显著性水平为 0.05,0.01 和 0.001 显著性检验,下同。

　　为了解青海省 4 个生态功能区年蒸发皿蒸发量的突变情况,对 4 个生态功能区时间序列进行了 M-K 法突变检验(图 4.17)。从年蒸发皿蒸发量 M-K 检验曲线图可以看出:柴达木盆地年蒸发皿蒸发量 1964 年开始波动下降,1975 年进入短期上升趋势,进入 20 世纪 80 年代蒸发量开始逐渐下降,20 世纪 90 年代末下降趋势超过了显著性水平 0.05 临界线,表明蒸发量减小趋势明显。根据 UF 和 UB 曲线交点的位置,确定突变开始的具体时间是 1998 年。环青海湖区在 2005 年出现交点,但下降趋势不明显。东部农业区自 1964 年一直处于波动下降趋势,进入 21 世纪 00 年代中期下降趋势明显,突变时间为 2002 年。三江源地区年蒸发皿蒸发量 1964 年开始波动上升,1979 年上升趋势较为显著,20 世纪 80 年代后期开始转入下降趋势,交点出现在 2007 年,未超过临界线,下降趋势不明显。

4.4.2　蒸发皿蒸发量与气象影响因子

　　蒸发量作为大气蒸发潜力的一个重要指标,影响蒸发量变化的因素众多,既有气象要素

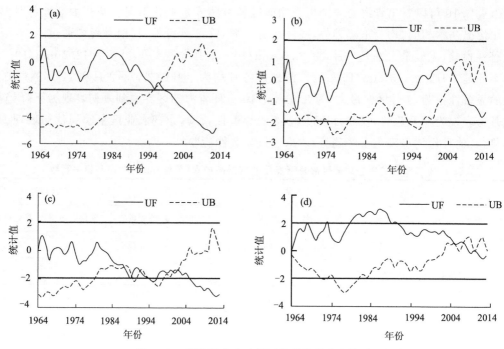

图 4.17　青海省生态功能区年蒸发量突变检验
(a)柴达木盆地；(b)环青海湖区；(c)东部农业区；(d)三江源地区

也有非气象要素。本研究主要选择了湿度(相对湿度、降水量和水汽压等)、热力(空气温度、日照时数和气温日较差等)和动力(风速等)3 类 7 要素气象因子来分析其对蒸发量的影响。

表 4.11 给出了 1964—2013 年青海省 4 个生态功能区各影响气象因子的变化速率及其与时间、蒸发量相关系数及完全相关系数。从表 4.11 分析可知：柴达木盆地平均风速的完全相关系数最大，其次为日照时数和平均气温，水汽压和降水量的完全相关系数较小，日照时数、风速和气温日较差有明显的减小趋势，平均温度、水汽压和降水量为显著的上升趋势，相对湿度变化也不明显，且风速、日照时数、平均气温和气温日较差与蒸发量的相关系数较强，水汽压和降水量与蒸发量的相关不明显，由此可以得知，影响柴达木盆地蒸发量下降的主要原因是风速、日照时数、平均气温和气温日较差；环青海湖区平均气温的完全相关系数最大，其次为平均风速，气温日较差的完全相关系数较小，平均气温上升明显，风速和气温日较差下降趋势明显，其他气象因子变化不明显，平均气温和风速与蒸发量的相关显著，故平均气温和风速是环青海湖区蒸发量下降的主要因素；东部农业区平均风速的完全相关系数最大，其次为相对湿度，日照时数的完全相关系数较小，风速、相对湿度和日照时数下降趋势明显，平均气温上升明显，且风速和相对湿度与蒸发量相关显著，其他气象因子与蒸发量相关未通过检验，故风速和相对湿度是东部农业区蒸发量下降的主要因素；三江源地区平均气温的完全相关系数最大，其次为相对湿度，气温日较差的完全相关系数较小，平均气温和水汽压上升趋势明显，相对湿度、风速和气温日较差下降趋势明显，但水汽压、风速和气温日较差与蒸发量的相关未通过显著性检验，由此可以得知，平均气温和相对湿度是三江源地区蒸发量下降的主要因素。表明青海省不同功能区影响蒸发量的主要因子是不同的，这一结果与申双和(2008)分析的影响中国蒸发皿蒸发量的主要因子为平均风速和日照时数的结论完全不同，与左洪超等(2006)分析的中国 66%站点蒸发皿蒸发量下降是由多环境因子共同作用，且不同地区有不同的表现的结果相一致。

表 4.11　青海省生态功能区各影响因子的变化速率及其与时间、蒸发量相关系数及完全相关系数

地区	项目	平均气温	气温日较差	水汽压	相对湿度	降水量	风速	日照时数
柴达木盆地	气候倾向率 (mm/10 a)	0.5	−0.2	0.1	−0.3	6.0	−0.3	−41.4
	与时间相关系数	0.87***	0.64***	0.51***	0.27	0.36*	0.83***	0.64***
	与蒸发量相关系数	−0.47***	0.62***	−0.60***	−0.16	−0.56***	0.74***	0.68***
	完全相关系数	0.41	0.40	0.31	—	0.20	0.62	0.43
环青海湖区	气候倾向率 (mm/10 a)	0.4	−0.1	0.0	−0.3	6.7	−0.1	−11.6
	与时间相关系数	0.80***	0.33*	0.16	0.21	0.21	0.69***	0.24
	与蒸发量相关系数	0.39**	0.52***	−0.03	−0.70***	−0.40**	0.38**	0.16
	完全相关系数	0.32	0.17	—	—	—	0.26	—
东部农业区	气候倾向率 (mm/10 a)	0.4	0.0	0.0	−0.7	1.8	−0.1	−26.9
	与时间相关系数	0.82***	0.11	0.27	0.39**	0.04	0.73***	0.43**
	与蒸发量相关系数	0.25	0.46***	−0.67***	−0.75***	−0.38**	0.54***	0.39**
	完全相关系数	—	—	—	0.29	—	0.39	0.17
三江源地区	气候倾向率 (mm/10 a)	0.39	−0.13	0.05	−0.7	8.6	−0.11	−4.3
	与时间相关系数	0.76***	−0.35**	0.40**	−0.42**	0.26	−0.56***	−0.08
	与蒸发量相关系数	0.77***	−0.37**	0.04	−0.79***	0.17	0.13	0.09
	完全相关系数	0.59	0.13	—	0.33	—	—	—

4.4.3　结论与讨论

本研究利用 1964—2013 年 20 cm 口径小型蒸发皿观测资料,分析了青海省 4 个生态功能区蒸发量的变化趋势及其可能的气候影响因子,主要结论可归纳如下。

(1)青海省年蒸发皿蒸发量呈现出从西北部向东南部减小的分布特点,春、夏、秋 3 季蒸发

量的分布特征与年蒸发量的分布特征相似,冬季的分布特征为从南部向北部逐渐减小。年蒸发量气候倾向率分布自西北向东南逐渐增加,以祁连、刚察、玛多、曲麻莱和杂多为分界线,东部为蒸发量的上升区域,西部为下降区域;四季蒸发量的变化趋势分布特征与年蒸发量的变化趋势分布特征相似。

(2)青海省4个生态功能区蒸发皿蒸发量的年和季节变化特征明显。4—10月不同生态功能区蒸发量大小依次为柴达木盆地>东部农业区>环青海湖地区>三江源地区,9月至次年2月东部农业区、环青海湖地区和三江源地区蒸发量大致相当柴达木盆地、环青海湖区和东部农业区表现为单峰型分布,三江源地区表现为弱双峰型。夏季蒸发量最大,其次为春季和秋季,冬季蒸发量最少。

(3)1961—2010年,柴达木盆地和三江源地区年蒸发量分别呈现显著的下降和上升趋势,其气候倾向率分别为−77.9 mm/10 a和30.1 mm/10 a,环青海湖区和东部农业区的变化趋势不明显。4个功能区年蒸发量多项式拟合曲线均呈现先降后升型,但转换时间不完全一致。柴达木盆地春夏秋季蒸发量均呈极显著下降趋势,冬季呈现极显著上升趋势;三江源地区除春季外均呈显著的上升趋势;环青海湖地区秋季呈现显著上升趋势,其他3季变化趋势不明显;东部农业区四季变化趋势均不明显。

(4)柴达木盆地年蒸发皿蒸发量20世纪90年代末减小趋势明显,突变时间是1998年;东部农业区自1964年一直处于波动下降趋势,进入21世纪00年代中期下降趋势明显,突变时间为2002年。环青海湖区和三江源地区突变不明显。

(5)蒸发皿蒸发量与多个气象因子都存在显著的完全相关关系,表明蒸发皿蒸发量的变化受多个因子的综合影响。就青海省4个不同生态功能区而言,影响的主要因子不同:柴达木盆地为风速、日照时数、平均气温和气温日较差;环青海湖区为平均气温和风速;东部农业区为风速和相对湿度;平均气温和相对湿度是三江源地区蒸发量下降的主要因素。

(6)本研究对青海省4个功能生态区蒸发皿蒸发量变化特征及其影响气象因素做了初步的分析,进一步的物理成因还须探讨。由于影响蒸发皿蒸发量变化的因素众多,既有气象要素也有非气象要素,物理机制复杂,它不仅受日较差、风速等因子的影响,还会受到相对湿度、日照和气温的影响,它是多个环境因子共同非线性相互作用的结果,将蒸发皿蒸发量的变化趋势归结为任何单一环境因子的变化都会产生较大的偏颇。测站所处地理位置与环境不同,形成蒸发皿蒸发量的减少程度不同,而形成减少的主要气象因子也不尽相同。仅仅考虑气象因子对蒸发皿蒸发量的影响会带来各种片面的结果,深入了解蒸发皿蒸发量的变化特征及其成因有助于进一步揭示实际蒸发的变化趋势。

4.5 祁连山南北坡蒸散及地表湿润度变化的差异分析

近年来,在全球变化的研究过程中,对陆地干湿状况给予了特别的关注。许多学者对中国的干湿状况进行过研究探讨(吴绍洪等,2005;马柱国,2005;王菱等,2004),如吴绍洪等(2005)分析得出1971—2000年中国大部分地区最大可能蒸散近30 a来呈减少趋势,以西北、青藏高原、西南和东北南部地区减少趋势显著,特别是青藏高原是由东南向西北干旱程度增加,可能原因是青藏高原地区气温上升降水增加,最大可能蒸散呈降低趋势,大多数地区的干湿状况有由干向湿发展的趋势。对中国干旱趋势和地表干湿状况的研究尤其是北方半干旱地区近半个世纪以来干旱化趋势已经取得了大量的研究成果,如张淑杰等(2011)分析东北地区湿润指数整体呈下降的趋势;黄小燕等(2011)指出西北地区有变湿的趋势,湿润指数平均每 10 a 增加 0.006,以春、冬两个季节的增加趋势最明显;刘劲龙等(2013)分析了四川盆地气候的干湿变化趋势;赵福年等(2014)分析指出石羊河流域参考蒸散量呈增加趋势。利用最新气象资料,将祁连山地区分南北坡来研究干湿状况的研究较少。本研究根据祁连山地区 15 站 1961—2013 年 53 a 的月地面气象资料,利用刘多森等(1999)提出的动力学模型的改进模型计算潜在蒸散量和湿润指数,分析和研究该地区地表湿润状况变化趋势、年代际变化等特征及其与环境因子的关系,揭示在全球变暖背景下气候干湿状况的演变特征,为合理配置和利用水资源,探索祁连山地区生态环境的变动原因、未来气候变化研究,以及防止生态脆弱带自然环境的进一步恶化和区域的牧业生产和经济建设提供科学基础。

　　祁连山呈西北—东南走向的高大山体,是我国西北荒漠区和青藏高原高寒区的过渡区,远离海洋,受大陆性荒漠气候的影响,具有典型大陆性气候和高原气候特征,在自然气候分区上起着非常重要的作用。也是甘肃省石羊河、黑河、疏勒河等内陆河和青海省大通河的发源地,更是河西绿洲的天然水库。冬长寒冷干燥,夏短温凉湿润,海拔 4500m 以上终年积雪,发育分布着现代冰川。

　　选取研究区 15 个气象站(图 4.18)1961—2013 年逐月地面气象观测资料(气温、气压、风

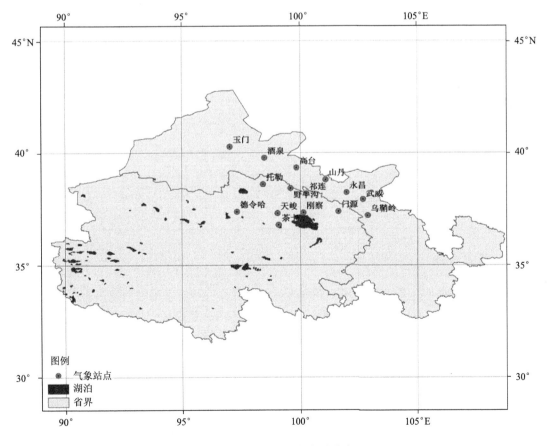

图 4.18　祁连山地区气象站分布图

速、相对湿度、降水量和日照时数等),资料均来自于中国气象科学数据共享服务网(http://cdc.nmic.cn)。以区域各站点要素算术平均代表各区域要素序列(表4.12)。15个观测站较均匀分布在祁连山的四周,根据祁连山地区范围对气象站划分为南北坡两大区域,具体划分如下:南坡为青海省的8个测站:托勒、野牛沟、祁连、门源、天峻、刚察、德令哈、茶卡,平均海拔3140.7 m;北坡为甘肃省属的7个站:高台、酒泉、山丹、乌鞘岭、武威、永昌、玉门,平均海拔1807.6 m,南坡测站位置略高于北坡。表4.12给出了祁连山15站地理位置和1961—2013年气象要素平均值,其中潜在蒸散量和湿润指数为本研究计算结果。季节划分以3—5月为春季,6—8月为夏季,9—11月为秋季,12—次年2月为冬季。

表4.12 祁连山地区15站地理位置和1961—2013年气象要素平均值

地区	站名	纬度(°)	经度(°)	海拔高度(m)	气温(℃)	降水量(mm)	风速(m/s)	日照时数(h)	潜在蒸散量(mm)	湿润指数
南坡	托勒	38.6	98.42	3367.0	−2.5	297.1	2.2	2985.0	488.0	0.46
	野牛沟	38.42	99.58	3320.0	−2.9	416.3	2.6	2682.4	397.3	0.83
	祁连	38.18	100.25	2787.4	1.1	406.5	1.9	2854.6	546.5	0.59
	门源	37.38	101.62	2850.0	0.9	519.1	1.7	2562.6	415.5	1.08
	天峻	37.3	99.03	3417.0	−0.9	351.8	3.5	2987.7	559.6	0.56
	刚察	37.33	100.13	3315.0	−0.2	382.2	3.5	2992.5	560.8	0.56
	德令哈	37.37	97.33	2981.5	4.0	180.7	2.1	3078.3	1000.5	0.17
	茶卡	36.78	99.00	3087.6	2.0	215.5	3.1	3026.4	820.2	0.22
	平均	—	—	3140.7	0.2	346.1	2.6	2896.2	598.6	0.56
北坡	高台	39.33	99.83	1332.2	7.9	109.8	2.6	3104.3	952.1	0.13
	酒泉	39.77	98.48	1477.2	7.5	88.4	2.2	3066.9	1078.3	0.09
	山丹	38.8	101.08	1764.6	6.6	200.2	2.4	2926.5	1044.1	0.19
	乌鞘岭	37.2	102.87	3045.1	0.1	399.2	4.9	2613.1	574.2	0.63
	武威	37.92	102.67	1531.5	8.3	167.9	1.8	2900.1	942.5	0.18
	永昌	38.23	101.97	1976.6	5.2	202.9	2.9	2969.8	832.8	0.23
	玉门	40.27	97.03	1526.0	7.2	67.8	3.6	3234.7	1315.8	0.06
	平均	—	—	1807.6	6.1	176.6	2.9	2973.6	962.8	0.22

4.5.1 研究方法

月潜在蒸散量 ET_i 的计算采用刘多森等(1999)提出的动力学模型的改进形式,该方法为中国气象局推荐的生态气象监测标准中的计算方法(中国气象局,2005)。

$$ET_i = \frac{22d_i(1.6 + U_i^{1/2})W_{0i}(1 - h_i)}{P_i^{1/2}(273.2 + t_i)^{1/4}} \quad (4.6)$$

式中,i 为月份,d 为该月天数,U_i 为10 m高度月平均风速(m/s),P_i 为月平均气压(hPa),t_i 为月平均气温(℃),W_{0i} 为温度为 t_i 时的饱和水汽压(mmHg),h_i 为月平均相对湿度(%)。

饱和水汽压 W_{0i}(mmHg)的计算(中国气象局,2005),区分两种条件:

当月平均温度 $0 \, ℃ < t \leqslant 30 \, ℃$ 时:

$$W_0 = 1.3694 \times 10^9 \exp\left[-\frac{5328.9}{273.2+t}\right] \tag{4.7}$$

当月平均温度 $-40℃ \leqslant t < 0℃$ 时：

$$W_0 = 2.6366 \times 10^{10} \exp\left[-\frac{6139.8}{273.2+t}\right] \tag{4.8}$$

湿润指数：降水和地表蒸发潜力是影响地表干湿变化的两个主要因子，降水增多有利于地表变湿，而地表蒸发潜力增大可使地表变干（马柱国，2005）。湿润指数（K）计算方法（王菱等，2004）：

$$K = \frac{R}{ET} \tag{4.9}$$

式中，R 为降水量，ET 为潜在蒸散量。

干湿状况的划分采用中国气候区划（申双和，2009）时所应用的干湿指标：$K<0.03$ 极干旱气候区，$0.03<K<0.2$ 干旱气候区，$0.2<K<0.5$ 半干旱气候区，$0.5<K<1.0$ 半湿润气候区，$K>1.0$ 湿润气候区。

贡献率计算：由于对湿润指数和潜在蒸散量的影响因子较多，因此采用多元线性回归方法分析各气象因子对湿润指数和潜在蒸散量变化的影响。按方精云（1992）和张嘉琪（2014）的方法用 SPSS 软件求算各气象因子的标准回归系数，并按照式（4.10）和（4.11）来计算各气象因子对湿润指数和潜在蒸散量变化的相对贡献率，作为比较气象因子影响湿润指数和潜在蒸散量分布强弱的指标。

$$Y = aZ_1 + bZ_2 + cZ_3 + \cdots \tag{4.10}$$

$$\eta_1 = \frac{|a|}{|a|+|b|+|c|+\cdots|} \times 100 \tag{4.11}$$

式中，Y 为湿润指数（或潜在蒸散量）的标准化值；Z_1，Z_2，Z_3…分别为各气象因子的标准化值；a，b，c，…为各气象因子序列标准化后对应的回归系数；η_1 为 Z_1 变化对 Y 变化的相对贡献率。

采用线性趋势分析（魏凤英，2007）和 R/S 分析法（赵晶，2002）分析湿润指数和潜在蒸散量年际变化趋势和未来变化趋势。

4.5.2　潜在蒸散量和湿润指数变化分析

图 4.19 给出了祁连山地区降水量、潜在蒸散量和湿润指数的逐月变化。降水量、潜在蒸散量和湿润指数年变化均表现为单峰型。南坡降水量明显多于北坡，年变化特征略有不同，主要差异表现在 7—9 月降水的月减幅率南坡明显大于北坡；潜在蒸散量的年变化均为一开口向下的抛物线，最大值出现在 6—7 月，最小值均出现在 1 月，7—9 月潜在蒸散量的月减幅率南坡明显小于北坡。湿润指数均从 5 月开始逐步增大，南坡 7 月达最大，北坡 9 月达最大，10 月开始逐步减小，11 月—次年 4 月相对较小，4—7 月的增加率和 9—11 月减小率南坡明显大于北坡；南坡 5—8 月属半湿润气候区，其他月份属干旱或半干旱气候区，北坡 6—9 月属半干旱气候区，其他月份属干旱气候区；湿润指数在祁连山南北坡存在明显的位相差。通过南北坡降水量和潜在蒸散量 7—9 月平均增（减）幅率对比分析发现，7—9 月降水量南坡减幅率明显大于北坡，而潜在蒸散量刚好相反，正是南北坡降水量和潜在蒸散量月平均增（减）幅率的大小，造成南北坡湿润指数最大值分别出现在 7 月和 9 月的差异。

潜在蒸散量和湿润指数南北坡季节表现均为夏季最大、春秋季次之、冬季最小，南北坡不

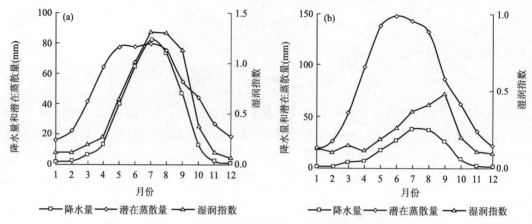

图 4.19　祁连山地区降水量、潜在蒸散量和湿润指数的逐月变化

(a)祁连山南坡;(b)祁连山北坡

同的是春秋季的先后次序不同,潜在蒸散量数值和相邻季节之间的变化波动北坡明显大于南坡,湿润指数相反,故年潜在蒸散量的大小主要取决于夏、春季。而年湿润指数的大小主要取决于夏、秋季。

图 4.20 给出了祁连山地区南、北坡 1961—2013 年潜在蒸散量年际变化。可以看出,南坡近 50 年潜在蒸散量平均值为 598.6 mm,最高值为 702.4 mm,出现在 2013 年,最小值为 458.8 mm,出现在 1967 年,极差为 243.6 mm,变异系数为 7.1%。南坡潜在蒸散量以 9.9 mm/10 a 的速度增加,其增加趋势达到了 0.01 的显著水平。北坡近 50 年潜在蒸散量平均值为 962.8 mm。最高值出现在 2013 年(1162.4 mm),最小值出现在 1993 年(792.2 mm),极差为 370.2 mm,变异系数为 7.3%。北坡潜在蒸散量以 14.1 mm/10 a 的速度增大,其增大趋势达到了 0.05 的显著水平。

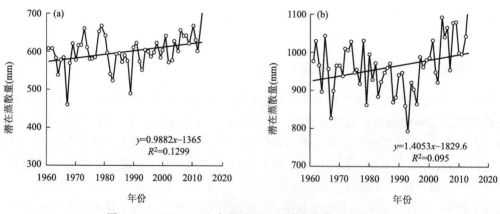

图 4.20　1961—2013 年祁连山地区潜在蒸散量年际变化

(a)祁连山南坡;(b)祁连山北坡

图 4.21 给出了祁连山地区南、北坡 1961—2013 年湿润指数年际变化。可以看出,南坡近 50 年平均湿润指数为 0.56,属半湿润气候区,变异系数为 16.8%,最大值出现在 1989 年,为 0.90;最小值出现在 1961 年和 1991 年,均为 0.4,极差为 0.5,南坡湿润指数以 0.002/10 a 的速度增加。北坡平均湿润指数为 0.22,属半干旱气候区,变异系数为 24.1%,最大值出现在

1971 年,为 0.33;最小值出现在 1965 年,为 0.11,极差为 0.22,北坡湿润指数以 0.005/10 a 的速度增加,南北坡湿润指数均未通过显著性检验,表明南北坡湿润指数年际变化趋势不明显。

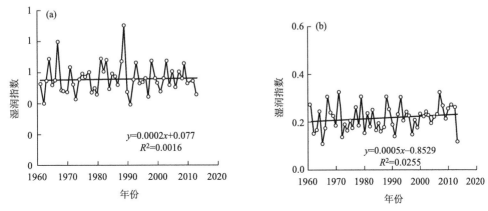

图 4.21　1961—2013 年祁连山地区湿润指数的年际变化

(a)祁连山南坡;(b)祁连山北坡

总体而言,祁连山地区南、北坡潜在蒸散量的总体变化趋势相同,但阶段性变化和增加速度略有不同,南坡一直波动上升,北坡在 20 世纪 60—80 年代末呈减小趋势,进入 20 世纪 90 年代后表现出快速增大趋势。南坡平均蒸散量比北坡少 364.2 mm;南、北坡湿润指数在波动中呈现缓慢增加趋势。北坡湿润指数增加速度比南坡快,南坡平均湿润指数比北坡高出 0.34。

表 4.13 给出了祁连山南、北坡四季潜在蒸散量和湿润指数的年际变化趋势,从表中可以看出,潜在蒸散量在祁连山南坡除夏季外其他季节均呈显著增加趋势,气候倾向率分别为 2.9、3.0和 2.0 mm/10 a,北坡在冬、春季呈显著增加趋势,气候倾向率分别为 5.9 和 1.9 mm/10 a。北坡冬季湿润指数呈 0.014/10 a 的显著增加趋势,通过 0.05 的显著性检验,其他季节和南坡全部季节湿润指数变化趋势均不明显。

表 4.13　祁连山地区四季潜在蒸散量和湿润指数的年际趋势(单位:mm/10 a)

	季节		春季	夏季	秋季	冬季
湿润指数	南坡	气候倾向率	−0.003	0.004	−0.008	0.025
		相关系数	0.04	0.03	0.07	0.11
	北坡	气候倾向率	0.00	0.004	0.003	0.014
		相关系数	0.01	0.05	0.03	0.30**
潜在蒸散量	南坡	气候倾向率	2.9	2.7	3.0	2.0
		相关系数	0.26*	0.22	0.44****	0.47****
	北坡	气候倾向率	5.9	4.6	1.7	1.9
		相关系数	0.30**	0.17	0.12	0.27*

注:*、**、***和****分别表示通过 0.10、0.05、0.01 和 0.001 的显著性检验。

表 4.14 给出了祁连山地区年潜在蒸散量和湿润指数的年代际距平变化。从表中可知,潜在蒸散量南坡在 20 世纪 60—70 年代、20 世纪 90 年代—21 世纪 00 年代为负距平,20 世纪 80 年代正距平,北坡 20 世纪 60—90 年代为负距平,21 世纪 00 年代为正距平。南坡湿润指数在 20 世纪 60 年代、80 年代为负距平,20 世纪 90 年代变化不大,21 世纪 00 年代正距平,北坡 20 世纪 80—90 年代为负距平,60 年代与气候标准值基本持平,21 世纪 00 年代为正距平。总体上来看,20 世纪 90 年代至 21 世纪 00 年代,南北坡湿润指数和潜在蒸散量均增加趋势,湿润指数南北坡的增加幅度相同,潜在蒸散量增幅北坡是南坡的 3 倍。

表 4.14 祁连山地区潜在蒸散量和湿润指数的年代际距平(单位:mm)

		20 世纪 60 年代	20 世纪 70 年代	20 世纪 80 年代	20 世纪 90 年代	21 世纪 00 年代
湿润指数	南坡	−0.04	−0.05	0.04	−0.04	−0.01
	北坡	−0.01	−0.01	−0.01	−0.01	0.02
潜在蒸散量	南坡	−24.4	24.5	−26.8	−1.5	28.4
	北坡	−3.4	12.5	−27.9	−36.3	64.4

4.5.3　潜在蒸散量和湿润指数未来变化趋势

对祁连山南、北坡潜在蒸散量和湿润指数时间序列进行 R/S 分析计算出 Hurst 指数(表 4.15)。Hurst 指数能很好地揭示出潜在蒸散量和湿润指数时间序列的趋势性,并且能由 Hurst 指数值的大小来判断趋势性成分的持续性(反持续性)强度的大小(冯新灵,2009)。

由表 4.15 可以看出祁连山南北坡年和四季潜在蒸散量(除北坡秋季为 0.42)和湿润指数(除南坡冬季为 0.48)的 H 值都大于 0.5,说明其未来的变化趋势将同过去保持一致,北坡秋季潜在蒸散量和南坡冬季湿润指数将发生逆转;潜在蒸散量(除冬季)和湿润指数(除年)北坡 H 值明显大于南坡,表明北坡的未来变化趋势强度强于南坡。

表 4.15 祁连山南、北坡潜在蒸散量和湿润指数的 H 值

		年	春季	夏季	秋季	冬季
潜在蒸散量	南坡	0.70	0.74	0.65	0.62	0.66
	北坡	0.85	0.79	0.93	0.42	0.65
湿润指数	南坡	0.59	0.76	0.59	0.64	0.48
	北坡	0.53	0.66	0.71	0.67	0.74

4.5.4　祁连山南、北坡干湿状况变化的气候成因分析

从湿润指数的定义来看,它的变化取决于降水和潜在蒸散两个分量(王菱等,2004)。显然降水量的多少直接影响到湿润指数的大小,而潜在蒸散与气温、日照时间、空气湿度、风速等诸多的气象要素有关。这是因为温度高,风速大将加大地气之间的热量传输,进而影响到陆面蒸散过程;而日照时间少、空气湿度大、降水增多将直接影响到空气水汽含量高,会导致蒸散减弱[1]。为此,本研究主要选择了大气中气温、相对湿度、降水、风速和日照时数等气象因子分析其对湿润指数及潜在蒸散量的影响。

4.5.4.1　气象因子对湿润指数及潜在蒸散量变化的相对贡献率

表 4.16 和表 4.17 给出了各气象因子对湿润指数及潜在蒸散量变化的相对贡献率($\eta 1$),

从相对贡献率分析可知,就年而言,祁连山南北坡降水量的变化对湿润指数变化影响均最大,贡献率在50%以上,气温和相对湿度对南坡的影响次之,贡献率在18%左右,北坡仅为相对湿度,贡献率在28%左右,风速和日照时数对南北坡湿润指数变化的相对贡献率较小;祁连山南北坡潜在蒸散量的影响气象因子基本一致,气温是主要影响因子,贡献率在35%以上,次要因子为相对湿度和风速,日照时数影响最小。表明引起影响祁连山区南北坡湿润指数的主要因子是降水量,次要因子表现南北坡略有不同,影响潜在蒸散量的主要因子是气温,次要因子表现南北坡相同。就各季节而言,祁连山南北坡湿润指数的主要影响因子均是降水量,相对贡献率在45%以上,南坡次要影响因子是相对湿度和气温,风速和日照时数的影响较小,冬春季相对湿度和风速、夏秋季相对湿度和气温是北坡的次要影响因子。祁连山南坡夏季相对湿度的变化对潜在蒸散量变化影响最大,贡献率在39%左右,气温和风速的变化次之,其他三季为气温的变化影响最大,贡献率在37%以上,相对湿度和风速的变化次之。北坡冬春季气温的变化对潜在蒸散量的影响最大,贡献率在35%以上,相对湿度和风速的变化次之,夏秋季相对湿度的变化对潜在蒸散量的影响最大,贡献率在43%以上,气温和风速的变化次之,日照时数对南北坡潜在蒸散量的影响都很小。

表 4.16　祁连山南、北坡各气象因子对年潜在蒸散量和湿润指数变化的相对贡献率(%)

气象因子		气温(℃)	相对湿度(%)	降水量(mm)	风速(m/s)	日照时数(h)
湿润指数	南坡	17.7	20.7	54.3	5.5	1.8
	北坡	1.8	28.2	58.6	6.1	5.3
潜在蒸散量	南坡	39.5	27.8	9.4	19.3	4.1
	北坡	36.9	19.7	10.2	24.2	8.9

表 4.17　祁连山南、北坡各气象因子对季节潜在蒸散量和湿润指数变化的相对贡献率(%)

气象因子			气温(℃)	相对湿度(%)	降水量(mm)	风速(m/s)	日照时数(h)
湿润指数	南坡	春季	10.2	18.5	63.8	5.8	1.5
		夏季	19.8	15.9	46.0	9.4	8.9
		秋季	7.3	21.8	68.1	1.0	1.7
		冬季	10.4	12.1	72.4	1.8	3.3
	北坡	春季	7.9	20.2	52.8	10.3	8.9
		夏季	15.3	8.9	62.0	9.4	4.4
		秋季	11.8	16.3	68.6	1.8	1.5
		冬季	13.7	6.2	67.1	10.2	2.8
潜在蒸散量	南坡	春季	37.2	33.5	7.6	17.2	4.5
		夏季	33.5	38.8	5.2	17.4	5.1
		秋季	36.4	29.0	8.4	15.1	11.1
		冬季	53.2	29.8	1.8	14.2	1.1
	北坡	春季	35.6	32.8	5.3	19.5	6.8
		夏季	27.6	48.7	1.8	20.7	1.2
		秋季	27.2	43.8	12.5	15.5	1.1
		冬季	41.6	29.6	14.5	12.4	1.9

4.5.4.2 影响因子的变化趋势分析

祁连山南、北坡 1961—2013 年近 50 a 平均气温和降水量均呈现显著的增加趋势,气温的气候倾向率分别为 0.37 和 0.34 ℃/10 a,趋势系数为 0.81 和 0.75,均通过 0.001 的显著性检验;降水的气候倾向率分别为 10.7 和 5.2 mm/10 a,趋势系数分别为 0.39 和 0.28,分别通过 0.001 和 0.05 的显著性检验。降水量(平均气温)与湿润指数(潜在蒸散量)的年际间波动和年际变化趋势相一致(图略),南坡潜在蒸散量与平均气温(降水量)的相关系数为 0.57 (0.31),湿润指数与降水量(平均气温)的相关系数为 0.86(0.05),北坡潜在蒸散量与平均气温(降水量)的相关系数为 0.54(0.47),湿润指数与降水量(平均气温)的相关系数为 0.87 (0.09),南北坡潜在蒸散量与平均气温、湿润指数与降水量的相关系数均通过 0.01 显著性检验,而且南北坡潜在蒸散量与降水量的相关关系也通过 0.05 以上显著性检验,说明降水(平均气温)是导致祁连山地区湿润指数(潜在蒸散量)气候格局变化的主要原因,而且降水对潜在蒸散量也有一定的影响。

4.5.5 讨论与结论

衡量一地区干湿程度的指标有降水量、湿度指数、实际蒸散量、土壤湿度等,在以往较多的研究中气温和降水作为主导因子来衡量地表干湿变化(马柱国,2005;杨建平,2003)。本研究采用降水量和潜在蒸散量之比构建的湿润指数来分析祁连山地区 1961—2013 年干湿状况变化特征,而且潜在蒸散量的计算采用中国气象局推荐的生态气象监测标准中刘多森等(1999)提出的动力学模型的改进公式,该公式考虑了气温、风速、气压、降水量和相对湿度等主要气候因素的变化。特别是该式计算过程中区分了不同温度条件,包含了高海拔寒冷地区低温对潜在蒸散计算干扰的考虑,相比于其他计算公式,更接近高海拔寒冷地区的实际情况。

吴绍洪等(2005)研究认为,近 30 a 来中国陆地表层年平均最大可能蒸散在 400~1500 mm,本研究计算的祁连山地区年平均潜在蒸散量在 397.3~1315.8 mm,属上述研究范围。杜军等(2006)研究指出,西藏北部地表湿润指数呈增大趋势,增幅在 0.01~0.05/10 a;王根绪等(2009)研究指出,过去 40 a 来黄河源区气温持续升高,在降水没有明显变化的情况下,导致青藏高原腹地气候的暖干化趋势;黄小燕等(2011)指出西北地区有变湿的趋势,湿润指数平均每 10 a 增加 0.006。本研究得到的祁连山南北坡湿润指数变化趋势与西藏北部地区和西北地区相一致,增幅与西北地区相当,是西藏北部地区的 1/10,与黄河源区的变化趋势相反。

祁连山南、北坡干湿状况差别较大,南坡平均湿润指数比北坡高 2.5 倍。这主要是因祁连山地域宽广,南北、东西向经纬跨度大,海拔高度差异大,区域内大气环流复杂,气候类型多样,造成祁连山地区南北坡气候特点差异性很大(贾文雄,2008;张小明,2006),从而引起祁连山南北破湿润指数和潜在蒸散量的南北差异。

(1)祁连山南北坡潜在蒸散量的年变化为一开口向下的抛物线,较大值均出现在 5—8 月,较小值出现在 12 月—2 月。湿润指数均从 5 月开始逐步增大,南(北)坡 7 月(9 月)达最大,10 月开始逐步减小;4—7 月的增加率和 9—11 月减小率南坡明显大于北坡。湿润指数祁连山南北坡存在明显的位相差。季节表现均为夏季最大、春秋季次之、冬季最小,潜在蒸散量数值和相邻季节之间的变化波动北坡明显大于南坡,湿润指数相反。

(2)1961—2013 年,祁连山地区平均年潜在蒸散量南缘为 598.6 mm、北坡为 962.8 mm,

南、北坡潜在蒸散量均在波动中呈显著增加趋势;湿润指数南坡为 0.56、北坡为 0.22,祁连山地区南、北坡湿润指数也均在波动中呈缓慢增加,但变化趋势不明显。潜在蒸散量和湿润指数递增速度均是北坡比南坡快。南北坡潜在蒸散量和湿润指数未来的变化趋势总体上将同过去保持一致,且北坡的未来变化趋势强度强于南坡。

(3)通过与各气候因子的多元回归分析表明,影响祁连山南北坡湿润指数(潜在蒸散量)的主要因素均是降水量(气温),其他气候因子的变化对地表干湿状况起增强或削弱作用。

4.6 基于树轮资料重建青海湖布哈河流域归一化植被指数

陆地生态系统对全球气候变化的响应及影响是全球变化研究的核心问题之一,近几十年随着对地观测技术的发展,利用遥感数据获取植被监测和土地覆被变化的研究日益增多(马明国,2006;彭代亮,2007;杨建平,2004;蓝永如等,2011)。自然植被比较客观地反映了生态环境,而植被指数则是自然植被的数值化体现。归一化植被指数(normalized difference vegetation index,NDVI)可以很好地反映地表植被的繁茂程度,在一定程度上能代表地表植被覆盖变化。因此,NDVI 常用来描述植被生长状况,是目前较为常用的植被指数,它对植被的生长态势和生长量非常敏感,在全球变化研究中,为区域及全球生态环境监测提供了丰富的、真实性极强的信息。在中国植被变化的研究中,NDVI 数据常被用来监测植被季节变化、反演地表植被覆盖、进行植被宏观分类、计算植被生物量和净初级生产力及其指示植被对气候变化的响应。

树轮数据具有分辨率高、样本分布广泛、时间序列长、定年准确、环境变化指示意义明确且可定量等优势,在过去全球变化研究中发挥着重要作用。柴达木盆地东缘山地具有寒、旱的气候特征,树木生长受人类活动的干扰较小,因此是我国树轮研究的热点地区之一,在柴达木盆地东缘山地中山带(海拔 3600~4200 m)上分布着大量的祁连圆柏(*Sabina przewalskii*),其在树轮气候学研究中发挥着重要的作用(匀晓华,2001;秦宁生,2003;邵雪梅,2004;汪青春,2005)。树轮宽度数据提供了树木生长对气候变化响应的丰富信息,如果树轮指数能够指示植被 NDVI 的变化,那么长时间序列的树轮数据将成为研究植被长期变化的很好的代用资料,可弥补 NDVI 数据在植被长期变化研究中的不足。研究发现,树轮指数与 NDVI 之间有较强的相关性,如 D'Arrigo 等(2000)发现,在美国北部地区树轮的最晚材密度与森林的 NDVI 显著相关,Leavitt 等(2008)研究了美国西南部树轮中 $\delta^{13}C$ 的主成分与 NDVI 的关系,发现第一主成分与夏季 NDVI 呈显著正相关关系。在国内,何吉成(2005)、邵雪梅(2004)等研究了青海德令哈地区树轮宽度指数与草地植被指数的关系,重建了德令哈地区草地 8 月份 NDVI 的千年变化;研究了东北漠河樟子松树轮指数与标准化植被指数的关系。王文志等(2010)利用祁连山自东向西 5 条树轮宽度年表序列和 1986—2003 年间的归一化植被指数(NDVI),分析了 NDVI 的时空变化及其与树轮宽度年表之间的关联。针对全球变暖背景下青海湖流域出现的湖泊萎缩、草地退化、土地沙漠化和生物多样性减少等突出的生态和环境问题,研究青海湖流域生态环境的历史演变特征具有十分重要的意义,本文利用天峻和乌兰树木年轮指数研究青海湖布哈河流域树轮宽度指数与植被指数的关系。

4.6.1 研究地点和数据

4.6.1.1 研究区概况

天峻县位于青海省东北部祁连山南麓,青海湖西北侧,是海西州主要的牧业县之一。地理位置介于东经 $96°49'42''\sim99°41'48''$,北纬 $36°53'\sim48°39'12''$,全县总面积 2.57 万平方公里,占全省总面积的 3.5%,其中天然草场和宜建人工草场约 157 万公顷,占总面积的 61.05%。属高(中)山半湿润寒温牧业气候区。天峻有高亢的地势、绿茵的草地、清新的空气,自古就以辽阔而美丽的天然牧场著称。青海湖的母亲河布哈河从北部山区发源,一路浩浩荡荡,蜿蜒东去,沿河两岸,绵延几十公里的灌木林,为天峻草原镶上了一道碧绿的翡翠珠链,为青海湖的主要水源涵养地。草地是其主要植被类型,草场牧草种类丰富,每平方米有 20~30 种。以多年生莎草科牧草为优势种,主要有高山嵩草(Kobresia pyhgmaea)、矮生嵩草(K. humilis)、线叶嵩草(K. capillifolia)、粗喙苔草(Carex scabrivostis)。常见的伴生种有冷地早熟禾(Paocrymophika)、高原早熟禾(P. alpina)、异针茅(Ctipa alien)、紫羊茅(Festuca rudra)、垂穗披碱草(Elymus rutans)、异穗苔草(Carex heterostachys)等。草层低矮,层次分化不明显,一般高 10~20 cm,覆盖度 80%~95%。

4.6.1.2 研究数据及处理方法

树轮数据:中国科学院地理科学与资源研究所邵雪梅等(秦宁生,2003;邵雪梅,2004)在研究区西南部的青海南山进行了广泛的树木年轮采样,建立了 5 条大复本量千年长度的祁连圆柏年轮宽度序列(见表 4.18 树木年轮采样点信息),这为研究该地树轮指数和草地 NDVI 的关系奠定了基础。本研究利用天峻(青海南山北坡)和乌兰(青海南山南坡)1982—2003 年的树轮宽度指数和天峻县区域的草场逐月 NDVI 数据及气候数据,首先分析树轮宽度指数及草地 NDVI 与气候因子的关系,而后选取与天峻草地 NDVI 值相关性较好的采自乌兰赛什克夏日达无的 WL2 和天峻 TJ1 树轮序列探讨树轮宽度指数与草地 NDVI 的变化关系。树轮分样点分布图见图 4.22。

表 4.18 研究区树木年轮采样点信息

代码	地点	北纬/°	东经/°	海拔/m	样本量	起止时间	年代长度/年
TJ1	天峻生格	37.31	98.29	3500	29/58	934-2003A. D.	1061
WL1	乌兰都兰寺	37.03	98.63	3700	20/40	857-2002A. D.	1146
WL2	乌兰哈里哈图	37.04	98.66	3700	44/91	845-2002A. D.	1158
WL3	乌兰赛什克察汗阿孟	36.74	98.22	3720	43/99	681-2001A. D.	1321
WL4	乌兰赛什克夏日达无	36.68	98.42	3700	50/103	900-2001A. D.	1102

NDVI 数据:本研究使用的卫星数据为 NOAA/AVHRR 逐月的 NDVI 数字影像,来自美国地球资源观测系统(earth resources observation system,EROS)数据中心的探路者数据集(pathfinder data set),空间分辨率为 8 km×8 km,时间段为 1982 年 1 月至 2003 年 12 月。

气象数据:气象资料来自距布哈河流域研究区天峻县气象站($37°18'$N,$99°02'$E,海拔

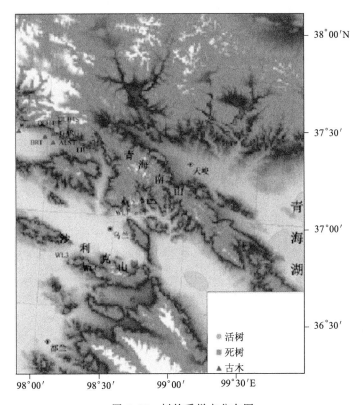

图 4.22 树轮采样点分布图

3417.1m）。气象要素包括月平均温度、月平均最高温度、月平均最低温度、月降水量、月蒸发量、月平均相对湿度和月平均水汽压。

4.6.2 布哈河流域草地 NDVI 变化

青海湖布哈河流域牧草返青期一般出现在 4 月下旬至 5 月上旬，黄枯期出现在 8 月中下旬，生长期 5 个月。牧草干物质即从牧草返青开始积累，并随着植物自身生长发育节律和气温升高，降水量的增加而逐渐增大，其峰值一般出现在 8 月。整个生长过程可以分为 3 个阶段（何吉成，2005；王文志，2010）。

（1）缓慢生长阶段：4 月下旬至 5 月上、中旬牧草处于返青—分蘖期，生长速度相对缓慢，日增长量为 0.1～0.3 cm。

（2）旺盛生长阶段：5 月下旬至 7 月下旬为牧草抽穗—开花—结籽期。牧草生长最旺盛，日增长量为 0.3～1 cm。

（3）渐止生长阶段：8 月上旬以后，牧草进入灌浆—成熟期，增长速度趋于缓慢，日增长量为 0.1～0.2 cm，到黄枯停止生长。

从研究区布哈河流域草地多年平均的逐月 NDVI 变化（图 4.23）可以看出，1—4 月 NDVI 值一直很低，4 月最低，其值平均为 0.098，5 月之后快速上升，到了 6 月，其值已上升到 0.237 以上，到 8 月增长放缓并达到一年中的生长顶峰，NDVI 值平均为 0.362。8 月以后，NDVI 快速下降，到 10 月其值已下降到 0.175 以下。NDVI 值 6 月增长最快，10 月下降最快。

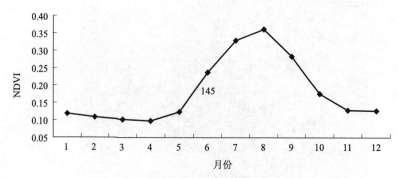

图 4.23　布哈河流域草地 NDVI 逐月变化

图 4.24 反映了研究区多年(1971—2000 年)月平均气温和降水量在各月的分配状况。降水在季节分配上,夏季(6—8 月)降水最多,占年降水量的 67.1%。同期≥0 ℃积温占全年的 65%;在天然牧草生长的季节,降水量占年总降水量 85% 以上,同期≥0 ℃积温在全年的 75% 以上。这种水热同季的气候环境,既能保证植物有机体细胞生理活动的正常进行,又可提高水分在植物合成碳水化合物的过程中进行各种营养物质和矿物元素传输效率,有利于牧草的生长发育,提高水分的利用效率。

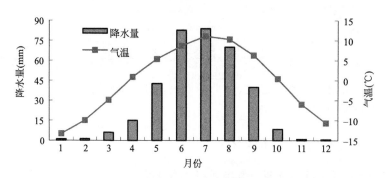

图 4.24　天峻地区平均气温和降水量的年际变化

4.6.3　草地生长季 NDVI 与气候因子的关系

相关研究表明(肖春生,2012;汪青春,1998;李凤霞,1997),青海湖地区牧草返青期除取决于温度之外,上年秋季(9—11 月)和当年春季(3—4 月)的降水量对返青期具有明显的影响。如果前一年秋雨多,即使春季旱一些,牧草仍可以正常返青;反之,如果前一年秋雨少,土壤墒情很差,即便春雨接近历年同期平均值,也可能发生春旱,而影响牧草正常返青。青海湖地区牧草生长关键期的降水量是牧草生长和产量形成的主要影响因素,牧草丰收之年,生育期降水明显偏多,气温正常或偏高。黄枯期牧草干生物量与当年 1—7 月降水量和当年 7—8 月平均气温关系密切。

通过生长季各月 NDVI 与同期、前期各月的气候因子进行相关分析发现(表 4.19),生长季各月 NDVI 与同期气温呈正相关,特别是 4—5 月 NDVI 值与同期月平均气温、平均最高气温呈显著的正相关关系,最低气温相关不明显。说明在水分满足的情况下,气温偏高有利于牧草的返青。反映水分供应状况的气候因子如降水、相对湿度、水汽压,4 月与同期 NDVI 存在较显著的负相关关系,说明此阶段降水与气温呈负相关关系,降水多时温度低,影响牧草返青。
4—5 月是牧草的萌发(返青)期,多年生牧草越冬后,除依靠秋季储藏的营养物质外,还必须具
备一定的水分、温度及光照条件,才能萌发和返青。研究表明,牧草返青期的早晚与上年度的
气候、土壤水分储存量及牧草生长状况有关。在牧草的返青期,土壤水分处于低值区,但 40～
60 cm 土层是土壤水分的高值区(汪青春,1998;李凤霞,1997),土壤水分会不断向浅层输送储
存在 40～60 cm 土层中的土壤水分可能来自返青期以前的土壤水分储存。如果前期土壤水分
储存较多,随着气温的回升返青期将会提前,相应 5、6 月的 NDVI 值会较大。到 7 月,此时已
进入草地的营养生长期,拔节分蘖(分枝)等活动需水量大,伴随气温升高,充足的降水利于土
壤水分补给供应更有利于草地的生长。草地 8 月的 NDVI 与同期和前期 6、7 月的降水呈显著
的正相关关系。图 4.25 为 8 月 NDVI 与生长季中 6—8 月降水量的关系图。温度、湿度对草
地生长的影响较为复杂,在生长季开始时温度的升高有利于延长生长季,故与 NDVI 成正相
关;而在生长旺季,温度往往不再是限制因子,这时温度的升高会导致蒸散加剧,在水分不足时
往往限制草地生长,故多表现为与 NDVI 的负相关关系。

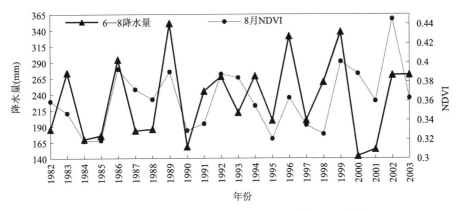

图 4.25　8 月 NDVI 与生长季中 6—8 月降水量的关系图

　　从整体上看,布哈河流域植被覆盖呈现上升趋势,生态环境有所改善(图 4.26)。近 22 年
来研究区生长季(6—8 月)NDVI 显著增加,其增加率为 0.025/10 a。分析表明生长季提前和
生长季延长是草地植被生长季 NDVI 增加的主要原因。

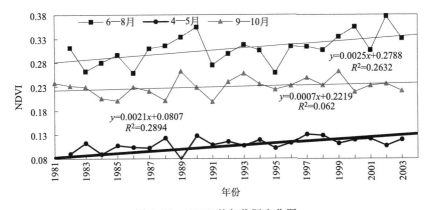

图 4.26　NDVI 的年代际变化图

表 4.19　研究区 NDVI 与气象要素的相关分析

气象要素		1 月	2 月	3 月	4 月	5 月	6 月	7 月	8 月
平均气温	同期	0.47**	0.07	0.08	0.41*	0.38*	0.10	0.39*	−0.06
	5 月	0.29	0.12	0.11	0.18	0.38*			
	6 月	0.36*	0.17	0.42*	0.07	−0.08	0.10		
	7 月	0.38*	0.12	0.31	0.40*	−0.11	0.23	0.39*	
	8 月	−0.20	0.05	0.21	0.15	−0.23	0.07	0.28	−0.06
平均最低气温	同期	0.63***	−0.03	−0.32	−0.29	0.07	−0.21	0.40*	0.19
	5 月	0.27	0.01	0.09	−0.17	0.07			
	6 月	0.42*	0.12	0.36*	0.16	−0.12	−0.21		
	7 月	0.31	0.08	0.32	0.38*	−0.14	0.29	0.40*	
	8 月	−0.07	0.03	0.14	0.31	−0.20	0.48**	0.42*	0.19
平均最高气温	同期	0.63***	0.11	0.44**	0.57***	0.34	0.16	0.27	−0.22
	5 月	0.20	0.12	−0.02	0.22	0.34			
	6 月	0.28	0.26	0.19	0.02	−0.09	0.16		
	7 月	0.11	0.14	0.13	0.32	−0.05	0.06	0.27	
	8 月	−0.05	0.16	0.20	0.08	−0.34	−0.16	−0.04	−0.22
降水量	同期	0.19	−0.33	−0.46**	−0.56**	0.08	0.21	0.13	0.49**
	5 月	0.26	0.12	0.35	−0.01	0.08			
	6 月	0.07	0.32	0.47**	0.17	0.05	0.21		
	7 月	0.33	0.25	0.08	0.01	0.03	0.07	0.13	
	8 月	0.42**	0.41	0.10	0.03	0.06	0.35*	0.36*	0.49**
相对湿度	同期	−0.42*	−0.10	−0.44**	−0.73***	−0.17	−0.24	0.02	0.34
	5 月	−0.38	−0.24	0.28	−0.24	−0.17			
	6 月	0.07	0.27	0.48**	0.05	0.08	−0.24		
	7 月	0.36*	0.36*	0.08	0.01	−0.02	0.06	0.02	
	8 月	0.45**	0.36*	0.07	−0.04	0.23	0.43**	0.43**	0.34
水汽压	同期	0.01	0.00	−0.32	−0.58**	−0.01	−0.14	0.36*	0.27
	5 月	−0.20	−0.03	0.32	−0.15	−0.01			
	6 月	0.40*	0.39*	0.59***	0.17	0.01	−0.14		
	7 月	0.52**	0.34	0.11	0.28	−0.07	0.24	0.36*	
	8 月	0.33	0.27	0.09	0.16	0.13	0.54***	0.61***	0.27

注：* 表示通过 0.1 信度检验；* * 表示通过 0.05 信度检验；* * * 表示通过 0.01 信度检验。

4.6.4　草地生长季 NDVI 与树轮宽度指数的关系

　　NDVI 是植物叶面由红光和近红外两个波段反射所合成的指数，主要反映植物叶片的绿度，树轮宽度表示的是树木径向生长，其生长速度主要取决于光合作用与呼吸作用所产生的净积累量。王文志等(2010)发现祁连山地区树轮宽度 RES 年表与 NDVI 之间具有较高的统计相关性，两者对于限制因子的响应存在一致性。何吉成等(2006)总结认为只要树木生长和其他植被生长受制于相同的气候因素,在没有受到其他非气候因子(如火灾、虫害等)干扰影响时,来自局地尺度上的树轮指数可以揭示与其处于相同生长气候条件下的大范围植被的 ND-VI 变化。

图 4.27 是研究区 8 月植被指数与树轮宽度指数的对比,表 4.20 是研究区 8 月植被指数与树轮宽度指数的相关系数。可以看出树轮采样点祁连圆柏的年轮生长和草地 NDVI 变化有很好的一致性,生长季各月 NDVI 的相关性均较高,其中 8 月 NDVI 与乌兰 WL2 树轮指数的相关系数高达 0.716。NDVI 与草地叶面积指数和地上生物量有密切关系,所以轮宽指数可以反映逐年生长季内草地的地上生物量动态,尤其是生长季内的最大地上生物量(8 月的生物量)和平均生物量。鉴于草地遥感数据时间序列较短,借助树轮数据的时间尺度长、定年准确及分辨率高的特点,可以通过树轮宽指数来反演过去的草地逐年动态。

表 4.20　研究区 8 月植被指数与树轮宽度指数的相关

树轮指数序列	标准化(STD)	差值(RES)	自回归(ARS)
乌兰 WL2	0.622***	0.716***	0.633***
乌兰 WL4	0.380*	0.515**	0.386*
天峻 TJ1	0.333	0.282	0.453*

注:* 表示通过 0.1 信度检验;* * 表示通过 0.05 信度检验;* * * 表示通过 0.01 信度检验。

4.6.5　草地 NDVI 的千年变化

上述分析表明,祁连圆柏树轮宽度指数与草地生长季 NDVI 和生长量达到顶峰的 8 月 NDVI 有显著的相关关系,利用树轮指数序列时间长的优势,可以重建青海湖主要补给水源地布哈河流域草地 NDVI 的千年变化。本研究利用乌兰 WL2、乌兰 WL4、天峻 TJ1 三个树轮年表的标准化(STD)、差值(RES)、自回归(ARS)序列,建立多种数据组合,根据最优子集回归分析方法建立重建方程,结果以乌兰 WL2 与天峻 TJ1 乘积对 8 月 NDVI 回归拟合率最高,其重建方程为:

$$NDVI_8 = 0.324 + 0.02882 \times WL2 \times TJ1 \quad R = 0.685; F = 15.90 \quad (4.12)$$

式中,$NDVI_8$ 为 8 月草地 NDVI 值,WL2、TJ1 分别为乌兰差值(RES)和天峻自回归(ARS)树轮指数。根据转换方程,我们重建了布哈河流域千年草地 NDVI 序列。图 4.28 为校准时期 1982—2002 年重建的草地 8 月 NDVI 值与实际值的对比,二者表现出很好的一致性。

图 4.29、图 4.30 分别为重建的 943 年—2002 年 8 月 NDVI 序列变化图和重建序列的累积距平曲线。经计算,整个序列的平均值为 0.3544,标准差为 0.0155。如定义 NDVI 大于平均值+标准差为草地生长较好的年份,NDVI 大于平均值-标准差为生长较差的年份,在重建序列中,草地生长较好的时段有 159 a,占总年份的 15.01%,生长较差的时段有 170 a,占总年份的 16.05%。从重建序列的 31 a 滑动线和累积距平曲线来看,943—1115 年 NDVI 值的年变幅较大,其中 970—1000 年 30 年 NDVI 值相对较高;1115 年之后到 1310 年,长达 200 a 间 NDVI 值较低且变幅也不大;1345—1395 年 NDVI 值较高;1420—1500 年 NDVI 值相对较低;1540—1640 年 NDVI 值为该序列当中的最高时段;1685—1730 年 NDVI 值相对较低;1750—1780 年 NDVI 值相对较高;1795—1885 年 NDVI 值变幅较大;1890 年至今 NDVI 值相对较高,其持续时间较长,NDVI 值仅次于 1540—1640 年。谱分析结果(图略)表明,重建 8 月 NDVI 序列体现了 150~250 a 尺度的低频变化。奇异谱和小波分析表明在小冰期时,200 a 左

右的周期最为显著,而在近 200 a 中,120 a 左右的周期较为显著。

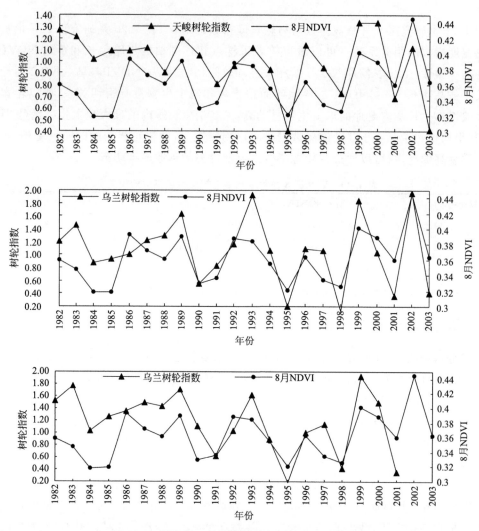

图 4.27　研究区 8 月植被指数与树轮宽度指数关系

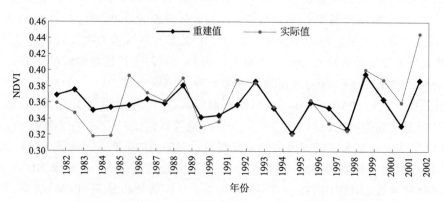

图 4.28　1982—2002 年重建的 8 月 NDVI 与实际值的对比

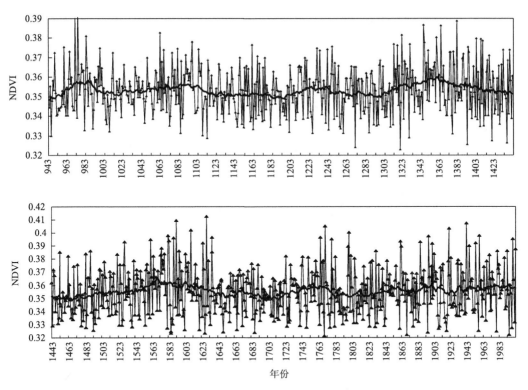

图 4.29　重建的 943—2002 年 8 月 NDVI 序列变化图

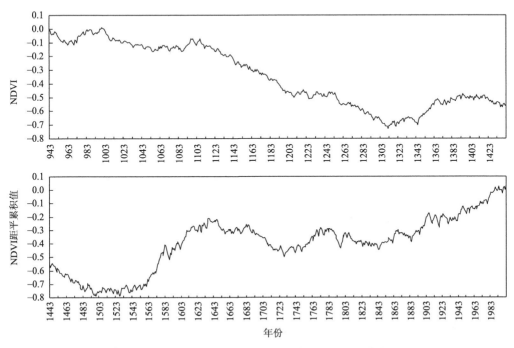

图 4.30　943—2002 年 8 月 NDVI 序列累积距平曲线图

何吉成等(2006)利用 1982—2001 年的逐月 NDVI 数字影像,分析了德令哈地区草地逐月 NDVI 变化,确定 6—9 月为其生长季。通过比较德令哈地区祁连圆柏树轮宽度指数与草地

NDVI 的关系,发现与草地生长季(6—9 月)各月 NDVI 及平均 NDVI 值有显著的相关关系,多数达到极显著水平,其中与 8 月的 NDVI 相关性最强。由于德令哈地处干旱地区,研究表明 6 月是德令哈地区主要降水月份,该月的降水量直接决定当年该地区树木和草地的生长状况,树轮宽窄变化和草地生长季 NDVI 大小变化的一致性体现了德令哈地区不同植被对水分限制的一致响应。本节的研究区域为青海湖西北部的布哈河领域,由于海拔较高,降水量又多于德令哈地区,NDVI 值既反映降水变化,也反映温度变化,8 月的 NDVI 与前期 6、7 月的降水呈显著的正相关关系,而与同期的温度均表现为正相关关系。比较两地 NDVI 值时间序列,两者在主要高值、低值时段上是一致的。

邵雪梅等(2004)利用青海柴达木盆地东北缘山地 11 个地点的祁连圆柏树轮宽度序列,重建了 1437 a 年降水量。结果显示:最干旱并且干旱持续时间最长的时期发生在 15 世纪后期和 17 世纪后期到 18 世纪初期,这两个干旱时期与太阳黑子极小期相对应。最湿润的时期发生在 16 世纪后期,而最近 40 a 正处在一个相对湿润的时期。小冰期期间(1300—1900 AD)年降水量变化的振幅较大,而中世纪暖期(900—1300 AD)的振幅较小。12 世纪的长期干旱是很明显的。周陆生等(1992)研究表明湖区近 600 a 来的主要冷暖干湿期大致为:15 世纪中、后期为冷干期;16 世纪以暖湿期为主;17 世纪到 18 世纪前期以冷干年份居多;18 世纪中期到 20 世纪初又以暖湿为主;20 世纪前期以冷干为主,中期转为暖干。经比较上述研究结果,青海湖布哈河流域 NDVI 高值时段大致与湿润期相对应,低值时段与干旱期相对应。

4.6.6 讨论与结论

本研究利用 1982—2003 年的逐月 NDVI 数字影像,分析了青海湖布哈河流域草地逐月 NDVI 变化及其与气候条件的关系,表明生长季各月 NDVI 与同期气温呈正相关,特别是 4—5 月 NDVI 值与同期月平均气温、平均最高气温呈显著的正相关关系,这与地处半湿润寒温气候区有关;NDVI 与同期降水、相对湿度、水汽压的相关不显著或呈弱的负相关关系,4—5 月相关最为显著,说明此阶段降水与气温呈负相关关系,降水多时温度低。4—5 月是牧草的萌发(返青)期,多年生牧草越冬后,除依靠秋季贮藏的营养物质外,还必须具备一定的水分、温度及光照条件,才能萌发和返青。牧草旺盛生长期的到 7、8 月,伴随气温升高,充足的降水利于土壤水分补给供应更有利于草地的生长,此时草地 8 月的 NDVI 与同期和前期 6、7 月的降水呈正相关。近 20 a 来气温升高、降水量总体呈增加的趋势,使得研究区的植被覆盖和植被生长状况呈现出略微改善的趋势。分析表明生长季提前和生长季延长是青藏高原草地植被生长季 NDVI 增加的主要原因(彭代亮,2007;梁四海,2007;李林,2011)。

青海湖西北部的布哈河领域草地 NDVI 高值时段为 970—1001 年、1335—1377 年主要表现为冷湿;1544—1610 年为暖湿期,主要表现为湿;1744—1785 年为暖湿期,主要表现为暖。NDVI 值低时段 1100—1210 年、1255—1310 年暖干期,主要表现为干旱;1440—1500 年为冷干期,主要表现为冷;1693—1730 年冷干期,主要表现为干旱。

树轮宽度指数与草地 NDVI 之间有较强的相关关系,天峻、乌兰两地的祁连圆柏树轮宽度指数能够指示当地草地 NDVI 的变化,长时间序列的树轮宽度指数为研究该地草地的长期变化提供了新途径,这对研究青海湖区过去的长期生态环境变化具有重要的意义。

参考文献

白肇烨,徐国昌,孙学筠,等,1988.中国西北天气[M].北京:气象出版社.

曹建廷,秦大河,罗勇,等,2007,长江源区1956—2000年径流量变化分析[J].水科学进展,18(1):29-33.

曹艳萍,南卓铜,胡兴林,2012.利用GRACE重力卫星数据反演黑河流域地下水变化[J].冰川冻土,34(3):680-689.

《柴达木生态保护与循环经济》编辑委员会,2013.柴达木生态保护与循环经济[M].西宁:青海人民出版社.

常国刚,李林,朱西德,等,2007.黄河源区地表水资源变化及其影响因子研究[J].地理学报,62(3):312-320.

陈碧珊,潘安定,杨木壮,2010.近50年柴达木盆地气候要素分布特征及变化趋势分析[J].干旱区资源与环境,24(5):117-123.

陈渤黎,2013.青藏高原土壤冻融过程陆面能水特征及区域气候效应研究[D].兰州:中国科学院寒区旱区环境与工程研究所:15-24.

陈国茜,周秉荣,胡爱军,2014.垂直干旱指数在高寒农区春旱监测中的应用研究[J].遥感技术与应用,29(6):949-953.

陈海存,李晓东,李凤霞,等,2013.黄河源玛多县退化草地土壤温湿度变化特征[J].干旱区研究,30(1):35-40.

陈海莉,周强,刘峰贵,2008.青海省农业旱灾时空分布规律[J].重庆科技学院学报,10(5):57-60.

陈家宙,等,2007.玉米对持续干旱的反应及红壤干旱阈值[J].中国农业科学,40(3):532-539.

陈维英,肖乾广,盛永伟,1994.距平植被指数在1992年特大干旱监测中的应用[J].遥感学报(2):106-112.

陈晓光,李林,朱西德,等,2009.青海省气候变化的区域性差异及其成因研究[J].气候变化研究进展,5(5):249-254.

戴升,申红艳,李林,等,2013.柴达木盆地气候由暖干向暖湿转型的变化特征分析[J].高原气象,32(1):211-220.

《第二次气候变化国家评估报告》编写委员会,2011.第二次气候变化国家评估报告[M].北京:科学出版社.

《第三次气候变化国家评估报告》编辑委员会,2015.第三次气候变化国家评估报告[M].北京:科学出版社:38-41;192-208.

丁一汇,任国玉,石广玉,等,2006.气候变化国家评估报告(Ⅰ):中国气候变化的历史和未来趋势[J].气候变化研究进展,2(1):3-6.

丁永建,刘时银,叶柏生,等,2006.近50 a中国寒区与旱区湖泊变化的气候因素分析[J].冰川冻土,28(5):623-631.

杜军,胡军,陈华,等,2006.雅鲁藏布江中游地表湿润状况的趋势分析[J].自然资源学报,21(2):196-204.

杜灵通,田庆久,王磊,等,2014.基于多源遥感数据的综合干旱监测模型构建[J].农业工程学报,30(9):126-132.

段安民,吴国雄,张琼,等,2006.青藏高原气候变暖是温室气体排放加剧结果的新证据[J].科学通报,51(8):989-992.

范丽军,符宗斌,陈德亮,2005.统计降尺度方法对未来气候变化情景预估的研究进展[J].地球科学进展,20(3):320-329.

方精云,1992.地理要素对我国温度分布影响的数量评价[J].地理学报,12(2):97-104.

冯蜀青,殷青军,肖建设,等,2006.基于温度植被旱情指数的青海高寒区干旱遥感动态监测研究[J].干旱地区农业研究,24(5):141-145.

冯松,汤懋苍,周陆生,2000.青海湖近600年的水位变化[J].湖泊科学,12(3):205-210.

冯新灵,罗隆诚,冯自立,等,2009.中国雨日变化趋势的分形研究[J].自然灾害学报,18(6):112-117.

高华中,贾玉连,2005.西北典型内陆湖泊近40年来的演化特点及机制分析[J].干旱区资源与环境,19(5):93-96.

葛骏,余晔,李振朝,等,2016.青藏高原多年冻土区土壤冻融过程对地表能量通量的影响研究[J].高原气象,35(3):608-620.

龚道溢,王绍武,2003.近百年北极涛动对中国冬季气候的影响[J].地理学报,58(4):559-568.

管晓丹,郭妮,黄建平,等,2008.植被状态指数监测西北干旱的适用性分析[J].高原气象,27(5):1046-1053.

郭铌,管晓丹,2007.植被状况指数的改进及其在西北干旱监测中的应用[J].地球科学进展,22(11):1160-1168.

郭铌,李栋梁,蔡晓军,等,1997.1995年中国西北东部特大干旱的气候诊断与卫星监测[J].干旱区地理,21(3):69-74.

郭铌,王小平,2015.遥感干旱应用技术发展及面临的技术问题与发展机遇[J].干旱气象,33(1):1-18.

韩海涛,胡文超,陈学君,等,2009.三种气象干旱指标的应用比较研究[J].干旱地区农业研究,27(1):237-247.

韩军彩,张秉祥,高祺,等,2009.石家庄市蒸发皿蒸发量的变化特征及其影响因子分析[J].干旱气象,27(4):340-345

郝振纯,江微娟,鞠琴,等,2010.青藏高原河源区气候变化特征分析[J].冰川冻土,32(6):1130-1135.

郝振纯,王加虎,李丽,等,2006.气候变化对黄河源区水资源的影响[J].冰川冻土,28(1):1-7.

何斌,武建军,吕爱锋,2010.农业干旱风险研究进展[J].地理科学进展,29(5):557-564.

何吉成,邵雪梅,2006.德令哈地区树轮宽度指数与草地植被指数的关系[J].科学通报,51(9):1083-1089.

何吉成,王丽丽,邵雪梅,2005.漠河樟子松树轮指数与标准化植被指数的关系研究[J].第四纪研究,25(2):252-256.

《河湟地区生态环境保护与可持续发展》编辑委员会,2012.河湟地区生态环境保护与可持续发展[M].西宁:青海人民出版社:36-53.

侯光良,刘峰贵,刘翠华,等,2010a.中全新世甘青地区古文化变迁的环境驱动[J].地理学报,65(1):53-58.

侯光良,刘峰贵,萧凌波,等,2008.青海东部高庙盆地史前文化聚落演变与气候变化[J].地理学报,63(1):34-40.

侯光良,许长军,樊启顺,2010b.史前人类向青藏高原东北缘的三次扩张与环境演变[J].地理学报,65(1):65-70.

侯亚红,杨修群,李刚,2007.冬季西伯利亚高压变化特征及其与中国气温的关系[J].气象科技,35(5):646-650.

侯英雨,何延波,柳钦火,等,2007.干旱监测指数研究[J].生态学杂志,26(2):892-897.

胡蝶,郭铌,沙莎,等,2015.Radarsat-2/SAR和MODIS数据联合反演黄土高原地区植被覆盖下土壤水分研究[J].遥感技术与应用(5):860-867.

黄嘉佑,2004.气象统计分析与预报方法[M].北京:气象出版社.

黄小燕,张明军,贾文雄,等,2011.中国西北地区地表干湿变化及影响因素[J].水科学进展,22(2):151-159.

贾文雄,何元庆,李宗省,等,2008.祁连山区气候变化的区域差异特征及突变分析[J].地理学报,63(3):257-269.

江涛,陈永勤,陈俊合,等,2000.未来气候变化对我国水文水资源影响的研究[J].中山大学学报(自然科学版)(增刊2):151-157.

姜加虎,黄群,2004.青藏高原湖泊分布特征及与全国湖泊比较[J].水资源保护,20(4):24-27

金章东,张飞,王红丽,等,2013.年以来青海湖水位持续回升的原因分析[J].地球环境学报,4(3):1355-1362.

琚建华,吕俊梅,任菊章,2006.北极涛动年代际变化对华北地区干旱化的影响[J].高原气象,25(1):74-81.

康世昌,张拥军,秦大河,等,2007.近期青藏高原长江源区急剧升温的冰心证据[J].科学通报,52(4):457-462.

蓝永超,丁永建,沈永平,等,2005.气候变化对黄河源区水资源系统影响的研究进展[J].气候变化研究进展,1(3):122-125.

蓝永超,丁永建,朱云通,等,2004.气候变暖情景下黄河源区径流的可能变化[J].冰川冻土,26(6):668-673.

蓝永超,林纾,李州英,等,2006.近50a来黄河源区水循环要素变化分析[J].中国沙漠,26(6):849-854.

蓝永如,刘高焕,邵雪梅,2011.近40a来基于树轮年代学的梅里雪山明永冰川变化研究[J].冰川冻土,33(6):1229-1234.

李潮流,康世昌,2006.青藏高原不同时段气候变化的研究综述[J].地理学报,61(3):327-335.

李春晖,郑小康,杨志峰,等,2009.黄河天然径流量变化趋势及其影响分析[J].北京师范大学学报,45(1):80-85.

李栋梁,何金海,汤绪,等,2007.青藏高原地面加热场强度与ENSO循环的关系[J].高原气象,26(1):39-46.

李栋梁,魏丽,蔡英,等,2003.中国西北现代气候变化事实与未来趋势展望[J].冰川冻土,25(2):135-142

李凤霞,李林,沈芳,等.2004.青海湖湖岸形态变化及成因分析[J].资源科学,26(1):38-44.

李凤霞,颜亮东,1997.青海环湖地区天然牧草群体生长动态数值模拟[J].草原科学,2(14):44-46.

李红梅,李林,李万志,2018.气象干旱监测指标在青海高原适用性分析[J].干旱区研究,35(1):114-121.

李红梅,李作伟,王振宇,等,2012.青藏高原不同生态功能区气候突变时间的比较分析[J].冰川冻土,34(6):1388-1393.

李江风,袁玉江,由希尧,等,2000.树木年轮水文学研究与应用[M].北京:科学出版社.

李菁,王连喜,沈澄,等,2014.几种干旱遥感监测模型在陕北地区的对比和应用[J].中国农业气象,35(1):97-102.

李景鑫,王式功,李艳,等,2013.西宁市蒸发量变化特征及影响因素[J].干旱气象,31(3):497-503.

李娟,李跃清,蒋兴文,等,2016.青藏高原东南部复杂地形区不同天气状况下陆气能量交换特征分析[J].大气科学,40(4):777-791.

李林,2012.青海省干旱、雪灾监测诊断和预测系统[M].北京:气象出版社.

李林,陈晓光,王振宇,等,2010.青藏高原区域气候变化及其差异性研究[J].气候变化研究进展,6(3):181-186.

李林,李凤霞,郭安红,等,2006.近43年来"三江源"地区气候变化趋势及其突变研究[J].自然资源学报,21(1):79-85.

李林,李凤霞,朱西德,等,2009.黄河源区湿地萎缩驱动力的定量辨识[J].自然资源学报,24(7):1246-1253.

李林,时兴合,申红艳,等,2011a.1960—2009年青海湖水位波动的气候成因探讨及其未来趋势预测[J].自然资源学报,26(9):1566-1574.

李林,汪青春,张国胜,等,2004a.黄河源区气候变化对地表水的影响[J].地理学报,59(5):716-722.

李林,王振宇,秦宁生,等,2002.环青海湖地区气候变化及其对荒漠化的影响[J].高原气象,21(1):59-65

李林,王振宇,秦宁生,等,2004b.长江上游径流量变化及其与影响因子关系分析[J].自然资源学报,19(6):694-700.

李林,王振宇,秦宁生,等,2005a.近1100年来柴达木盆地干湿气候演变特征及趋势预测[J].高原气象,24(3):326-330.

李林,王振宇,汪青春,等,2005b.青海高原冻土退化的若干事实揭示[J].冰川冻土,27(3):320-328.

李林,王振宇,徐维新,等,2011b.青藏高原典型高寒草甸植被生长发育对气候和冻土环境变化的响应[J].冰川冻土,33(5):1006-1013.

李林,朱西德,王振宇,等,2005c.近42年来青海湖水位变化的影响因子及其趋势预测[J].中国沙漠,25(5):689-696.

李林,朱西德,周陆生,等,2004c.三江源地区气候变化及其对生态环境的影响[J].气象,30(8):18-22.

李森,董玉祥,董光荣,等,2007.青藏高原土地沙漠化区划[J].中国沙漠,21(6):418-427.

李述训,南卓铜,赵林,2002.冻融作用对地气系统能量交换的影响分析[J].冰川冻土,24(5):506-511.

李硕,沈彦俊,2013.气候变暖对西北干旱区农业热量资源变化的影响[J].中国生态农业学报,21(2):227-235.

李万莉,王可丽,傅慎明,等,2008.区域西风指数对西北地区水汽输送及收支的指示性[J].冰川冻土,30(1):28-34.

李维京,2012.现代气候业务[M].北京:气象出版社:87-114.

李伟光,易雪,侯美亭,等,2012.基于标准化降水蒸散指数的中国干旱趋势研究[J].中国生态农业学报,20(5):643-649.

李新周,刘晓东,2009.气溶胶对青藏高原气候变化影响的数值模拟分析[J].干旱气象,27(1):1-8.

李耀辉,周广胜,袁星,等,2017.干旱气象科学研究——"我国北方干旱致灾过程及机理"项目概述与主要进展[J].干旱气象,35(2):165-174.

李弋林,徐袁,钱维宏,2001.近300年来中国西部气候的干湿变化[J].高原气象,20(4):371-337.

李远平,杨太保,2007.柴达木盆地气温、降水突变与周期特征分析[J].地理与地理信息科学,23(3):105-108.

李喆,谭德宝,秦其明,等,2010.基于特征空间的遥感干旱监测方法综述[J].长江科学院院报,27(1):37-41.

梁川,侯小波,潘妮,2011.长江源高寒区域降水和径流时空变化规律分析[J].南水北调与水利科技,2011,9(1):53-59.

梁四海,万力,李志明,等,2007.黄河源区冻土对植被的影响[J].冰川冻土,29(1):45-52.

廖清飞,张鑫,马全,等,2014.青海省东部农业区植被覆盖时空演变遥感监测与分析[J].生态学报,20:5936-5943.

林而达,许吟隆,蒋金鹤,等,2006.气候变化国家评估报(II)气候变化的影响与适应[J].气候变化研究进展,2(2):51-61.

刘蓓,2010.43年来青海省蒸发皿蒸发量变化及其影响因子[J].干旱区研究,27(6):892-897.

刘冰,靳鹤龄,孙忠.2012,末次盛冰期以来青藏高原东北部共和盆地气候与环境变化研究进展[J].冰川冻土,34(2):403-410.

刘波,马柱国,丁裕国,等,2006.中国北方近45年蒸发变化的特征及与环境的关系[J].高原气象,25(5):840-848.

刘多森,汪纵生,1999.可能蒸散量动力学模型的改进及其对辨识土壤水分状况的意义[J].土壤学报,33(1):21-27.

刘辉志,涂钢,董文杰,等,2006.半干旱地区地气界面水汽和二氧化碳通量的日变化及季节变化[J].大气科学,30(1):108-118.

刘火霖,胡泽勇,杨耀先,等,2015.青藏高原那曲地区冻融过程的数值模拟研究[J].高原气象,34(3):676-683.

刘吉峰,霍世青,李世杰,等,2007.SWAT模型在青海湖布哈河流域径流变化成因分析中的应用[J].河海大学学报(自然科学版),35(2):159-163.

刘吉峰,李世杰,丁裕国,2008.基于气候模式统计降尺度技术的未来青海湖水位变化预估[J].水科学进展,19(2):184-191.

刘劲龙,徐刚,杨娟,等,2013.近55年来四川盆地气候的干湿变化趋势分析[J].西南大学学报(自然科学版),35(1):138—143.

刘冉,李彦,王勤学,等,2011.盐生荒漠生态系统二氧化碳通量的年内、年际变异特征[J].中国沙漠,31(1):

108-114.

刘瑞霞,刘玉洁,2008. 近 20 年青海湖湖水面积变化遥感[J]. 湖泊科学,20(1):135-138.

刘小磊,覃志豪,2007. NDWI 与 NDVI 指数在区域干旱监测中的比较分析——以 2003 年江西夏季干旱为例[J]. 遥感技术与应用,22(5):608-612.

刘晓东,程志刚,张冉,2009. 青藏高原未来 30～50 年 A1B 情景下气候变化预估[J]. 高原气象,28(3):475-484.

柳媛普,白虎志,钱正安,等,2011. 近 20 年新疆中部明显增湿事实的进一步分析[J]. 高原气象,30(5):1195-1203.

罗斯琼,吕世华,张宇,等,2009. 青藏高原中部土壤热传导率参数化方案的确立及在数值模式中的应用[J]. 地球物理学报,52(4):919-928.

罗哲贤,2005. 西北干旱气候动力学引论[M]. 北京:气象出版社:7-38.

麻雪艳,周广胜,2017. 夏玉米苗期主要生长指标的土壤水分临界点确定方法[J]. 生态学杂志,36(6):1761-1768.

马海娇,严登华,翁白莎,等,2013. 典型干旱指数在滦河流域的适用性评价[J]. 干旱区研究,30(4):728-734.

马明国,王建,王雪梅,2006. 基于遥感的植被年际变化及其与气候关系研究进展[J]. 遥感学报,22(03):421-431.

马明卫,宋松柏,2012. 渭河流域干旱指标空间分布研究[J]. 干旱区研究,29(4):681-691.

马耀明,姚檀栋,王介民,2006. 青藏高原能量和水循环试验研究:GAME/Tibet 与 CAMP/Tibet 研究进展[J]. 高原气象,25(2):344-351.

马柱国,2007. 华北干旱化趋势及转折性变化与太平洋年代际振荡的关系[J]. 科学通报,52(10):1199-1206.

马柱国,符淙斌,2006. 1951—2004 年中国北方干旱化的基本事实[J]. 科学通报,51(20):2429-2439.

马柱国,黄刚,甘文强,等,2005. 近代中国北方干湿变化趋势的多时段特征[J]. 大气科学,9(15):671-681.

苗运玲,卓世新,杨艳玲,等,2013. 新疆哈密市近 50 a 蒸发量变化特征及影响因子[J]. 干旱气象,31(1):95-106.

牛涛,刘洪利,宋燕,等,2005. 青藏高原气候由暖干到暖湿时期的年代际变化特征研究[J]. 应用气象学报,16(6):763-771.

裴布祥,1989. 蒸发和蒸散的测定与计算[M]. 北京:气象出版社:87-91.

彭代亮,黄敬峰,王秀珍,2007. 基于 MODIS-EVI 区域植被季节变化与气象因子的关系[J]. 应用生态学报,18(5):983-989.

蒲阳,张虎才,雷国良,等,2010. 青藏高原东北部柴达木盆地古湖泊沉积物正构烷烃记录的 MIS3 晚期气候变化[J]. 中国科学(D 辑:地球科学),40(5):624-631.

钱正安,吴统文,宋敏红,等,2001. 干旱灾害和我国西北干旱气候的研究进展及问题[J]. 地球科学进展,16(1):28-38.

强明瑞,陈发虎,张家武,等,2005. 2 ka 来苏干湖沉积碳酸盐稳定同位素记录的气候变化[J]. 科学通报,50(13):1385-1393.

秦宁生,邵雪梅,靳立亚等,2003. 青海南部高原圆柏年轮指示的近 500 年来气候变化[J]. 科学通报,48(19):2068-2072.

秦鹏程,姚凤梅,张佳华,等,2011. 基于 SPEI 指数的近 50 年东北玉米生长季干旱演变特征[C]//第 28 届中国气象学会年会论文集. 厦门:第 28 届中国气象学会年会:110-118.

《青海湖流域生态环境保护与修复》编辑委员会,2008. 青海湖流域生态环境保护与修复[M]. 西宁:青海人民出版社:62-75.

《青海省气候变化评估报告》编写委员会,2011. 青海省气候变化评估报告[M]. 北京:气象出版社.

青海省气象局,2001. 气象灾害标准:DB63/T 372—2001 [S]. 西宁:青海省质量技术监督局.

青海省气象局,2017.高寒草地遥感监测评估方法:DB63/T 1564—2017 [S].西宁:青海省质量技术监督局.

青海省气象局,2018.气象灾害分级标准:DB63/T 372—2018 [S].西宁:青海省质量技术监督局.

青海省水利志编委会办公室,1995.青海河流[M].西宁:青海人民出版社:125-139.

邱新法,刘昌明,曾燕,等,2003.黄河流域近40年蒸发皿蒸发量的气候变化特征[J].自然资源学报,18(4):
    437-442.

曲耀光,1994.青海湖水量平衡及水位变化预测[J].湖泊科学,6(4):298-307.

全国气候与气候变化标准化技术委员会,2006.气象干旱等级:GB/T 20481—2006[S].北京:中国标准出版
    社:1-17.

任国玉,郭军,2006.中国水面蒸发量的变化[J].自然资源学报,21(1):31-41.

三江源自然保护区生态环境编辑委员会,2002.三江源自然保护区生态环境[M].西宁:青海人民出版社:
    75-91.

沙莎,郭铌,李耀辉,等,2014.我国温度植被旱情指数 TVDI 的应用现状及问题简述[J].干旱气象,(1):
    128-134.

沙莎,郭铌,李耀辉,等,2017.温度植被干旱指数(TVDI)在陇东土壤水分监测中的适用性[J].中国沙漠
    (37):132-139.

尚大成,王澄海,2006.高原地表过程中冻融过程在东亚夏季风中的作用[J].干旱气象,24(3):19-22.

尚伦宇,吕世华,张宇,等,2010.青藏高原东部土壤冻融过程中地表粗糙度的确定[J].高原气象,29(1):
    17-22.

邵雪梅,黄磊,刘洪滨,等,2004.树轮记录的青海德令哈地区千年降水变化[J].中国科学(D辑:地球科学),
    2004,34(2):145-153.

申红艳,马明亮,汪青春,等,2013.1961—2010年青海高原蒸发皿蒸发量变化及其对水资源的影响[J].气象
    与环境学报,29(6):87-94.

申红艳,马明亮,王冀,等,2012.青海省极端气温事件的气候变化特征研究[J].冰川冻土,34(6):1371-1379.

申双和,盛琼,2008.45年来中国蒸发皿蒸发量的变化特征及其成因[J].气象学报,66(3):452-460.

申双和,张方敏,盛琼,2009.1975—2004年中国湿润指数时空变化特征[J].农业工程学报,25(1):1l-15.

沈永平,王国亚,2013.IPCC第一工作组第五次评估报告对全球气候变化认知的最新科学要点[J].冰川冻土,
    35(5):1068-1076.

施能,陈家其,屠其璞.1995.中国近100年来4个年代际的气候变化特征[J].气象学报.53(4):431-439.

施雅风,1995.气候变化对西北华北水资源的影响[M].济南:山东科学技术出版社:127-141.

施雅风,2000.中国冰川与环境——现在、过去和未来[M].北京:科学出版社:190-198.

施雅风,沈永平,胡汝骥,2002.西北气候由暖干向暖湿转型的信号、影响和前进初步探讨[J].冰川冻土,24
    (3):199-225.

石崇,刘晓东,2012.1947—2006年东半球陆地干旱化特征——基于SPEI数据的分析[J].中国沙漠,32(6):
    1691-1701.

时兴合,赵燕宁,戴升,等,2005.柴达木盆地40多年来的气候变化[J].中国沙漠,25(1):123-128.

帅嘉冰,郭品文,庞子琴,2010.中国冬季降水与AO关系的年代际变化[J].高原气象,29(5):1126-1136.

宋连春,邓振镛,董安祥,等,2003.干旱[M].北京:气象出版社.

孙菽芬,2005.陆面过程的物理、生化机理和参数化模型[M].北京:气象出版社:85-110.

孙卫国,程炳岩,顾万龙,2008.河南省气候变化与北极涛动的多时间尺度相关[J].高原气象,27(2):
    430-441.

孙卫国,程炳岩,李荣,2010.黄河源区径流量的季节变化及其与区域气候的小波相关[J].中国沙漠,30(3):
    712-721.

孙智辉,雷延鹏,曹雪梅,等,2011.气象干旱精细化监测指数在陕西黄土高原的研究与应用[J].高原气象,30

(1):142-149.

汤懋苍,程国栋,林振耀,1998.青藏高原近代气候变化及对环境的影响[M].广州:广东科技出版社:132-135.

汤懋苍,李廷栋,2000.青藏高原构造演化与隆升[M].广州:广东科技出版社.

汤奇成,曲耀光,周聿超,1992.中国干旱区水文及水资源利用[M].北京:科学出版社:44-80.

唐恬,王磊,文小航,2013.黄河源鄂陵湖地区辐射收支和地表能量平衡特征研究[J].冰川冻土,35(6):
1462-1473.

田俊,马振峰,范广洲,2010.高原季风对500 hPa中纬度西风带活动的影响[J].成都信息工程学院学报,25
(1):61-68.

万信,王润元,李宗奎,2007a.陇东黄土高原塬区农业气象要素的变化特征[J].生态学杂志,26(3):344-347.

汪青春,1998.牧草生长发育与气象条件的关系及气候年景研究[J].中国农业气象,3(19):2-8

汪青春,李凤霞,刘宝康,等,2015.近50 a来青海干旱变化及其对气候变暖的响应[J].干旱区研究,32(1):
65-72.

汪青春,秦宁生,李栋梁,等,2005.利用多条树轮资料重建青海高原近250年年平均气温序列[J].高原气象,3
(24):322-325.

汪青春,秦宁生,张占峰,等,2007b.青海近40年降水变化特征及其对生态环境的影响[J].中国沙漠,1(27):
153-158.

王澄海,师锐,左洪超,2008.青藏高原西部冻融期陆面过程的模拟分析[J].高原气象,27(2):239-248.

王春林,陈慧华,唐力生,等,2012.基于前期降水指数的气象干旱指标及其应用[J].气候变化研究进展,8(3):
157-163.

王根绪,李娜,胡宏昌,2009.气候变化对长江黄河源区生态系统的影响及其水文效应[J].气候变化研究进展,
5(4):202-207.

王根绪,李元寿,王一博,等,2003.长江源区高寒生态与气候变化对河流径流过程的影响分析[J].冰川冻土,
29(4):161-168.

王根绪,李元寿,王一博,等,2007.近40年来青藏高原典型高寒湿地系统的动态变化[J].地理学报,62(5):
481-491.

王广帅,杨晓霞,任飞,等,2013.青藏高原高寒草甸非生长季温室气体排放特征及其年度贡献[J].生态学杂
志,32(8):1994-2001.

王国庆,王云璋,康玲玲,2002.黄河中游径流对气候变化的敏感性分析[J].应用气象学报,13(1):116-121.

王国庆,王云璋,史忠海,等,2009.黄河流域水资源未来变化趋势分析[J].地理科学,21(5):396-400.

王建兵,李晓媛,王振国,2007.青藏高原东北部农牧交错区气候变化及其对草场植被的影响[J].干旱地区农
业研究,25(6):216-219.

王建兵,汪治桂,2007.青藏高原东北部边坡地带气温变化特征研究[J].干旱地区农业研究,25(1):176-180.

王建,黄巧华,柏春广,等,2002.2.5 Ma以来柴达木盆地的气候干湿变化特征及其原因[J].地理科学,2002,
22(1):34-38.

王建,席萍,刘泽纯,等,1996.柴达木盆地西部新生代气候与地形演变[J].地质评论,42(2):166-173.

王江山,2004.青海天气气候[M].北京:气象出版社.

王杰民,闫宝华,吴松,等,2012.柴达木盆地东北部中新世沉积物色度记录的气候变化[J].甘肃地质,21(1):
6-11.

王杰,叶柏生,张世强,等,2011.祁连山疏勒河上游高寒草甸CO_2通量变化特征[J].冰川冻土,33(3):
646-653.

王劲松,郭江勇,倾继祖,2007.一种K干旱指数在西北地区春旱分析中的应用[J].自然资源学报,22(5):
709-717.

王劲松,郭江勇,周跃武,等,2007.干旱指标研究的进展与展望[J].干旱区地理,30(1):60-65.

王劲松,李耀辉,王润元,等,2012.我国气象干旱研究进展评述[J].干旱气象,30(4):497-508.

王劲松,李忆平,任余龙,等,2013.多种干旱监测指标在黄河流域应用的比较[J].自然资源学报,28(8):1337-1349.

王君,2014. 基于 MODIS 产品的青海省干旱监测[D]. 长沙:中南大学.

王俊峰,王根绪,吴青柏,2008.青藏高原腹地不同退化程度高寒沼泽草甸生长季节 CO_2 排放通量及其主要环境控制因子研究[J].冰川冻土,30(3):408-414.

王可丽,程国栋,丁永健,等,2006.黄河、长江源区降水变化的水汽输送和环流特征[J].冰川冻土,28(2):8-14.

王可丽,江灏,赵红岩,等,2005.西风带与季风对中国西北地区的水汽输送[J].水科学进展,16(3):432-438.

王雷,刘辉志,David Schaffrath,等,2010. 内蒙古羊草和大针茅草原下垫面水汽、CO_2 通量输送特征[J].高原气象,29(3):605-613.

王丽娟,郭铌,沙莎,等,2016.混合像元对遥感干旱指数监测能力的影响[J].干旱气象,34(5):772-778.

王菱,谢贤群,李运生,等,2004.中国北方地区 40 年来湿润指数和气候干湿带界线的变化[J].地理研究,23(1):45-54.

王仑,虞敏,戚一应,等,2017.基于 MODIS 数据的祁连山南坡土壤水分反演研究[J].青海师范大学学报(自然科学版)(2):84-91.

王少影,张宇,吕世华,等,2012. 玛曲高寒草甸地表辐射与能量收支的季节变化[J].高原气象,31(3):605-614.

王绍武,罗勇,唐国利,等,2010.近 10 年全球变暖停滞了吗?[J].气候变化研究进展,6(2):95-98.

王绍武,罗勇,赵宗慈,等,2012.新一代温室气体排放情景[J]. 气候变化研究进展,8(4):305-307.

王绍武,罗勇,赵宗慈,等,2013.IPCC 第 5 次评估报告问世[J].气候变化研究进展,9(6):436-439.

王素萍,宋连春,韩永翔,等,2006.玛曲气候变化对生态环境的影响[J].冰川冻土,28(4):556-561.

王素萍,王劲松,张强,等,2015.几种干旱指标对西南和华南区域月尺度干旱监测的适用性评价[J].高原气象,34(6):1616-1624.

王位泰,张天峰,马鹏里,等,2008.甘肃陇东黄土高原秋季冬小麦异常旺长对气候变暖的响应[J].生态学杂志,27(9):1491-1497.

王文志,刘晓宏,陈拓,等,2010. 基于祁连山树轮宽度指数的区域 NDVI 重建[J].植物生态学报,34(9):1033-1044.

王艳君,姜彤,许崇育,2005.长江流域蒸发皿蒸发量及影响因素变化趋势[J].自然资源学报,20(6):864-870.

王一博,吴青柏,牛富俊,2011. 长江源北麓河流域多年冻土区热融湖塘形成对高寒草甸土壤环境的影响[J].冰川冻土,33(3):659-667.

王振宇,李林,汪青春,等,2005.树轮纪录的 500 年来青海地区夏半年降水变化特征[J].气候与环境研究,10(2):250-256.

卫捷,马柱国,2003.Palmer 干旱指数、地表湿润指数与降水距平的比较[J].地理学报,58(S1):117-124.

魏凤英,2007.现代气候统计诊断与预测技术[M].第 2 版.北京:气象出版社.

温克刚,王莘,2007.中国气象灾害大典·青海卷[M]. 北京:气象出版社.

文晶,王一博,高泽永,等,2013.北麓河流域多年冻土区退化草甸的土壤水文特征分析[J].冰川冻土,35(4):929-937.

吴灏,叶柏生,吴锦奎,等,2013. 疏勒河上游高寒草甸下垫面湍流特征分析[J]. 高原气象,32(2):368-376.

吴绍洪,尹云鹤,郑度,等,2005.近 30 年中国陆地表层干湿状况研究[J].中国科学(D 辑:地球科学),35(3):276-283.

肖国举,李裕,2012.中国西北地区粮食与食品安全对气候变化的响应[M].北京:气象出版社:231-278.

肖序常,李廷栋,2000.青藏高原构造演化与隆升[M].广州:广东科技出版社.

谢昌卫,丁永建,刘时银,2004.近50年来长江黄河源区气候及水文环境变化趋势分析[J].生态环境,13(4):520-523.

谢金南,2000.中国西北干旱气候变化与预测研究[M].北京:气象出版社,128-132.

谢五三,王胜,唐为安,等,2014.干旱指数在淮河流域的适用性对比[J].应用气象学报,25(2):176-184.

熊光洁,张博凯,李崇银,等,2013.基于SPEI的中国西南地区1961—2012年干旱变化特征分析[J].气候变化研究进展,9(3):192-198.

徐祥德,周明煜,陈家宜,等,2001.青藏高原地-气过程动力、热力结构综合物理图像[J].中国科学(D辑:地球科学),31(5):428-440.

许吟隆,张颖娴,林万涛,等,2007."三江源"地区未来气候变化的模拟分析[J].气候与环境研究,12(5):668-673.

杨辉,李崇银,2008.冬季北极涛动的影响分析[J].气候与环境研究,13(4):395-404.

杨建平,丁永建,陈仁升,2007.长江黄河源区生态环境生态脆弱性评价初探[J].中国沙漠,27(6):1012-1017.

杨建平,丁永建,陈仁升,等,2003a.近50年中国干湿气候界线波动及其成因初探[J].气象学报,61(3):364-373.

杨建平,丁永建,刘时银,等,2003b.长江黄河源区冰川变化及其对河川径流的影响[J].自然资源学报,18(5):595-603.

杨建平,丁永建,沈永平,等,2004.近40a来江河源区生态环境变化的气候特征分析[J].冰川冻土,26(1):7-16.

杨健,马耀明,2012.青藏高原典型下垫面的土壤温湿特征[J].冰川冻土,34(4):813-820.

杨金虎,杨启国,姚玉璧,等,2006.中国西北夏季干旱指数研究[J].资源科学,28(3):17-22.

杨丽慧,高建芸,苏汝波,等,2012.改进的综合气象干旱指数在福建省的适用性分析[J].中国农业气象,33(4):603-608.

杨梅学,姚檀栋,何元庆,等,2002.藏北高原地气之间的水分循环[J].地理科学,22(1):29-33.

杨世刚,杨德保,赵桂香,等,2011.三种干旱指数在山西省干旱分析中的比较[J].高原气象,30(5):1406-1414.

姚檀栋,焦克勤,杨志红,等,1995.古里雅冰芯中小冰期以来的气候变化[J].中国科学(B辑:化学),25(10):1108-1114.

姚檀栋,刘晓东,王宁练,2000.青藏高原地区的气候变化幅度问题[J].科学通报,45(1):98-105.

姚瑶,张鑫,马全,等,2013.基于SPI青海省东部农业区季节干旱变化分析[J].灌溉排水学报,32(6):96-100.

叶笃正,黄荣辉,1996.长江黄河流域旱涝规律和成因研究[M].济南:山东科技出版社:387-388.

尹成明,李伟民,Andrea R,等,2007.柴达木盆地新生代以来的气候变化研究:来自碳氧同位素的证据[J].吉林大学学报(地球科学版),37(5):901-907.

于革,赖格英,薛滨,等,2004.中国西部湖泊水量对未来气候变化的响应——蒙特卡罗概率法在气候模拟输出的应用[J].湖泊科学,16(3):193-202.

俞烜,申宿慧,杨舒媛,等,2008.长江源区径流演变特征及其预测[J].水电能源科学,26(3):14-16.

俞亚勋,王劲松,李青燕,2003.西北地区空中水汽分布特征及变化趋势分析[J].冰川冻土,25(2):149-156.

袁林旺,陈晔,周春林,等,2000.柴达木盆地自然伽玛曲线与古里雅冰芯记录的末次间冰期以来气候环境变化过程的对比[J].冰川冻土,22(4):327-332.

袁林旺,刘泽纯,陈晔,2004.柴达木盆地自然伽玛曲线记录的古气候变化对太阳辐射响应关系的对比研究[J].冰川冻土,26(1):298-303.

袁文平,周广胜,2004.标准化降水指标和Z指数在我国应用的对比分析[J].植物生态学报,28(4):523-529.

袁云,李栋梁,安迪,2012.青海湖水位变化对青藏高原气候变化的响应[J].高原气象,31(1):57-64.

勾晓华,陈发虎,王亚军,等,2001.利用树轮宽度重建近280a来祁连山东部地区的春季降水[J].冰川冻土,23(3):292-296.

翟禄新,冯起,2011.基于 SPI 的西北地区气候干湿变化[J].自然资源学报,26(5):847-857.

张勃,张调风,2013.1961—2010 年黄土高原地区参考作物蒸散量对气候变化的响应及未来趋势预估[J].生态学杂志,32(3):733-740.

张存杰,宝灵,刘德祥,等,1998.西北地区旱涝指标的研究[J].高原气象,17(4):381-389.

张调风,张勃,张苗,等,2012.1962—2010 年甘肃省黄土高原区干旱时空动态格局[J].生态学杂志,31(8):2066-2074.

张嘉琪,任志远,2014.1977—2010 年柴达木盆地地表潜在蒸散时空演变趋势[J].资源科学,36(10):2103-2112.

张建云,王国庆,杨扬,等,2008.气候变化对中国水安全的影响研究[J].气候变化研究进展,4(5):290-295.

张婧娴,沈润平,郭佳,2017.不同数据挖掘方法在综合干旱监测模型构建中的应用研究[J].江西农业大学学报,39(5):1045-1056.

张乐乐,赵林,李韧,等,2016.青藏高原唐古拉地区暖季土壤水分对地表反照率及其土壤热参数的影响[J].冰川冻土,38(2):351-358.

张强,韩兰英,郝小翠,等,2016.气候变化对中国农业旱灾灾损失率的影响及其南北区域差异性[J].气象学报,73(6):1092-1103.

张强,王蓉,岳平,等,2017.复杂条件陆-气相互作用研究领域有关科学问题探讨[J].气象学报,75(1):39-56.

张强,王胜,2008.西北干旱区夏季大气边界层结构及其陆面过程特征[J].气象学报,66(4):599-608.

张强,姚玉璧,李耀辉,等,2015.中国西北地区干旱气象灾害监测预警与减灾技术研究进展及其展望[J].地球科学进展,30(2):196-213.

张强,张良,崔显成,等,2011.干旱监测与评价技术的发展及其科学挑战[J].地球科学进展,26(7):763-778.

张森琦,王永贵,赵永真,等,2004.黄河源区多年冻土退化及其环境反映[J].冰川冻土,26(1):1-6.

张士锋,华东,孟秀敬,等,2011.三江源气候变化及其对径流的驱动分析[J].地理学报,66(1):13-24.

张淑杰,张玉书,陈鹏狮,等,2011.东北地区湿润指数及其干旱界线的变化特征[J].干旱地区农业研究,29(3):226-232.

张文江,陆其峰,高志强,等,2008.基于水分距平指数的 2006 年四川盆地东部特大干旱遥感响应分析[J].中国科学(D辑:地球科学),38(2):251-260.

张小明,魏锋,陆燕,2006.祁连山近 45 a 年降水异常的气候特征[J].干旱气象,24(3):35-41.

张晓,李净,姚晓军,等,2012.近 45 年青海省降水时空变化特征及突变分析[J].干旱区资源与环境,26(5):6-12.

张孝忠,2004.青海地理[M].西宁:青海人民出版社:100-110.

张永,陈发虎,勾晓华,等,2007.中国西北地区季节间干湿变化的时空分布:基于 PDSI 数据[J].地理学报,62(11):1142-1152.

章大全,张璐,杨杰,等,2010.近 50 年中国降水及温度变化在干旱形成中的影响[J].物理学报,59(01):655-63.

赵传燕,南忠仁,程国栋,等,2008.统计降尺度对西北地区未来气候变化预估[J].兰州大学学报(自然科学版),44(5):12-18+25.

赵芳芳,徐宗学,2007.统计降尺度方法和 Delta 方法建立黄河源区气候情景的比较分析[J].气象学报,65(4):653-662.

赵福年,赵铭,王莺,等,2014.石羊河流域 1960-2009 年参考蒸散量与蒸发皿蒸发量变化特征[J].干旱气象,32(4):560-568.

赵海燕,高歌,张培群,等,2011.综合气象干旱指数修正及在西南地区的适用性[J].应用气象学报,22(6):698-705.

赵晶,王乃昂,2002. 近 50 年来兰州城市气候变化的 R/S 分析[J]. 干旱区地理,25(1):90-95.

赵林,程国栋,李述训,等,2000. 青藏高原五道梁附近多年冻土活动层冻结和融化过程[J]. 科学通报,45
　　(11):1205-1211.

赵兴炳,李跃清,2011. 青藏高原东坡高原草甸近地层气象要素与能量输送季节变化分析[J]. 高原山地气象
　　研究,31(2):12-17.

赵拥华,赵林,杜二计,等,2011. 唐古拉地区高寒草甸生态系统 CO_2 通量特征研究[J]. 高原气象,30(2):
　　525-531.

赵宗慈,丁一汇,徐影,等,2003. 人类活动对 20 世纪中国西北地区气候变化影响监测和 21 世纪预测[J]. 气候
　　与环境研究,8(1):26-34.

中国气象局国家气候中心,2009. 全国气候影响评价(2008)[M]. 北京:气象出版社.

中国气象局气候变化中心,2016. 中国气候变化监测公报[M]. 北京:科学出版社:19-35.

周爱锋,陈发虎,强明瑞,等,2007. 内陆干旱区柴达木盆地苏干湖年纹层的发现及其意义[J]. 中国科学(D辑:
　　地球科学),37(7):941-948.

周秉荣,2007. 基于 EOS/MODIS 的青海省草原春季干旱监测模型研究[D]. 南京:南京信息工程大学.

周长艳,李跃清,李薇,等,2005. 青藏高原东部及邻近地区水汽输送的气候特征[J]. 高原气象,24(6):
　　880-888.

周凌晞,周秀骥,张晓春,等,2007. 瓦里关温室气体本底研究的主要进展[J]. 气象学报,65(3):458-467.

周陆生,汪青春,1996. 青海湖水位年际变化规律的分析和预测[J]. 高原气象,15(4):476-484.

周瑶,张鑫,徐静,2013. 青海省东部农业区参考作物蒸散量的变化及对气象因子的敏感性分析[J]. 自然资源
　　学报,28(5):765-775.

周幼吾,郭东信,邱国庆,等,2000. 中国冻土[M]. 北京:科学出版社:309-325.

朱利,张万昌,2005. 基于径流模拟的汉江上游区水资源对气候变化响应的研究[J]. 资源科学,27(2):16-22.

朱延龙,陈进,陈广才,2011. 长江源区近 32 年径流变化及影响因素分析[J]. 长江科学院院报,28(6):1-4.

邹旭恺,任国玉,张强,2010. 基于综合气象干旱指数的中国干旱变化趋势研究[J]. 气候与环境研究,15(4):
　　371-378.

邹旭恺,张强,2008. 近半个世纪我国干旱变化的初步研究[J]. 应用气象学报,19(6):679-687.

左洪超,鲍艳,张存杰,等,2006. 蒸发皿蒸发量的物理意义——近 40 年变化趋势的分析和数值试验研究[J].
　　地球物理学报,49(3):680-688.

左洪超,李栋梁,胡隐樵,等,2005. 近 40 a 中国气候变化趋势及其同蒸发皿观测的蒸发量变化的关系[J]. 科
　　学通报,50(11):1125-1130.

An X L, Wu J J, Zhou H K, et al, 2017. Assessing the relative soil moisture for agricultural drought monito-
　　ring in Northeast China[J]. Geogr Res, 36:837-849.

Brown J F, Wardlow B D, Tadesse T, et al, 2008. The vegetation drought response index:A new integrated
　　approach for monitoring drought stress in vegetation[J]. GIS science & Remote Sensing, 45:16-46.

Brutsaert W, Parlange M B, 1998. Hydrologic cycle explains the evaporation paradox[J]. Nature, 396
　　(6706):30.

Chang G G, Li L, Zhu X D, et al, 2007. Influencing factors of water resources in the source region of the
　　Yellow River[J]. Journal of Geographical Sciences, 17:131-140.

Chen J Z, Li L R, Lü G A, et al, 2010. An index of soil drought intensity and degree:An application on corn
　　and a comparison with CWSI[J]. Agr Water Manag, 97:865-871.

Chen J Z, Wang S, Zhang L L, et al, 2007. Response of maize to progressive drought and red soil's drought
　　threshold[J]. Sci Agric Sin, 40:532-539.

Correia F, Santos M A, Rodrigues R, 1994. Reliability in regional drought studies, water resources engineering risk assessment[J]. Porto，Karras NATO ASI Series，29：43-62.

Dai A G，2013. increasing drought under global warming in observations and models[J]. Nat Clim Change，1：52-58.

D'Arrigo R D，Malmstrom C M，Jacoby G C，et al，2000. Correlation between maximum latewood density of annual tree rings and NDVI based estimates of forest productivity[J]. International Journal of Remote Sensing，21(11)：2329-2336.

Eaper I，Cook E R，Schweingruber F H，2002. Low-frequency signals in long tree-ring chronologies for reconstructing past temperature variability[J]. Science，295：2250-2253.

Filippo G，Lin D O，Mearns，2002. Calculation of average，uncertainty range and reliability of regional climate changes from AOGCM simulations via the Reliability Ensemble Averaging(REA)method[J]. Journal of Climate，15：1141-1158.

Fisher A C，Fullerton D，Hatch N，et al，1995. Alternatives for managing drought：A comparative cost analysis[J]. Journal of Environmental Economics and Management，29：304-320.

Foster G，Rahmstorf S，2011. Global temperature evolution 1979—2010[J]. Environ Res Lett，6：1105-1123.

Gholipoor M，Sinclair T R，Prasad P V V，2012. Genotypic variation within sorghum for transpiration response to drying soil[J]. Plant Soil，357：35-40.

Ghulam A，Qin Q，Zhan Z，2007. Designing of the perpendicular drought index[J]. Environmental Geology，52：1045-1052.

Giorgi F，Mearns L O，2003. Probability of regional climate change based on the Reliability Ensemble Averaging method[J]. Geophysical research letters，30：1629-1645.

Gonzalez J，Valdes J，2006. New drought frequency index：Definition and comparative performance analysis[J]. Water Resour Res，42：1142-1165.

Gu L L，Yao J M，Hu Z Y，et al，2015. Comparison of the surface energy budget between regions of seasonally frozen ground and permafrost on the Tibetan Plateau. Atmos Res，153：553-564.

Guo D L，Yang M X，Wang H J，2011. Sensible and latent heat flux response to diurnal variation in soil surface temperature and moisture under different freeze/thaw soil conditions in the seasonal frozen soil region of the central Tibetan Plateau[J]. Environ Earth Sci，63：97-107.

Hayes M J，Svoboda M D，Wilhite D A，et al，1999. Monitoring the 1996 drought using the standardized precipitation index[J]. Bull Am Meteorol Soc，80：429-438.

He M，1997. Summer monsoon and Yangtze River basin precipitation[R]. Preprint of Abstracts of Papers for the First WNO International Workshop on Monsoon Studies，2：67-67.

Heim R J，2000. A review of twentieth-century drought indices used in the United States[J]. Bull Am Meteorol Soc，83：1149-1165.

Heim R R J，2002. A review of twentieth-century drought indices used in the United States[J]. Bull Am Meteorol Soc，83：1149-1165.

Homma K，Horie T，Shiraiwa T，et al，2004. Delay of heading date as an index of water stress in rainfed rice in mini-watersheds in Northeast Tailand[J]. Field Crop Res，88：11-19.

Houghton J T，Ding Y H，Griggs D G，et al，2000. Climate Change 2001[R]. The Seience Basis Contribution of Working Group 1 to the Third Assessment Report of the Intergovernmental panel on Climate.

Hu Q，Willson G D，2000. Effects of temperature anomalies on the Palmer Drought Severity Index in the central United States [J]. International Journal of Climatology，20：1899-1911.

IPCC，2007. Summary for Policymakers of Climate Change 2007：The Physical Science Basis. Contribution of Working Group I to the Fourth Assessment Report of the Intergovernmental Panel on Climate Change[M].

Cambridge, UK:Cambridge University Press.

IPCC, 2013. Climate change:The physical science basis[M]. Cambridge:Cambridge University Press.

Jensen C R, Mogensen V O, Poulsen H H, et al, 1998. Soil water matric potential rather than water content determines drought responses in field-grown lupin Aust[J]. J Plant Phys, 25:353-363.

Keer R A, 2009. What happened to global warming? Scietists say just wait a bit[J]. Science, 326:28-29.

Kogan F N, 1997. Global drought watch from space[J]. Bull Am Meteorol Soc, 78:621-636.

Kosaka Y, Xie S P, 2013. Recent global-warming hiatus tied to equatorial Pacific surface cooling [J]. Nature, 501:403-407.

Laio F, Porporato A, Ridolfi L, et al, 2001. Plants in water-controlled ecosystems active role in hydrologic processes and response to water stress Ⅱ. Probabilistic soil moisture dynamics[J]. Adv Water Resour, 24:707-723.

Lean J L, Rind D H, 2009. How will earth's surface temperature change in future decades? [J]. Geophysical Research Letters, 36:1032-1046.

Leavitt S W, Chase T N, Rajagopalan B, et al, 2008. Southwestern U. S. tree-ring carbon isotope indices as a possible proxy for reconstruction of greenness of vegetation[J]. Geophysical Research Letters, 35(L12704).

Li L, Shen H Y, Dai S, et al, 2012. Response of water resources to climate change and its future trend in the source region of the Yangtze River [J]. Journal of Geographical Sciences, 23:208-218.

Li L, Yang S, Wang Z Y, et al, 2010. Evidence of warming and wetting climate over the Qinghai-Tibet plateau[J]. Arctic, Antarctic, and Alpine Research, 42:449-457.

Liu X M, Zheng H X, Zhang M H, 2011. Identification of dominant climate factor for pan evaporation trend in the Tibetan Plateau[J]. Journal of Geographical Sciences, 21:594-608.

Ma X Y, Zhou G S, 2017. A method to determine the critical soil moisture of growth indicators of summer maize in seedling stage[J]. Chinese J Eco, 36:1761-1768.

Masui T, Matsumoto K, Hijioka Y, et al, 2011. An emission pathway for stabilization at 6 Wm^{-2} radiative forcing [J]. Climatic Change, 109:59-76.

Minville M, Brissette F, Leconte R, 2008. Uncertainty of the impact of climate change on the hydrology of a Nordic watershed[J]. Journal of Hydrology, 358:70-83.

Nakicenovic N, Alcamo J, Davis G, et al, 2000. Special report on emissions scenarios. A Special Report of Working Group III of the Intergovernmental Panel on Climate Change[M]. Cambridge, United Kingdom and New York:Cambridge University Press, USA, 599.

Narasimhan B, Srinivasan R, 2005. Development and evaluation of Soil Moisture Deficit Index (SMDI) and Evapotranspiration Deficit Index (ETDI) for agricultural drought monitoring[J]. Agric Forest Meteorol, 133:69-88.

Peterson T C, Golubev V S, Groisman P Y, 1995. Evaporation losing its strength[J]. Nature, 377(6551):687-688.

Qi R Y, Li Y Y, Wang Q L, et al, 2009. Characteristics of soil moisture change in high and cold grassland of Qinghai Province[J]. Bull Soil Water Conserv, 23:206-210.

Riahi K, Rao S, Krey V, et al, 2011. RCP8. 5:A scenario of comparatively high greenhouse gas emissions [J]. Climatic Change, 109:33-57.

Roderick M L, Farquhar G D, 2002. The cause of decreased pan evaporation over the past 50 years[J]. Science, 298:1410-1411.

Rohde R, Muller R, Jacobsen R, et al, 2013. Berkeley Earth temperature averaging process [J]. Geoinformatics & Geostatistics:An Overview, 1(2).

Sadras V O, Milroy S P, 1996. Soil-water thresholds for the responses of leaf expansion and gas exchange-a review[J]. Field Crop Res, 47:253-266.

Sheffield J, Wood E F, 2008. Projected changes in drought occurrence under future global warming from multi-model, multi-scenario, IPCC AR4 simulations[J]. Climate Dynamics, 31:79-105.

Shi P I, Sun X M, Xu L L, et al, 2006. Net ecosystem CO_2 exchange and controlling factors in a steppe-Kobresia meadow on the Tibetan Plateau [J]. Science in China, Ser D Earth Sciences, 49:207-218.

Shi Y H, Zhou G S, Jiang Y L, et al, 2017. Thresholds of Stipa baicalensis sensitive indicators response to precipitation change[J]. Acta Ecologica Sinica, 37: 2620-2630.

Soltani A, Khooie F R, Ghassemi-Golezani K, et al, 2000. Thresholds for chickpea leaf expansion and transpiration response to soil water deficit[J]. Field Crop Res, 68:205-210.

Sterck F J, Poorter L, Schieving F, 2006. Leaf traits determine the growth-survival trade-off across rain forest tree species[J]. Am Nat, 167:758-765.

Svoboda M, Lecomte D, Hayes M, et al, 2002. The drought monitor[J]. Bulletin of the American Meteorological Society, 83:1181-1190.

Thomson A M, Calvin K V, Smith S J, et al, 2011. A pathway for stabilization of radiative forcing by 2100 [J]. Climatic Change, 109:77-94.

Thornthwaite C W, 1948. An approach toward a rational classification of climate [J]. Geographical Review, 38:55-94.

Tsegaye T, Brian W, 2007. The Vegetation Outlook:A New Tool for Providing Outlooks of General Vegetation Conditions Using Data Mining Techniques[M]. 5:667-672.

Van D P, Stehfest E, Elzen M G, et al, 2011. RCP2. 6:exploring the possibility to keep global mean temperature increase below 2℃[J]. Climatic Change, 109:95-116.

Vicente SM, Beguería S, López-Moreno J I, 2010. A multiscalar drought index sensitive to global warming: The standardized precipitation evapotranspiration index [J]. Journal of Climate, 23:1696-1718.

Wang JS, Wang S P, Zhang Q, et al, 2015. Characteristics of drought disaster-causing factor anomalies in southwestern and southern china against the background of global warming [J]. Pol J Environ Stud, 24(5): 2241-2251.

Wang S P, Zhang C J, Song L C, et al, 2013. Relationship between soil relative humidity and the multiscale meteorological drought indexes[J]. J Glaciol Geocry, 35:865-873.

Webb E K, Pearman G I, Leuning R, 1980. Correction of flux measurements for density effects due to heat and water vapour transfer[J]. Quart J Roy Meteor Soc, 106(447):85-100.

Wilczak J M, Oncley S P, Stage S A, 2001. Sonic anemometer tilt correction algorithms[J]. Bound-Layer Meteor,99(1):127-150.

Wilhite D A, 2000. Drought as a natural hazard:Concepts and definitions. In: Wilhite D A, ed Drought: A Global Assessment [M]. London & New York:Routledge:3-18.

Wilhite D A, 1993. The enigma of drought. Drought Assessment, Management, and Planning:Theory and Case Studies[M]. Boston,Ma:Kluwer Academic Publishers:3-15.

Xiao G J, Zhang Q, Yao Y B, et al, 2007. Effects of temperature increase on water use and crop yields in a pea-spring wheat-potato rotation[J]. Agricultural Water Management:91:86-91.

Xu D, Guo X, 2013. A study of soil line simulation from landsat images in mixed grassland [J]. Remote Sensing, 5:4533-4550.

Xu Y, Gao X J, Filippo G, et al, 2009. Upgrades to the REA method for producing probabilistic climate change projections[J]. Climate Research,41(1):61-81.

Yao J M, Zhao L, Gu L L, et al, 2011. The surface energy budget in the permafrost region of the Tibetan Plateau[J]. Atmos Res,102(4):394-407.

Yuan W P, Zhou G S, 2004. Theocratical study and research prospect on drought indices[J]. Adv Earth Sci, 19:982-991.

Zargar A, Sadiq R, Naser B, et al, 2011. A review of drought indices[J]. Environ Rev, 19:333-349.

Zhao L,Li Y, Zhao X, et al, 2005. Comparative study of the net exchange of CO_2 in 3 types of vegetation ecosystems on the Qinghai-Tibetan Plateau [J]. Chinese Science Bulletin, 50:1767-1774.

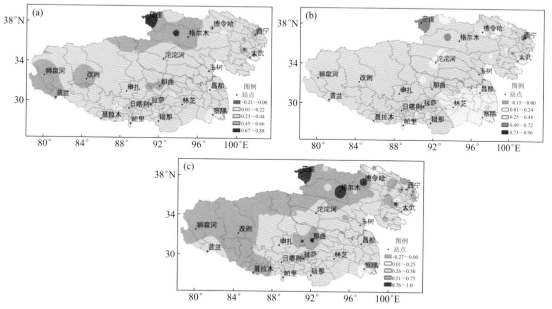

图 1.2　1961—2012 年青藏高原年平均气温(a)、平均最高气温(b)和平均
最低气温(c)气候倾向率空间分布(℃/(10 a))

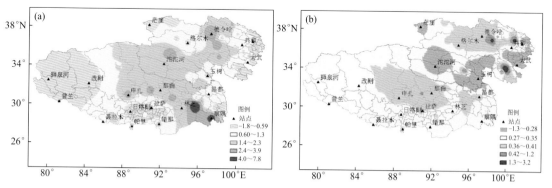

图 1.4　1961—2012 年青藏高原年降水量(a)、降水日数(b)气候倾向率空间
分布(mm/(10 a),d/(10 a))

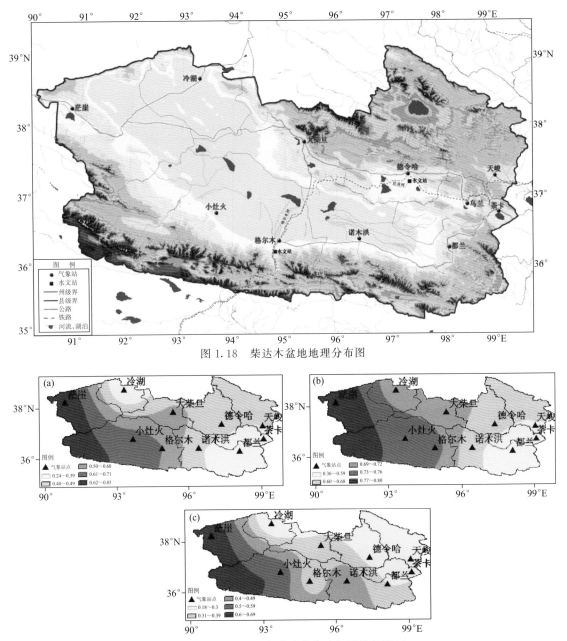

图 1.18 柴达木盆地地理分布图

图 1.20 1961—2013 年柴达木盆地年平均气温(a)、
平均最低气温(b)和平均最高气温(c)

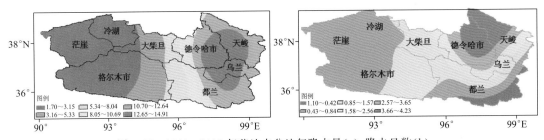

图 1.22 1961—2013 年柴达木盆地年降水量(a)、降水日数(b)
气候倾向率空间分布(mm/10 a,d/10 a)

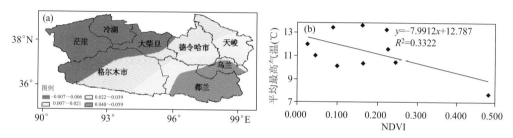

图 1.24　1982—2010 年柴达木盆地年 NDVI 气候倾向率空间分布(a)及
其与平均最高气温的相关(b)

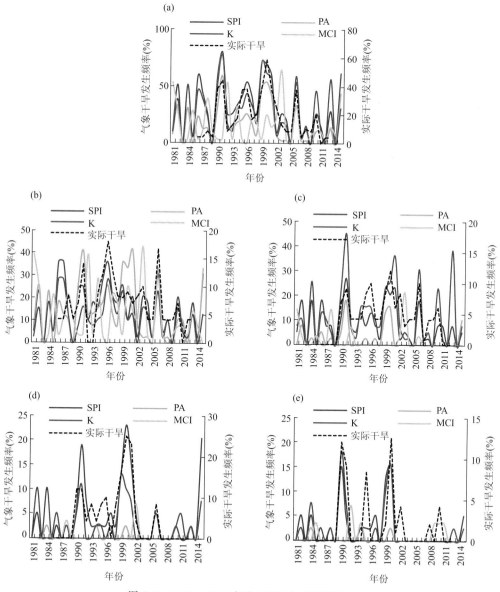

图 2.2　1981—2015 年总干旱(a)、轻度干旱(b)、
中度干旱(c)、重度干旱(d)和特旱(e)发生频率

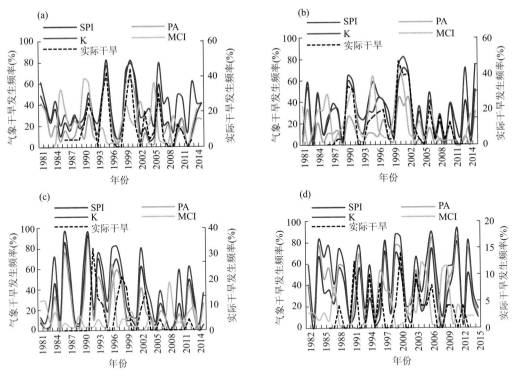

图 2.3　1981—2015 年春旱(a)、夏旱(b)、秋旱(c)和冬旱(d)发生频率

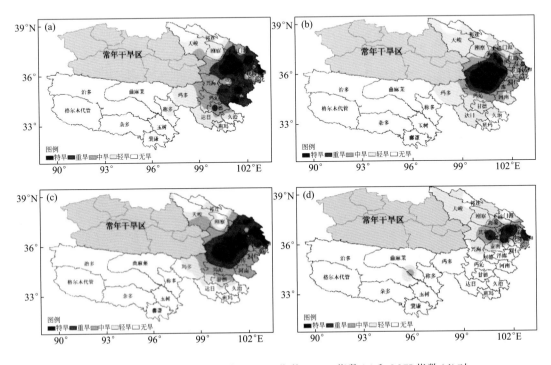

图 2.4　2000 年青海 SPI 指数(a)、PA 指数(b)、K 指数(c)和 MCI 指数(d)对
春旱的监测结果

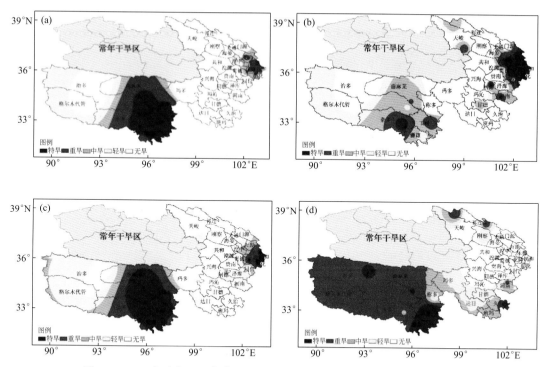

图 2.5　2006 年青海 SPI 指数(a)、PA 指数(b)、K 指数(c)和 MCI 指数(d)对
夏旱的监测结果

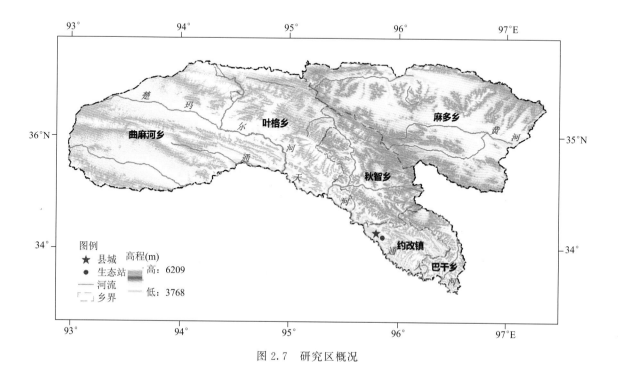

图 2.7　研究区概况

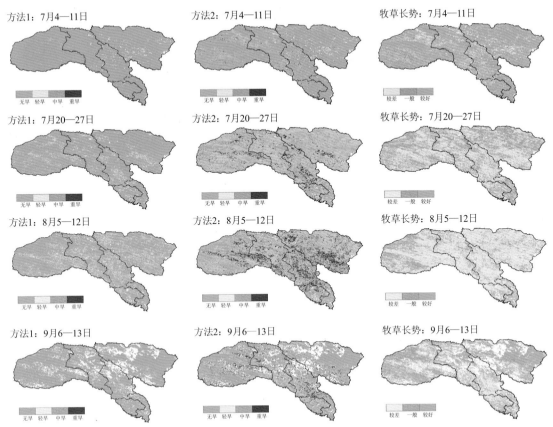

方法1：7月4—11日　　　　方法2：7月4—11日　　　　牧草长势：7月4—11日

无旱　轻旱　中旱　重旱　　　无旱　轻旱　中旱　重旱　　　较差　一般　较好

方法1：7月20—27日　　　方法2：7月20—27日　　　牧草长势：7月20—27日

无旱　轻旱　中旱　重旱　　　无旱　轻旱　中旱　重旱　　　较差　一般　较好

方法1：8月5—12日　　　　方法2：8月5—12日　　　　牧草长势：8月5—12日

无旱　轻旱　中旱　重旱　　　无旱　轻旱　中旱　重旱　　　较差　一般　较好

方法1：9月6—13日　　　　方法2：9月6—13日　　　　牧草长势：9月6—13日

无旱　轻旱　中旱　重旱　　　无旱　轻旱　中旱　重旱　　　较差　一般　较好

图 2.10　2015 年 7—9 月曲麻莱县用方法 1(左)、方法 2(中)
划分的土壤干旱等级和牧草长势(右)遥感监测

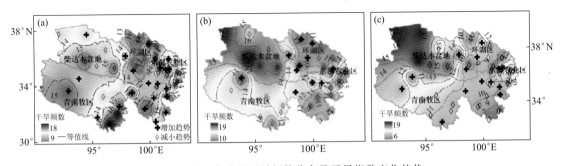

图 2.13　各生育阶段干旱频数分布及干旱指数变化趋势

(a)生育前期；(b)需水关键期；(c)全生育期

图 2.17　降水遮挡设置图

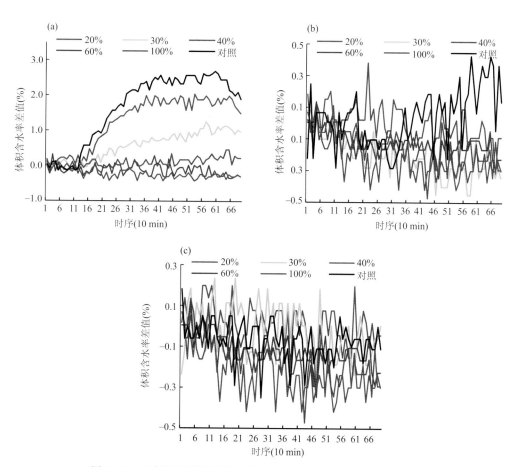

图 2.18　返青期不同遮挡率条件下 0～10 cm(a)、10～20 cm(b)和
20～30 cm(c)土壤体积含水率距平变化特征

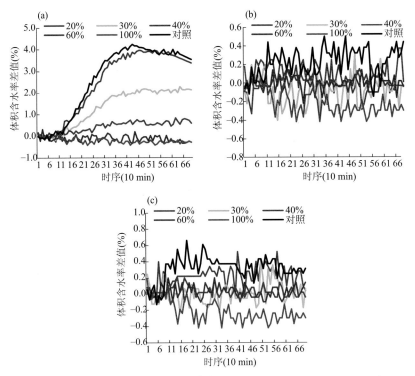

图 2.19　牧草生长期不同遮挡率条件下 0~10 cm(a)、10~20 cm(b)和
20~30 cm(c)土壤体积含水率距平变化特征

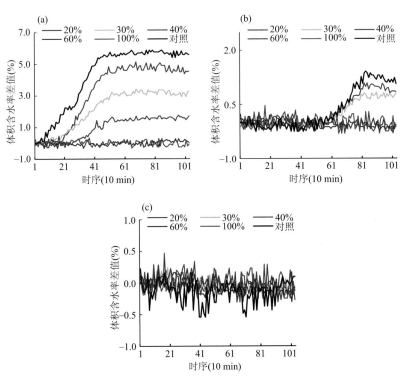

图 2.20　土壤底墒较差条件不同遮挡率下 0~10 cm(a)、10~20 cm(b)
和 20~30 cm(c)土壤体积含水率距平变化特征

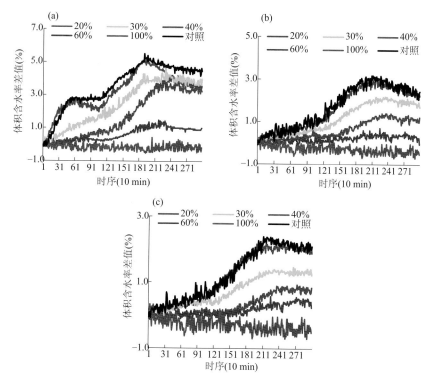

图 2.21　土壤底墒较好条件下不同土壤深度 0～10 cm(a)、10～20 cm(b)和
20～30 cm(c)不同遮挡率土壤体积含水率距平变化特征

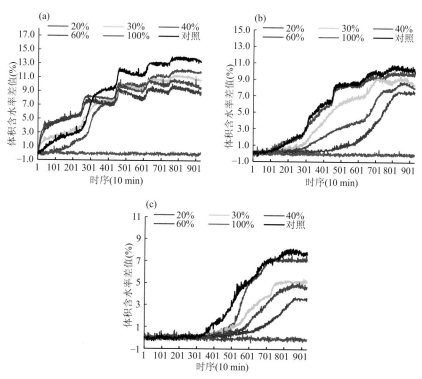

图 2.22　大雨条件下同遮挡率 0～10 cm(a)、10～20 cm(b)和
20～30 cm(c)不同遮挡率土壤体积含水率距平变化特征

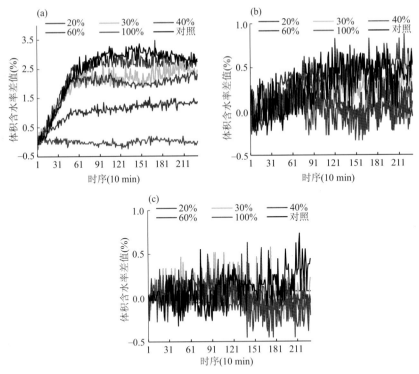

图 2.23　强降水条件不同处理下 0～10 cm(a)、10～20 cm(b)和
20～30 cm (c)土壤体积含水率差值变化

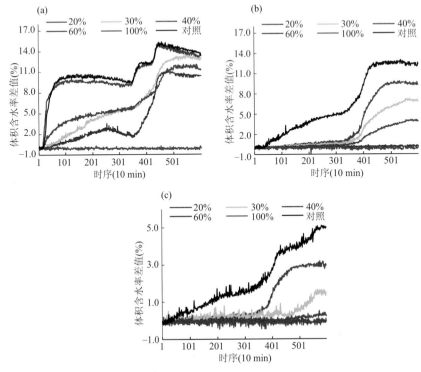

图 2.24　暴雨条件下不同处理下 0～10 cm(a)、10～20 cm
(b)和 20～30 cm (c)土壤体积含水率差值变化

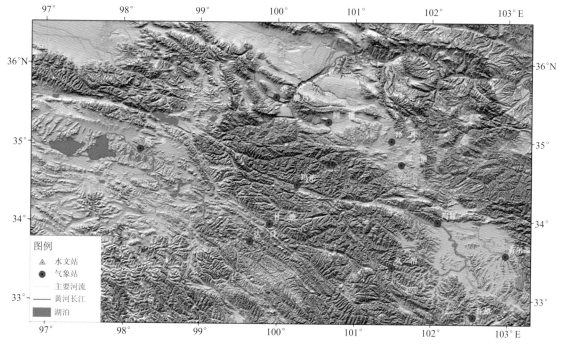

图 3.1 黄河源区流域地理分布图

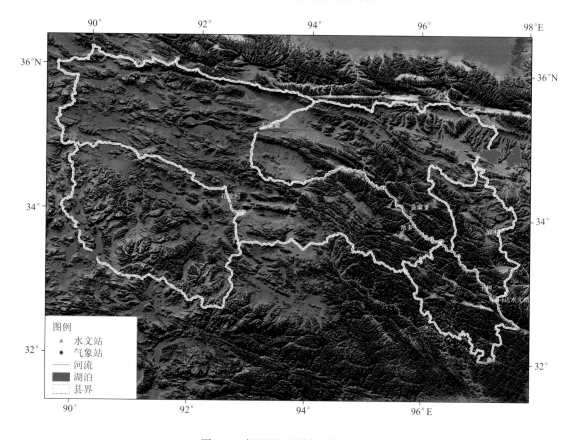

图 3.9 长江源区流域地理分布图

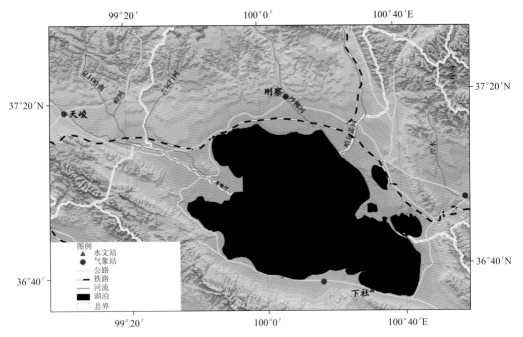

图 3.18　青海湖及其周边地区地理分布图

(a)

(b)

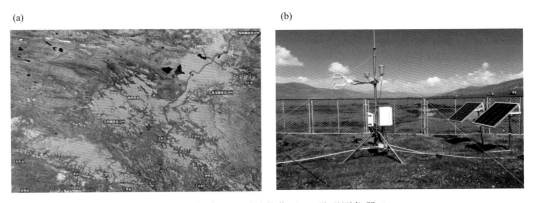

图 4.1　玉树隆宝观测站的位置(a)及观测仪器(b)

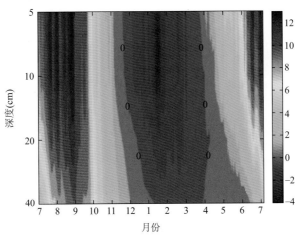

图 4.2　玉树隆宝 5~40 cm 土壤温度的年变化

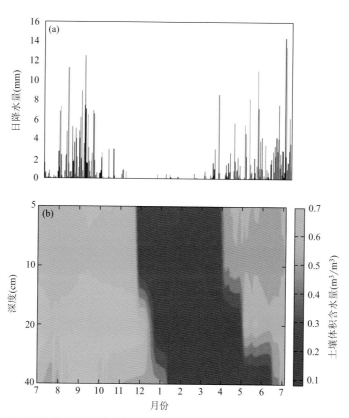

图 4.3 玉树隆宝逐日降水量(a)和 5～40 cm 土壤体积含水量(b)的年变化

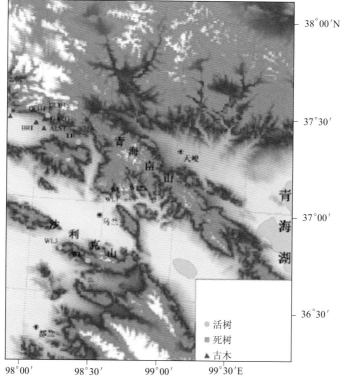

图 4.22 树轮采样点分布图

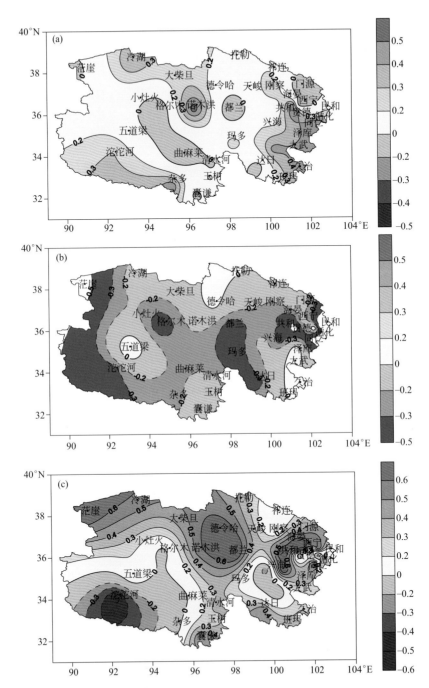

图 4.11　青海高原年蒸发皿蒸发量与平均气温(a)、相对湿度(b)及平均风速(c)的偏相关分布图